河南省
气象科学研究所志

陈怀亮　董官臣　主编

内容简介

本志以翔实的资料记述了河南省气象科学研究所的建立和发展。内容主要包括：内设机构的设置、变更及其相应的职责任务；天气、气候、农业气象、农业气候区划及其他相关研究取得的科研成果及其转化应用；国内外发表的论文、论著及国际科研（技术）合作和学术交流情况；农业气象、卫星遥感等气象基本业务及其业务现代化的建设与发展；公益气象服务和专业（专项）气象服务的开展和发展；科研队伍、科研基础设施及行政、科研管理制度建设等。本志为了解河南省气象科学研究所的历史和发展情况，提供了较为详细的史实资料。

图书在版编目(CIP)数据

河南省气象科学研究所志/陈怀亮，董官臣主编．北京：气象出版社，2015.4

ISBN 978-7-5029-6123-7

Ⅰ.①河…　Ⅱ.①陈…　②董…　Ⅲ.①气象学-科研院所-概况-河南省　Ⅳ.①P4-242.64

中国版本图书馆 CIP 数据核字(2015)第 071372 号

Henansheng Qixiang Kexue Yanjiusuo Zhi

河南省气象科学研究所志

出版发行：气象出版社

地　　址：北京市海淀区中关村南大街 46 号　　邮政编码：100081

总 编 室：010-68407112　　发 行 部：010-68409198

网　　址：http://www.qxcbs.com　　E-mail：qxcbs@cma.gov.cn

责任编辑：崔晓军　　终　　审：章澄昌

封面设计：博雅思企划　　责任技编：赵相宁

印　　刷：北京中新伟业印刷有限公司

开　　本：787 mm×1092 mm　1/16　　印　　张：11.75

字　　数：352 千字　　彩　　插：16

版　　次：2015 年 4 月第 1 版　　印　　次：2015 年 4 月第 1 次印刷

定　　价：65.00 元

《河南省气象科学研究所志》编委会

部分科研、业务活动掠影

领导视察

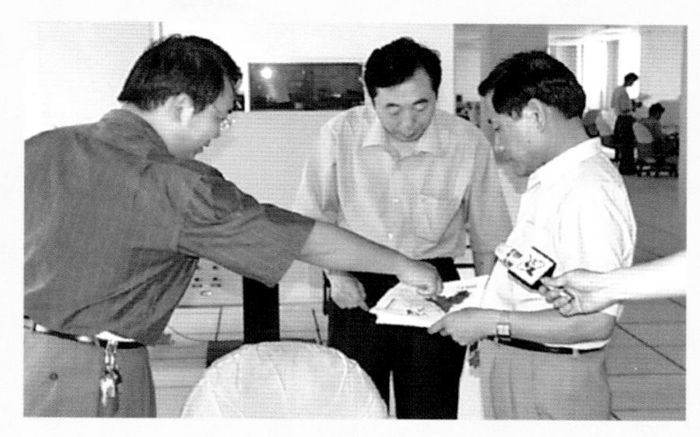

2000年7月16日时任河南省副省长王明义（右一）视察河南省气象科学研究所

2000年8月4日时任河南省副省长李志斌（左五）视察河南省气象科学研究所

2002年12月17日时任河南省省长李成玉（右二）视察河南省气象科学研究所

2004年7月8日时任水利部黄河水利委员会主任李国英（前排左三）视察河南省气象科学研究所

2004年7月9日时任河南省政协主席范钦臣（前排右一）视察河南省气象科学研究所

2004年7月16日时任河南省委副书记支树平（前排右三）视察河南省气象科学研究所

2004年2月12日河南省政协领导视察河南省气象科学研究所

2006年5月26日时任河南省委书记、省人大常委会主任徐光春（前排右二）视察河南省气象科学研究所

2008年12月30日时任河南省副省长刘满仓（右四）视察中国气象局农业气象保障与应用技术重点开放实验室

2009年1月7日时任河南省委副书记陈全国（右二）查看河南省气象科学研究所研制的自动土壤水分观测仪

2009年2月19日中国气象局副局长许小峰（右四）查看河南省气象科学研究所研制的土壤水分速测仪

2009年7月23日中国气象局局长郑国光（前排右三）、副局长矫梅燕（前排右四）视察河南省气象科学研究所

2009年7月23日河南省气象科学研究所副所长冶林茂向中国气象局局长郑国光（前排左二）、副局长矫梅燕（前排左一）汇报自动土壤水分观测仪

2009年11月10日中国气象局副局长宇如聪（前排右二）视察河南省气象科学研究所

2010年9月20日中国气象局副局长矫梅燕（前排右三）听取河南省气象科学研究所工作汇报

1978年10月时任河南省气象局副局长李惠民（前排右八）与世界气象组织（WMO）官员、非洲九国考察团成员合影

1980年3月河南省气象科学研究所汪永钦（中）在马达加斯加与该国科技人员进行田间调查

1983年5月美国、加拿大农业气象代表团参观河南省气象局农业气象试验站，该站朱自玺（右二）介绍生产力定位试验情况

1985年9月非洲八国农业气象考察团和世界气象组织（WMO）官员参观巩县（现巩义市，下同）农田水分试验基地，时任河南省气象局副总工程师谭令娴（右一）介绍试验情况

1985年9月时任河南省气象局局长闫秀璋（前排左四）、时任副局长张存智（前排左五）、时任副总工程师谭令娴（右一）与非洲八国农业气象考察团合影

1986年10月时任河南省副省长胡廷积（前排右三）与来河南省进行农业气象工作考察的阿尔及利亚、突尼斯和世界气象组织（WMO）代表团合影

1986年10月河南省气象科学研究所朱自玺（左一）向阿尔及利亚、突尼斯和世界气象组织（WMO）代表团介绍农田水分研究情况

1986年10月阿尔及利亚、突尼斯和世界气象组织（WMO）代表团参观河南省气象科学研究所巩县农田水分试验基地，朱自玺（左一）介绍试验情况

1986年11月朱自玺（左二）、赵国强（右一）与来河南省气象局农业气象试验站安装农业气象综合测定装置和蒸发测定装置的日本EKO公司的三位专业技术人员合影

1988年8月朱自玺（右）与参加美国国际旱地农业学术研讨会的英国著名科学家、蒸散研究专家J. L. Monteith 进行交谈

1988年9月参加世界气象组织（WMO）亚洲区协（RA-II）第九次会议的中国代表团全体成员在北京合影（后排左四为河南省气象科学研究所所长汪永钦）

1990年1月汪永钦给莫桑比克农业气象科技人员授课

1992年5月朱自玺（右）在美国与美国科学家、灌溉研究专家J.Musick一起进行冬小麦光合强度和气孔阻力测定

1992年10月汪永钦出席在日本筑波召开的“气候变化、植被、粮食国际学术会议”（DCVF）

1993年4月朱自玺（右）在美国与美国研究人员一起进行冬小麦根吸水研究的测定工作

1993年5月美国USDA-ARS Bushland实验室主任B.A.Stewart博士和农业气象专家J.L.Steiner博士参观河南省气象科学研究所郑州水分试验基地

1993年8月朱自玺（右一）结束在美国USDA-ARS Bushland实验室为期两年的合作研究，在欢送会上，该实验室主任B.A.Stewart博士为其颁发该实验室荣誉成员证书

2000年5月朱自玺向美国USDA-ARS Bushland实验室和West Texas A & M大学代表团介绍节水农业研究情况

2000年5月时任河南省气象科学研究所所长董官臣（左二）、研究员朱自玺（左三）陪同美国代表团参观干旱综合防御技术示范田

2000年5月朱自玺（右一）陪同美国代表团在河南省科技馆做学术报告

2001 年5月17日古巴农业气象专家来河南省气象科学研究所参观访问

2003年3月8日时任河南省气象局副局长庞天荷（右一）陪同越南气象局领导、专家考察河南省气象科学研究所

2003年8月8日时任河南省气象局局长助理赵国强（左四）、河南省气象科学研究所副所长陈怀亮（左一）参加在美国举行的第48届SPIE年会

2005年11月18日副所长陈怀亮（后排左三）作为世界气象组织（WMO）农业气象学委员会（CAgM）第13届大会专家组成员参加在博茨瓦纳共和国举行的专家组会议

2007年8月27日所长陈怀亮（右一）在美国SPIE国际学术会议上

2007年8月27日副所长刘荣花在美国SPIE国际学术会议上

2007年10月在美国国际学术研讨会上副所长冶林茂（右一）与国外专家进行交流

2008年10月10日荷兰气象专家、国际农业气象学会主席Stigter教授在河南省气象科学研究所做学术报告

2008年10月10日河南省气象局局长王建国（右）会见荷兰气象专家、国际农业气象学会主席Stigter教授

2009年2月26日所长陈怀亮（右一）随WMO CAgM专家一道参观印度农业科学研究院

2010年7月30日所长陈怀亮（右一）在温哥华加拿大太平洋风暴预报中心考察

科研设施、仪器

农业气象试验站人工气候箱（1982年）

农田水分试验基地水力式蒸发器（1983年）

农田水分试验基地蒸发测定装置（1983年）

巩县农田水分试验基地玉米试验田（1984年）

巩县农田水分试验基地防雨棚（1984年）

巩县农田水分试验小区全景（1984年）

用于土壤湿度测定的中子仪（1985年）

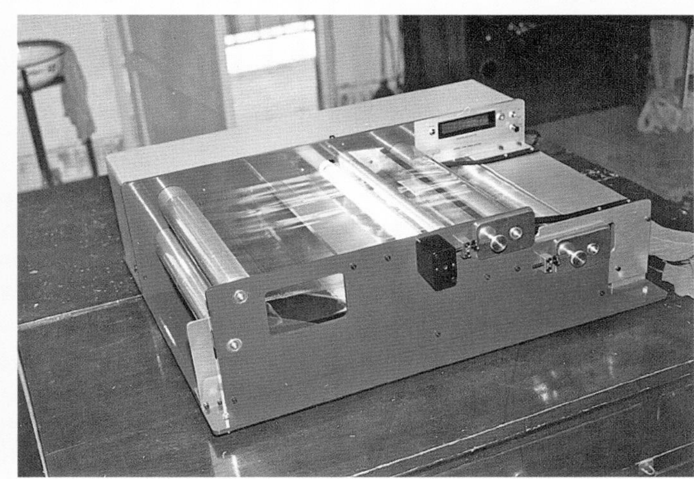

用于叶面积测定的大型叶面积仪（1986年）

郑州农田水分试验基地（1992年）

2003年研制的Gstar-Ⅲ型紫外线自动观测仪

郑州北郊城市气候生态环境观测场（2003年）

郑州大气成分站的CE-318太阳光度计（2006年）

农田小气候梯度、涡度测定装置（2008年）

2009年研制的DZN2自动土壤水分观测仪

2009年研制的Gstar-S406土壤水分速测仪

中国气象局农业气象保障与应用技术重点开放实验室试验楼（2009年）

中国气象局农业气象保障与应用技术重点开放实验室试验分析室（2009年）

中国气象局农业气象保障与应用技术重点开放实验室学术报告厅（2009年）

中国气象局农业气象保障与应用技术重点开放实验室仪器设备室（2009年）

农业气象试验站人工气候箱（2010年）

科研、业务活动

1985年8月朱自玺在国家气象局水分试验成果交流会上做报告

1990年12月平顶山六六盐项目大气环境影响评价低空气象探测工作人员合影

1991年5月汪永钦在稻田测定甲烷排放量

1991年12月科技人员在洛阳炼油厂开展大气环境影响评价低空气象探测

1993年1月平顶山矿区大气环境影响评价项目双向风标监测人员合影

1992年5月关文雅、吴骞、陈怀亮（从右至左）在进行小麦长势调查

1992年7月科技人员为登封电厂大气环境影响评价项目进行平衡球施放跟踪观测

1996年4月汪永钦在进行CO_2浓度和小气候测定

1998年8月科技人员利用系留汽艇在登封阳城工业区进行大气环境影响评价低空气象探测

2004年国家科学技术部项目“小浪底水库暴雨致洪预警系统研究”科研组在郑州召开交流会

2006年国家科学技术部项目“小浪底水库暴雨致洪预警系统研究”在郑州召开鉴定会

2007年副所长刘荣花（左二）等在驻马店进行洪涝调查

2008年2月所长陈怀亮（左二）与国家气象中心毛留喜（右一）在信阳调查雨雪冰冻灾情

2008年5月4日科技人员进行小麦生长状况调查

2008年9月6日科技人员进行玉米生长状况调查

2008年11月27日中国气象局农业气象保障与应用技术重点开放实验室建设论证会在北京召开

2009年1月科技人员在开封进行干旱调查

2009年3月在郑州召开冬小麦监测技术研讨会

2009年5月科技人员进行小麦产量调查

2009年8月7日中国气象局农业气象保障与应用技术重点开放实验室第一届第一次委员会会议在北京召开

2009年12月所长陈怀亮（左一）带领科技人员在驻马店进行干旱调查

2009年12月22日河南省科学技术厅在郑州组织专家对中国气象局农业气象保障与应用技术重点开放实验室进行验收

2010年5月科技人员与国家农业气象中心人员联合调查小麦长势

2010年8月科技人员进行玉米光合作用测定

2010年9月16日全国气象科学研究所所长交流会在郑州召开

2010年12月河南省气象科学研究所举行学术年会

2010年科技人员与中国电子科技集团公司第27研究所技术人员在现场安装调试自动土壤水分观测仪

国家级科技成果奖

1. 1990年，“华北平原作物水分胁迫和干旱”项目获国家科学技术进步奖二等奖

（1）获奖单位：河南省气象局农业气象试验站等

获奖单位证书封面

获奖单位证书内容

为表彰在促进科学技术进步工作中做出重大贡献，特颁发此证书，以资鼓励。

证书

获奖项目：华北平原作物水分胁迫和干旱

获奖单位：河南省气象局农业气象试验站 等

奖励等级：二等

奖励日期：一九九零年十二月

证书号：[illegible]

国家科学技术进步奖
评审委员会

（2）获奖个人：朱自玺

获奖者证书封面

获奖者证书内容

为表彰在促进科学技术进步工作中做出重大贡献，特颁发此证书，以资鼓励。

奖励日期：一九九零年十二月

证书号：自-2-001-02

获奖项目：华北平原作物水分胁迫和干旱

获奖者：朱自玺

奖励等级：二等

国家科学技术进步奖
评审委员会

（注：同时获得此证书者还有牛现增、付祥军、侯建新）

（3）获奖者证章：朱自玺

获奖者证章

2.1991年，“中国亚热带东部丘陵山区农业气候资源及其合理利用研究”项目获国家科学技术进步奖二等奖

获奖者：周天增

获奖者证书封面

获奖者证书内容

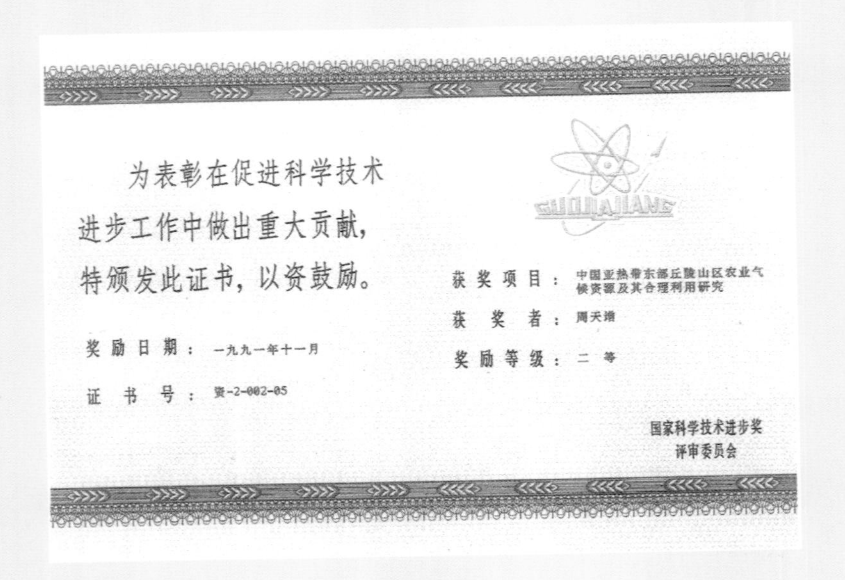
为表彰在促进科学技术进步工作中做出重大贡献，特颁发此证书，以资鼓励。

奖励日期：一九九一年十一月

证书号：资-2-002-05

获奖项目：中国亚热带东部丘陵山区农业气候资源及其合理利用研究

获奖者：周天增

奖励等级：二等

国家科学技术进步奖
评审委员会

METEOROLOGY JOURNAL OF HENAN
2004.4
河南气象
1997/2
河南氣象
1
1978

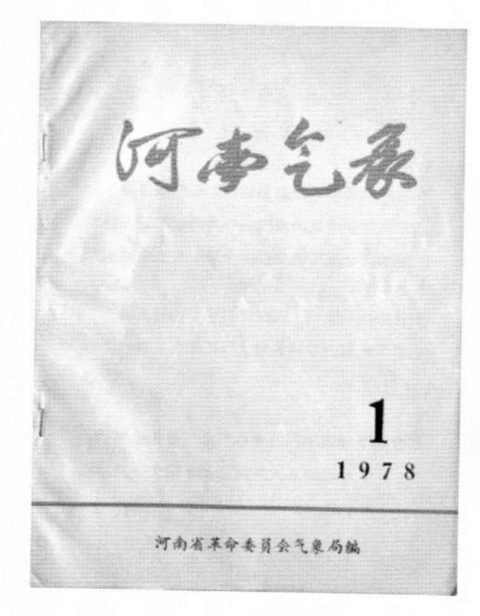
河南气象
1
1978
河南省革命委员会气象局编

河南气象
HENAN QIXIANG
ISSN 1004-6372
1994/1

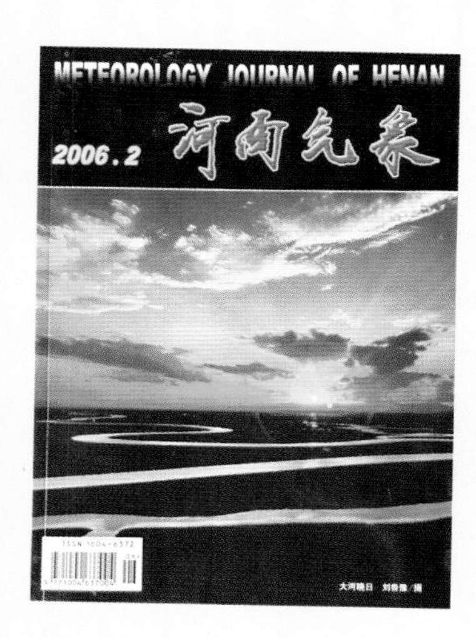
METEOROLOGY JOURNAL OF HENAN
2006.2
河南气象
ISSN 1004-6372

ISSN 1673-7148
气象与环境科学
METEOROLOGICAL AND ENVIRONMENTAL SCIENCES
2007
河南省气象局主办
第30卷 第1期

2009年4月河南省气象局局长、《气象与环境科学》主编王建国（右一）在第一届编委会会议上致辞

2009年4月中国科学院院士丑纪范（中）在《气象与环境科学》第一届编委会会议上讲话

2009年4月中国工程院院士李泽椿（中）在《气象与环境科学》第一届编委会会议上讲话

序

到2010年底，河南省气象科学研究所已有56年的历史，在河南气象发展史上是有所作为、让人记忆深刻的56年。编纂《河南省气象科学研究所志》，以志的形式全面、系统、客观、真实地记述这段不平凡的历史，弘扬河南气象文化和精神文明建设，对推进气象事业发展起着承上启下、继往开来、服务当代、有益后世的作用，很有意义。

河南省气象科学研究所农业气象业务综合实力较强，是具有农业气象专业特色的省级研究所。该所由于农业气象工作出色，闻名于全国，在国外也有一定影响。自20世纪70年代以来，曾先后有非洲、亚洲、北美洲、欧洲二十几个国家（地区）的农业气象专家和世界气象组织（WMO）官员来河南郑州农业气象试验站参观考察。70年代末至90年代，该所科研人员由中央气象局（中国气象局）两次选派赴非洲培训当地人员，帮助建立农业气象站；由国家教委（教育部）和河南省气象局先后选派三批赴美国从事合作研究。80年代初期，作为第一协作单位首次承担中美合作研究项目“华北平原和北美大平原气候和农业对比分析研究”，并根据项目需要，在河南省巩县*建成了全国气象部门第一个农田水分试验基地，备受省内外关注；依托试验基地，围绕“节水、干旱和防御”问题，又相继开展了多项在国内属先进或领先水平的试验研究，这些研究曾引来不少美国同行专家、学者访问交流。

将卫星遥感技术应用于气象领域，河南省气象科学研究所是最早的研究者和应用者之一。1987年，率先将科研成果投入应用，开始开展河南省冬小麦苗情卫星遥感监测。1988年，第一个建成了省级卫星遥感监测系统。1989年在所内组建了卫星遥感监测服务中心业务实体。卫星遥感监测项目由起初的冬小麦苗情监测逐步拓展到冬小麦苗情、森林火险、干旱、洪涝、水域、植被等监测。

为发扬光大自己的优势，河南省气象科学研究所始终把重点定位在农业气象研究上，并从人才引进培养、科研项目申报、国际合作交流、科研基础设施建设等方面加大力度，综合实力迅速提升。作为主持单位先后承担了多项国家、省部级重大研究项目，并获得多项国家、省部级科技进步奖。根据2009年7月23日中国气象局和河南省人民政府签署的《共同推进气象为河南农业发展服务合作协议》，

* 现“巩义市”，下同

2009—2010年，以河南省气象局为依托单位，建成“中国气象局农业气象保障与应用技术重点开放实验室”。在该重点开放实验室建设及开放运行过程中，河南省气象科学研究所积极参与、创新工作，做出了重要贡献。

几十年来，河南省气象科学研究所不断改革、发展，农业气象特色研究方向更明确、队伍更精干、设施更齐全、水平更出色，在省级气象研究所中一直处于领先行列。她的发展，不仅促进和带动了全省农业气象工作的进步，同时对其他省市也产生了积极影响。

关于河南省气象科学研究所几十年的改革、发展过程及其取得的光辉业绩和为气象事业、为社会做出的突出贡献，本志从机构、科研、业务、服务、合作交流、论文论著、制度及科研队伍、基础设施建设等11个方面进行了翔实地记述。通过本志，可以了解河南省气象科学研究所的过去和现在，启迪人们热爱气象事业，激励人们继承发扬老一代“气象人”精神，为气象事业再创辉煌而奋力拼搏。

我相信《河南省气象科学研究所志》的出版定会在育人和实用方面发挥积极作用，产生良好效益。期望后人以史为鉴，在前人基础上把河南气象科学研究推向崭新阶段，为社会做出新的更大的贡献。

河南省气象局党组书记、局长 王忠国

2015年1月

前　言

河南省气象科学研究所从1955年郑州气候站建立开始，到2010年底，已经走过56年的光辉历程，是全国建立最早的省级气象科研机构之一。50多年来，几代气象科技人员为河南经济建设和气象事业的发展做出了重要贡献。为了记录过去，让后人了解河南省气象科学研究所的发展历史，在前人工作的基础上更好地继承和发展河南气象科学研究事业，展示河南省气象科学研究所半个多世纪发展的不平凡历程，特组织编写了这本《河南省气象科学研究所志》。

本志以丰富翔实的历史资料，真实地记述了河南省气象科学研究所的建立、发展和壮大的过程，内容包括机构的变更、沿革和管理的逐步规范化；系统记载了全所农业气象、天气、气候、农业气候区划及其他相关研究的开展、发展；翔实记述了本所农业气象、生态与卫星遥感、大气成分等气象业务的发展历史；客观反映了河南省气象科学研究所的科学研究、气象业务与服务状况及为河南经济建设和社会发展做出的贡献；生动展示了几代科技工作者开拓创新、勇攀高峰的精神面貌。

经过50多年的发展，河南省气象科学研究所初步建成了适合河南省省情、具有特色的省级气象研究机构，科研水平和业务服务能力大幅度提高，特别是农业气象研究和业务服务工作位居全国前列，在国外也享有一定的知名度。尤其是改革开放以来，河南省气象科学研究所的各项事业有了快速发展。为满足河南经济社会发展的需要，逐步健全了以生态与农业气象研究为重点的科研体系，并取得了丰硕的研究成果；建立了以为农服务为重点的现代农业气象业务服务体系，为河南农业生产开展全方位服务，使气象服务的总体效益显著提高；加强了人才培养和科研保障条件建设，结构合理、规模适度、技术能力较强、特色鲜明的科研队伍基本形成，科研条件大为改善；自20世纪70年代起，特别是进入21世纪后，国际合作与交流长足发展，对推动河南气象科技进步发挥了重要作用。

全面系统、客观认真地总结河南省气象科学研究所50多年的历程，以史为鉴，对气象事业的发展和进一步做好气象服务工作有着重要意义。相信《河南省气象科学研究所志》的编辑和出版，必将引导全所广大科技人员继承和弘扬老一代科技工作者的科学态度、求实作风和奉献精神，使河南省气象科学研究所变得更加美好、辉煌。

本志编写由陈怀亮、董官臣总负责。第一、二、八、九、十、十二章由董官臣负责编写，参加人员有朱自玺；第三、六、七章由朱自玺负责编写，参加人员有方文松、董官臣、汪永钦、符长锋；第四、五章由汪永钦负责编写，参加人员有邹春辉、余卫东、徐爱东、董官臣、马效平、付祥健、杨海鹰、邓伟、马青荣；第十一章由王君负责编写。本志的资料收集、文稿打印等，主要由马志红参与完成。曹淑超、李彤霄、王君在文字编辑方面做了一定工作。其他相关人员还有何晓霞、许蓬蓬、陈忠民等。

本志资料截止于2010年底，来源于河南省档案馆、河南省气象科技档案馆及其他相关的历史档案、文献；部分研究项目资料来自项目组。由于历史资料涉及面广、时间跨度大，再加上编者认识水平有限，难免有漏、误之处，欢迎指正。

本志编写过程中河南省气象局有关领导、专家和全所同志给予了热情帮助和大力支持，在此表示衷心感谢。

编者

2015年1月

凡　　例

一、《河南省气象科学研究所志》的编纂坚持实事求是、详近略远、详主略从的原则，力求做到思想性、历史性和科学性的统一。

二、本志采用述、记、志、传、录五种基本体裁，图表、照片穿插其中，述而不论，观点自见。志体以章、节、目编排，大事记采用编年体。着重记述本所的建立、建设与发展历史，管理与机构沿革；系统记载科研活动的发生、发展、成就及对社会的贡献；翔实记述生态与农业气象业务的建设和发展，以及对经济建设做出的重要贡献。

三、本志汉字使用一律按照 1992 年 7 月 1 日新闻出版总署和国家语言文字工作委员会联合发布的《出版物汉字使用管理规定》；简化字的使用，以国家语言文字工作委员会 1986 年 10 月 10 日公布的《简化字总表》为准；标点符号一律按照 1995 年 12 月国家技术监督局发布的《标点符号用法》。

四、本志中数字用法，执行 1995 年 12 月国家技术监督局发布的《出版物上数字用法的规定》，数字除特殊情况外，均用阿拉伯数字；计量单位以 1985 年颁布的《中华人民共和国计量法》为准，不使用斤、里、公分、毫巴、亩等单位，正文中的计量单位除摄氏度用符号℃外，其余均采用中文单位名称。

五、本志的编纂一律以第三人称记述，人物直称其姓名，后面不加称谓。

六、本志录入资料时间，上限从 1955 年郑州气候站建立开始，下限截止到 2010 年底。

目　　录

第一章 概 述

一、机构设置

河南省气象科学研究所是河南省气象局直属的省级公益性气象科学技术研究事业单位，主要从事气象应用基础理论、应用技术研究与开发，同时承担省级农业气象基本业务和服务等工作。自20世纪50年代中期创建以来，经过气象科技人员几十年的艰苦奋斗和努力拼搏，河南省气象科学研究所现已发展成为以农业气象研究为重点、以农业服务为中心的科研实力雄厚的省级气象科技创新基地。

河南省气象科学研究所现设有生态与农业气象试验研究室、河南省农业气象服务中心、生态气象与卫星遥感中心、河南省气象局开放研究室、大气成分观测与服务中心（郑州市大气成分观测站、气象环境评价室）、气象科技应用技术开发研究室、综合办公室、郑州农业气象试验站、《气象与环境科学》编辑部9个科室。全所现有在职人员45人，其中博士4人、硕士15人、大学本科25人，正研级高级工程师2人、高级工程师17人、工程师16人，河南省优秀专家2人、河南省学术技术带头人1人、河南省气象科技创新领军人才3人等。同时，河南省气象科学研究所还在业务上指导全省各市、县农业气象业务工作，形成了具有特色的省、市、县三级农业气象业务体系。

河南省气象科学研究所的主要任务是：根据河南省全面建设小康社会、推动国民经济快速发展和气象现代化建设需要，开展气象科技创新，解决气象关键技术问题，为河南省经济发展提供技术支撑。科研方面，主要开展生态与农业气象试验研究，农业气象灾害监测、预测、防御对策与灾害评估研究，应用气象技术研究，大气环境污染气象研究，气象卫星遥感技术应用研究，农业气候资源评估与开发利用研究，以及农业气象适用技术开发与推广研究等。业务方面，主要负责省级农业气象情报、预报及设施农业气象调控服务，负责省级生态农业气象监测，开展生态系统演变评估预测及生态建设与保护气象服务，承担郑州市大气成分观测、预报业务和《气象与环境科学》期刊的编辑发行工作。

截止到2010年底，河南省气象科学研究所已有56年的发展历史。其前身为郑州气候站，始建于1955年；为加强农业气象研究，1957年6月郑州气候站扩建为郑州农业气象试验站，由河南省气象局和河南省农业试验场双重领导；1984年2月，郑州农业气象试验站建制由河南省气象局转为河南省气象科学研究所。河南省气象科学研究所得名于1959年3月，当时与河南省气象台一个机构两块牌子；其后经撤销、恢复，1974年重新组建，时有职工7人。此后，河南省气象科学研究所步入正轨，不断发展壮大。

随着历史的发展，河南省气象科学研究所根据不同时期的经济社会发展需要，按照河南省气象局事业结构调整要求，不断调整自己的科研方向和任务。在科学技术研究方面，曾开展过天气、气候、人工增雨和科技情报研究等，曾设有天气研究室、气候研究室、农业气候区划研究室、人工影响局部天气办公室和情报研究室等。2000 年之后，科研方向和任务主要以农业气象研究、业务和服务为重点，并不断加强科研基础设施和业务条件建设。经科技人员多年不懈努力，2009 年 6 月，中国气象局同意以河南省气象科学研究所为主建设“中国气象局农业气象保障与应用技术重点开放实验室”，2009 年 12 月河南省科学技术厅批准将河南省农业气象保障与应用技术重点实验室确定为河南省省级重点实验室，2010 年 9 月 15 日中国气象局农业气象保障与应用技术重点实验室通过中国气象局组织的专家验收，至此，省部合作共建的农业气象重点实验室正式建成并开放运行。

二、科学研究

50 多年来，河南省气象科学研究所根据河南省国民经济建设、社会发展和气象事业的需要，在农业气象、天气、气候、农业气候区划、遥感、环境气象等方面，进行了广泛地研究，并取得了丰硕的研究成果。据不完全统计，20 世纪 80 年代以来，全所承担和参加完成的 98 项科研成果获得奖励，其中国家级奖励 9 项、省部级奖励 42 项、厅局级奖励 47 项；撰写和参加编写论著 19 部；在国外刊物、论文集上发表论文 63 篇；在国内刊物（1990 年后为核心期刊）上，发表论文 236 篇。

农业气象研究始于 1955 年，是河南省气象科学研究所的优势和重点研究领域，研究水平处于全国前列，在国外有一定知名度。1955—1966 年，研究内容主要集中在作物发育期温度指标、土壤水文特性常数和农业气象情报与预报等方面。20 世纪 70 年代至 80 年代初期，研究内容主要为小麦干热风的防御措施、农业气候区划、种植制度、农田小气候和农田光能利用。80 年代，研究主要集中在作物高产稳产、产量预报、遥感卫星应用、农田水分和优化灌溉等方面。90 年代，在进行基础研究的同时，加强了应用研究，如农田节水灌溉技术的推广应用、干旱综合防御技术研究、农业气象系列化服务技术研究、多功能防旱剂、CO_2 气肥的开发利用、棉花灌溉的随机控制和冬小麦根吸水等。自 2000 年以后，农业气象研究重点承担了国家科学技术部社会公益性研究项目、国家公益性行业（气象）专项项目、国家自然科学基金项目等，如“黄淮平原农业干旱与综合防御技术研究”、“黄淮平原农田节水灌溉决策服务系统研究”、“主要农作物生长动态监测与定量评价技术研究”、“夏玉米高产稳产气象保障关键技术研究”等。

天气研究始于 1959 年，主要集中于暴雨研究方面。20 世纪 60 年代，暴雨研究多采用常规天气学方法对暴雨发生发展的过程进行分析。70 年代，特别是河南“75・8”特大暴雨发生之后，暴雨研究更注重暴雨发生发展的动力、热力学分析，如动力学诊断分析、静力能量诊断分析、熵物理量诊断和数值预报产品释用技术研究等。研究对象包括暴雨中心落区预报、定量降水预报、面雨量计算和预报、黄河“三花”（三门峡—花园口，下同）间致洪暴雨预报等。2003 年承担了国家科学技术部社会公益性研究项目“小浪底水库暴雨致洪预警系统研究”。此外，还开展了天气阶段理论研究和寒潮预报方法研究等。

气候研究始于 20 世纪 70 年代初，研究内容大致可分为气候规律、应用气候、气候预测及气候灾害监测预测等四个方面。气候规律研究，主要涉及河南旱涝历史规律、降水分区、黄河三花间 6—8 月的降水规律等；应用气候研究，主要包括风能、太阳能资源和旅游气候资源的开发利用；气候预测及气候灾害监测预测研究，重点是对季、年的气候趋势，特别是对旱涝等灾害性气候事件发生的可能性开展研究。

农业气候区划研究是配合农业区划工作进行的。20 世纪 60 年代以来，共进行了三次农业气候区划工作。1964 年 5 月，根据全国农业气候区划工作会议精神，成立了“河南省农业气候区划办公室”，三个农业气候资源调查组分赴全省数十个地(市)、县，开展农业气候资源调查和实地考察，于 1965 年完成了“河南省省级综合农业气候区划”。在前期工作的基础上，20 世纪 70 年代末又进行了第二次农业气候区划工作。1979 年 12 月编撰了“河南省农业气候区划概述”，把河南分成了 7 个农业气候区，并根据各区特点，分别提出了农业发展措施建议。继之，完成了包括小麦、玉米、棉花等八种作物和种植制度在内的“河南省单项作物区划”。1998 年 10 月，组织开展了第三次农业气候区划试点工作，完成了地理基础数据库管理、农业气候资源数据库管理、农业背景数据库管理、小网格数据库管理、农业气候区划指标库管理、农业气候资源监测评价等 10 个方面的研究，取得的主要成果有“河南省农业气候资源区域特征及区划报告”，“河南省小麦生产农业气象灾害风险区划”，“郑州市优质小麦农业气候区划”，“巩义市优质小麦农业气候区划”，以及伊川县、扶沟县农业气候资源调查和区划报告等。2007—2010 年，又参与了国家公益性行业(气象)专项“精细化气候区划及其应用系统研究”，利用“3S”技术，得到了 1000 米网格的农业气候资源数据库，完成了河南省优质小麦、夏玉米和棉花的精细化农业气候区划工作。

农业气候区划研究，还根据多年来省、地、县各级农业气候资源调查和区划、农业气候考察、山区气候考察等资料，组织开展了山区气候资源和农业气候资源合理开发利用研究。研究内容多集中于山区气候资源和农业气候资源的时空变化特征分析，在此基础上，从农业布局、种植制度、品种选择等方面探讨合理开发利用气候资源的途径。

此外，应用气象仪器产品研制开发近 10 年取得突破。1997 年研制开发了用于公众气象服务的数字“121”气象语音咨询系统。2002 年根据全省开展紫外线监测、预报服务需要，研制开发了宽波段太阳紫外线监测仪。2007 年与中国电子科技集团公司第 27 研究所共同研制开发了 Gstar-I 自动土壤水分观测仪，2009 年 8 月经中国气象局批准，该仪器设计定型为 DZN2 型。

科技体制改革以来，河南省气象科学研究所在加强科技创新的同时，强化了科技成果转化。如：天气方面的定量降水预报研究、夏季短期大—暴雨 EMOS 预报方法研究、暴雨致洪预警系统研究、熵诊断研究等，其研究成果，均不同程度的在河南省气象台、地市气象台预报业务中使用；气候方面的主要气候灾害规律研究、气象灾害监测预报及其减灾对策研究等，其研究成果为评价灾害对社会和经济的影响，有针对性地制定防灾、减灾和抗灾的应对措施，发挥了重要作用；农业气象方面的农田节水灌溉决策服务系统研究、冬小麦优化灌溉模型及应用技术研究、农业干旱综合防御技术研究、小麦不同生态类型区划分及其生产技术规程研究、干热风发生规律与防御技术研究、农用 CO_2 开发利用技术研究、不同土壤类型卫星遥感墒情监测研究、农业气象系列化服务技术研究、现代农业气象业务服务平台开发等，均具有很强的实用性，其研究成果，可以直接在生产上进行应用。

三、农业气象情报、预报和卫星遥感监测业务

河南省气象科学研究所除了科研任务外，还承担着全省的农业气象情报、农业气象预报、气象卫星遥感监测业务，以及郑州农业气象观测和大气成分观测工作，为河南省国民经济建设和发展，特别是为农业发展提供气象保障。1959—1988 年期间，曾负责全省的人工增雨作业，为河南省农业防旱夺丰收服务。

农业气象情报业务主要是定期、及时地向当地政府、农业部门、生产单位提供未来将要出现或已经出现的天气气候事件，并评价这些天气气候事件对当前农业生产可能造成或已经造成的影响。1958年起，河南省气象台正式编制农业气象旬报、气象简报，各种农作物的农业气象条件评价，以及月、季、年气候影响评价等，1992年8月由河南省气象台把这些工作移交到河南省气象科学研究所。自1992年以来，河南省气象科学研究所定期编发农业气象旬报、月报，不定期编发墒情报、农业气象灾害调查、农业气象灾害分析评估报告等。1994年起，围绕冬小麦、玉米和棉花全生育期，定期编发作物生长状况评价及产量形成分析。2002年9月起，在全国率先开始定期编发农业气象周报。2008年1月起，定期编发土壤墒情监测公报和农田干旱预报。

农业气象预报业务主要是开展农作物产量预报、土壤水分预报、干旱警报和农田优化灌溉决策预报，为河南各级政府及农业部门提供各种预报信息，保障河南粮食安全。产量预报服务内容包括产量动态监测信息、产量预报系列产品和产量气象评价。产量预报系列产品制作采用以气象为主的多种预报方法，建立多时段预报模式。观测网、情报网、预报网三网合一，对作物产量进行综合动态监测。随着河南农业生产发展和服务的需要，农业气象预报范围不断拓宽。1984年5月进行冬小麦产量预测预报业务试验，1985年3月开始冬小麦遥感估产业务服务，1996年起制作玉米、粮食总产及棉花产量预报，2001年启动土壤墒情预报和灌溉决策服务，2006年开始进行病虫害发生气象条件等级预报，2009年增加了农用天气预报，使服务产品直接面向农业生产第一线。此外，还先后开展了作物播期、收获期预报和森林火险等级预报等。

为提高农业气象情报预报质量和服务时效，不断加强农业气象现代化建设。1995年按照中国气象局的统一要求，完成了“河南省农业气象情报预报服务系统”建设，初步建成了从信息采集到信息处理服务、具有一定自动化水平的五个子系统：卫星遥感宏观监测子系统，农业气象信息传递子系统，农业气象资料处理和信息搜索子系统，农业气象诊断、评价、预报子系统，农业气象咨询服务子系统。2002年开发了“河南省农业气象情报服务系统”，具有处理、分析、管理等十几项功能。2009年根据业务服务发展需要，开始完善和开发新的省级和市—县级现代农业气象业务服务平台，2010年投入业务使用。业务服务平台包括农业气象情报处理、农业气象预报、灾害评估、资料共享、数据管理等7个系统。

卫星遥感监测业务，是应用卫星遥感监测技术实时进行地面监测。1988年在河南省政府的大力支持下，河南省气象局在河南省气象台建成了本省第一个、也是全国省级气象系统第一个极轨气象卫星资料接收处理系统（俗称“小系统”），并开展了森林火点遥感监测业务。1989年12月河南省气象局批准河南省气象科学研究所成立“农业遥感服务中心”业务实体，正式开始了冬小麦苗情卫星遥感监测业务和服务。1999年10月河南省气象局对卫星遥感监测业务进行了调整，极轨气象卫星遥感监测资料接收、处理、服务等全部业务由河南省气象科学研究所承担，同年更新引进了由中国华云技术开发公司*研发的HY-01极轨气象卫星接收处理系统。2005年增加了DVB-S卫星资料接收处理系统；2010年底，开始建设新一代极轨气象卫星接收处理系统，系统建成后可以直接接收处理具有250米空间分辨率的EOS/MODIS、FY-3卫星资料。正式开展遥感监测业务以来，遥感监测业务系统不断改进和完善。先后引进和开

---

* 现“中国华云气象科技集团公司”，下同

发了极轨气象卫星遥感数据接收处理系统、遥感图像处理系统、河南省遥感监测服务系统、河南省遥感火点监测产品制作系统和EOS/MODIS卫星遥感数据分析与应用系统等。在这些业务系统支持下,卫星遥感监测产品逐渐丰富。起初,主要是冬小麦苗情监测、土壤墒情监测和森林火点监测。2000年之后,逐步增加了秸秆焚烧监测,水库水域面积监测,森林和平原植被监测,以及洪涝、大雾、积雪、冻害等监测产品。

四、气象服务

气象服务是河南省气象科学研究所进行科研和开展农业气象业务工作的出发点和归宿。20世纪80年代末,河南省气象科学研究所开始进行全方位、多方面的气象服务,取得了显著的社会效益和经济效益。按照服务内容和服务对象,气象服务大体可分为决策气象服务、公众气象服务、专业气象服务和气象科技服务。其中,决策气象服务为最重要的气象服务内容。

决策气象服务是依托农业气象情报预报、卫星遥感监测业务向各级党政领导和有关部门,为指导农业生产、防灾减灾进行决策提供的气象服务。服务内容大致为农业气象灾害服务、关键农事季节和重大工程项目气象服务。针对干旱、洪涝、冻害、大风、冰雹等灾害性天气,适时开展监测、预测和评价服务。如:2007年7月,河南淮河流域出现了1954年以来第二次全流域洪涝灾害,2008年11月—2009年1月,河南大部分地区出现旱情,多个地区出现极度干旱,河南省气象科学研究所及时启动应急预案,对洪涝、干旱发展实施动态监测。针对冬小麦、夏玉米等主要作物,在播种、收获等关键农事季节,分析前期气象条件对作物的影响,并结合未来天气形势,提出农事建议。如:2007年“三夏”、“三秋”期间,编发农业气象专题服务材料100多期,为河南夏粮秋粮抗灾夺丰收做出了积极贡献。在重大工程项目服务方面,2004年和2009年完成了河南南阳、信阳、洛阳三个核电建设工程项目的气象论证工作。

公众气象服务主要是指通过电视、广播电台、报纸、网络等媒介向社会提供的气象服务。1999年曾与河南电视台有关部门合作,开辟了《气象博士》专题电视栏目,定期发布农业气象信息和生产建议。还曾通过《河南科技报》等报纸和河南广播电台等渠道发布气象服务信息。进入21世纪,随着网络技术的发展和计算机、通信工具的普及,公众气象服务主要是利用河南兴农网、河南省现代农业气象服务产品网和气象短信服务平台实现。“三夏”、“三秋”期间,还通过召开新闻发布会形式发布适宜收获期、播种期预报和农事建议。

专业气象服务是针对用户特殊需要开展的气象服务。20世纪80年代初河南国民经济开始进入快速发展时期,在市场经济竞争激烈的信息时代,常规气象服务已满足不了一些部门、单位和企业的需要,发展专业气象服务已成为必然趋势。为此,河南省气象科学研究所依靠本身的人才、技术和资源优势,从1985年起开始向农业、林业、交通、水利、环保等部门提供农业气象信息等专业服务。

气象科技服务主要包括气象科技扶贫和大气环境影响预测与评价两项服务。河南是全国人口最多的省份之一,为使河南贫困地区尽快脱贫致富,按照中国气象局要求,1988年11月开始在大别山区腹地商城、新县和信阳县* 开展气象科技扶贫工作。从1993年起,根据河南省政府关于进一步加强对口扶贫工作的要求,相继承担了信阳县邢集镇、宁陵县刘楼乡、洛宁县陈吴乡和夏邑县郭店乡孟集村的对口扶贫与帮扶任务。在1998—2004年期间,从河南气象

---

* 现“信阳市”,下同

部门实际出发，积极利用气象科技和人才优势，在扶贫乡（镇）先后开展了26个气象科技扶贫项目，累计经济效益8亿多元，粮食增产9000万千克以上。信阳对口扶贫村农民年收入从1995年的800余元增加到1998年的1800元，超过脱贫指标。大气环境影响预测与评价开展于1986年，根据历史和实时资料，对工程建设项目的可行性进行气象论证，为工程设计提供科学依据。20多年来，与河南省环境保护研究所、河南省化工研究所等单位合作，先后完成了国家级建设项目环境影响评价报告50多项，省级、地市级建设项目环境影响评价报告近100项。所评价的建设项目涉及电力、煤炭、冶金、化工等行业。

五、人才培养与科研保障条件建设

河南省气象科学研究所自建所以来，高度重视人才的培养、引进和使用，围绕科研、业务中心任务，努力建设和培养了一支规模适度、结构合理、素质优良的科研、业务队伍。在人才培养方面，对科技人员加强了以在职教育为主要形式的学历教育，并通过出国培训、科研合作、参加国际学术活动等形式，加强人才培养。1980年以来，通过继续再教育，34名专业技术人员学历升至大专或大学本科；培养在职研究生7名，其中博士研究生2人。在人才引进方面，根据河南省气象局出台的鼓励和优惠政策，从应届毕业生中接收硕士研究生16人，博士研究生2人；从本部门基层引进业务骨干4人。在人才使用方面，一方面，不断提高科技人员待遇，改善工作环境；另一方面，不断健全和完善内部运行机制，改革人事制度，为优秀人才脱颖而出创造条件。对科技人员管理，一是实行聘任制，自1993年起，在河南省气象部门率先推行全员聘任、分级聘任、分年聘任、择优上岗制度；二是试行试用制、待聘制和离岗休息制度，对新上岗人员实行试用，试用期满不能胜任的转为待聘；三是实行考核制，自1990年起，每年与科技人员签订目标任务责任书，年终考核，考核结果作为职务、职称晋升的主要依据；四是实行奖励制度，自1986年起，先后建立和不断完善了目标考核奖、科技开发奖、科技成果（业务）奖、科技工作奖和创收效益奖等奖励制度。

科研保障条件建设是科学研究的基础，是促进科学技术健康发展的重要保障。河南省气象科学研究所历来十分重视科研条件建设，科研环境不断改善。20世纪60年代，农业气象试验站为开展农业气象业务观测和试验研究，建立了实验室，配置了土壤水分测定、作物生理测定和一些基础的化学分析仪器。此后，随着业务和科研的需求，为了模拟作物适宜生长环境和灾害环境，建造了当时比较先进的自动化温室，配备了农业气象综合测定装置、蒸发测定装置，配置了大型人工气候箱，开展小麦、大豆、水稻等试验研究。20世纪80年代初，根据中美大气合作项目分课题"华北平原作物水分胁迫与干旱研究"需要，在巩县建立了大型农田水分试验基地，配置了中子仪、大型叶面积仪、气孔计、水力式蒸散仪等先进仪器。20世纪80年代末，试验基地由巩县搬迁至郑州市南郊，建有一幢占地面积约600平方米的试验楼，以及为之配套的其他试验设施。2007年，在原来农田水分实验室的基础上，组建生态与农业气象实验室。安装了梯度观测系统、涡度通量观测系统、大型自动称重式蒸渗仪，配置了多种分析仪器。2010年9月，中国气象局和河南省人民政府合作共建的"中国气象局/河南省农业气象保障与应用技术重点开放实验室"正式建成并开放运行。此外，其他课题组还配置了从美国进口的LI-188型数字万能光度计、LI-1776型太阳监测仪和CO_2气体分析仪等先进仪器，以开展"小麦气候生态"、"温棚蔬菜CO_2施肥技术"等研究。

六、国际合作与交流

国际合作交流事业不断发展。建所以来，通过开展合作研究、派出学习、考察、参加国际学术活动，以及接待外国专家参观考察等形式，促进了本所科技事业的发展。1976—2000 年，先后有非洲、亚洲、北美洲、欧洲 21 个国家的农业气象专家和世界气象组织（WMO）官员 60 余人次来河南参观考察农业气象研究情况，重点参观考察了河南省气象局农业气象试验站及其所属农田水分试验场。代表团在河南参观考察期间，双方就农业气象学术问题和科研情况进行了深入广泛交流。1979—1981 年，有 1 人出任世界气象组织（WMO）农业气象专家赴马达加斯加讲学，并进行技术援助。1988—1998 年，有 4 名科技人员以访问学者身份先后赴美国开展农业气象、气候、大气污染等方面的合作研究，1 人赴莫桑比克帮助开展农业气象业务。1991—2010 年，有 6 人次在日本、美国、以色列、博茨瓦纳、印度和加拿大参加专业知识及科技管理知识培训。1987—2010 年，参加各种国际学术活动 29 人次。

回顾过去，河南省气象科学研究所经历了 50 多年的艰苦发展历程，为河南国民经济建设和气象事业发展做出了重要贡献。展望未来，河南省气象科学研究所肩负的责任更加重大，任务更加艰巨。全所科技人员决心深入贯彻落实科学发展观，继承发扬“团结协作，无私奉献，开拓进取，勇于创新”的精神，坚持“创新立所，人才强所”的发展思路，抓住机遇，努力开创河南气象科技发展新局面，为河南经济建设和社会发展做出新贡献。

第二章 机 构

第一节 机构建制

一、机构前身及其沿革

追溯历史，河南省气象科学研究所的前身为郑州气候站，筹建于1955年3月，1955年8月1日开始进行地面气象观测工作。1956年1月6日河南省编委核定编制3人。

为使气象工作与农业建设密切结合，更进一步为农业生产服务，1954年4月24日，中华人民共和国农垦部、中央气象局*下达了《关于加强建立农场气候站观测工作的联合通知》(〔54〕农政居字第130号、〔54〕中气站字第54号)，要求气象部门逐步接管充实现有农场(即农业试验场)气候站，为避免机构重复，凡有气象站的地方农场不再设气候站，所需气象资料由当地气象台站提供，农场确因工作需要时，可另设气候站。同时，文件对气候站的建制等问题一一做了规定。1954年5月28日，河南省人民政府农林厅、河南省气象科按照上述“联合通知”文件精神，下发了关于农林厅所属气象机构接转领导关系的“联合决定”(〔54〕豫农气联字第86号)。根据上述“联合通知”和“联合决定”文件精神，1955年3月12日，河南省气象局向中央气象局行文《报告本省1955年度新建气候站地址确定的初步意见》(〔55〕气业字第029号)，中央气象局台站管理处来文批复，同意河南省气象局意见(气站发〔55〕第781号)。1955年6月，由河南省气象局投资、河南省农业试验场建场筹备处具体承办，郑州气候站正式兴建。郑州气候站属河南省气象局建制，业务上属所在农场和河南省气象局双重领导，政治、行政领导由所在农场负责。主要职责任务是承担物候观测工作，包括：作物发育期观测、作物高度测定、植株密度测定、野草混杂度测定、作物生长状况评定和天气现象对作物造成灾害的记载等。

为配合农业试验研究，逐步改进农业技术，以达到增产粮棉及各种农畜产品的目的，1957年5月23日，中华人民共和国农业部、农垦部、中央气象局联合发出《为建立农业气象试验站的通知》(〔57〕农院瑞字第06号，〔57〕垦指池字第44号，〔57〕中气农发字第0042号)，决定将郑州等九处气候站在原基础上扩建为农业气象试验站。1957年6月24日，河南省农业厅、河南省气象局根据中华人民共和国农业部、农垦部、中央气象局联合通知精神，决定将原设在河南省农业试验场的郑州气候站扩建为郑州农业气象试验站(〔57〕农办字第24号、〔57〕豫气站字第099号)。扩建农业气象试验站所需的经费由中央气象局提供，扩建后的农业气象试验站仍属河南省气象局建制，人员、业务等经费由河南省气象局提供，行政和政治领导属河南省农

---

* 中国气象局局名的历史沿革：1949—1953年称“中央军事委员会气象局”，1953—1982年称“中央气象局”，1982—1993年称“国家气象局”，1993年起更名为“中国气象局”，下同

业试验场负责，业务上属河南省气象局和河南省农业厅双重领导。承担的主要任务是：开展农作物农业气象条件研究；进行气候观测和农业气象观测；配合农业气象观测方法和预报方法的制定，进行观测和试验研究工作；配合农业生产进行农业气象服务工作；对全省开展农业气象观测工作的气象（候）站进行技术指导。

郑州农业气象试验站为河南省气象局直属单位，1962 年 10 月更名为河南省气象局农业气象试验站。1967 年由于“文化大革命”业务停止，1973 年恢复。1984 年 2 月 10 日，河南省气象局党组发文（〔84〕豫气党组字第 12 号），河南省气象局农业气象试验站由河南省气象局直接管理转为河南省气象科学研究所内设机构，对内称农业气象研究室，对外仍称河南省气象局农业气象试验站。

1994 年 1 月 5 日，河南省气象局行文请示中国气象局，拟对河南省气象局农业气象试验站的建制和任务进行调整。征得中国气象局同意批复后，1994 年 5 月 16 日，河南省气象局下发了《关于郑州农试站业务工作移交的通知》（豫气业字〔1994〕15 号），决定自 1994 年 6 月 1 日起，河南省气象局农业气象试验站的农业气象观测业务由郑州市北郊移至南郊，由郑州市气象局负责组织实施（调整后，河南省气象局农业气象试验站名称仍保留，人员不变，地面气候观测任务仍在北郊进行）。该站的建制由河南省气象科学研究所调整至郑州市气象局，纳入台站系列管理。根据文件精神，郑州市气象局正式组建郑州农业气象试验站。

2009 年，为了进一步适应现代农业气象观测、试验研究和业务服务工作的需要，提高农业气象试验站的试验示范能力，探索行之有效的农业气象试验站管理与发展模式，7 月 10 日河南省气象局发文（豫气发〔2009〕103 号），决定将郑州农业气象试验站由郑州市气象局管理调整为由河南省气象科学研究所管理。调整后，郑州农业气象试验站主要承担农业气象观测、试验、科研与成果推广转化等任务。郑州农业气象试验站 5 名在职人员整建制划转河南省气象科学研究所。

二、机构正式建立

新中国诞生后，河南的气象事业进入了崭新的历史时期，开始快速发展。在全省气象工作者艰苦创业下，到 1958 年为止，全省已达到地市有气象台、县县有气象站，形成了覆盖全省的气象台站网，为河南经济发展发挥了重要作用。各级气象台站科技人员为了提高气象服务质量，更好地开展气象服务工作，在努力完成气象观测、气象预报工作的同时，还积极不断开展一些气象预报技术、预报方法和农业气象试验研究等。

1958 年 7 月河南省伊、洛、沁河流域出现了百年不遇的特大暴雨，致使黄河花园口洪水流量达到 22 300 立方米每秒，郑州黄河大桥被冲垮，京广铁路被截断。在这种大背景下，国民经济和国防建设对天气预报提出了预测、预报特大暴雨的强烈要求。河南省气象局为了开展河南暴雨研究，1959 年 1 月 19 日行文请求建立气象科学研究机构——河南省气象科学研究所。在《关于气象局及直属单位组织机构、人员编制调整意见和需要适当增加的请示报告》（总号〔59〕1 号）中提出：“现有气象工作状况已不能满足客观需要，必须加强气象科学研究工作，既不仅要很好了解与掌握天气变化情况，而且要逐步走上人工控制天气变化，加强长期天气预报和人工造雨等研究工作。为此，在组织机构上也应当加以改变，经党分组研究，将气象服务科改为气象科学研究所，并改为省局直属单位……”1959 年 3 月 21 日河南省人民委员会人事局批复（人三字第 11 号）：“经请示省人民委员会同意你局下设：办公室、供应科、农业气象科；直属单位设：气象科学研究所、观象台、郑州气象学校、郑州农业气象试验站、郑州民航气象台和两个小型流动气象台。”自此，河南省气象科学研究所正式成立。

1959年，河南省气象科学研究所内部机构设办公室、资料组、长期组、中短期组、填图组、通信组、人工控制天气7个科室（实质上是河南省气象台的别称），与河南省气象台一套人马两块牌子，承担的任务也主要是天气预报业务，对外发布天气预报。1961年10月25日，河南省气象局发文（〔61〕豫气台字第10号），决定：“河南省气象科学研究所对外发布的天气预报一律署名‘河南省气象台’，但河南省气象科学研究所这一名称仍保留生效。”1962年10月10日河南省气象局发文（〔62〕豫气办字第16号）：“根据河南省编制委员会〔62〕编办字第114号文的通知，决定我局所属气象科学研究所改称为河南省气象台，现新刻制‘河南省气象局气象台’印章……另刻一枚‘河南省气象局农业气象试验站’印章，也自1962年10月15日启用，旧章‘郑州农业气象试验站’同时作废。”随后，河南省气象科学研究所撤销。在1963年12月18日河南省气象局党分组《关于请示增加我局直属事业气象台、站人员编制的报告》中（〔63〕豫气党字第11号），党分组建议“恢复1962年被撤销的气象科学研究所和气象仪器鉴定所的机构”。但由于“文化大革命”等原因，恢复工作暂时停了下来。

1972年初，中央气象局根据《国务院、中央军委批转中央气象局关于加强北方十四省、市、自治区抗旱斗争中气象服务工作的意见》，在长沙召开了全国人工降水、消雹科研会议，要求加强气象科研工作，并确定由河南省承担三项全国气象科研重点项目。为了完成中央气象局确定的气象科研任务，加速河南气象工作建设，开展人工降水、消雹、预报气候等科学试验研究，逐步摸清和掌握大气演变规律，提高预报准确率，并逐步做到人工影响局部天气，适时进行人工降水、消雹，切实做好“两个服务”，特别是为农业生产服务，1973年2月8日中共河南省气象局核心小组再次要求恢复气象科学研究机构。在给河南省委、省军区党委的《关于成立气象科学研究所的请示报告》（〔73〕第2号）中，提出：“在河南省气象局内组建气象科学研究所，进行人工降水、消雹、天气预报、气候分析、探测仪器等方面的研究与研制。气象科学研究所需设编制50人，其中：人工降水、消雹21人；天气预报研究12人；气候分析7人；探测仪器研究10人。”

请示报告批复情况，查阅历史档案未看到文字依据。但是，根据当事人回忆，河南省气象科学研究所重新建立于1974年，主要是为了开展人工降雨、消雹研究，与河南省气象台并列，相互独立。《河南省志》气象篇记载，1974年1月1日河南省气象局组建了河南省气象科学研究所。1983年8月27日河南省编制委员会在《关于气象局事业机构设置的批复》（豫编〔1983〕167号）中，批准河南省气象局设置气象台、科研所、资料室、气象学校4个直属事业单位。

第二节　内部机构设置

一、现有内设机构

2006年6月，根据河南省气象局业务技术体制改革实施方案精神，河南省气象科学研究所机构编制进行了调整，调整后的8个内设机构延续至今。其中，郑州城市气候生态环境监测站因地址变动，于2009年7月停止人工地面观测业务。2009年7月根据现代农业气象业务服务试点工作需要，郑州农业气象试验站由郑州市气象局管理转交河南省气象科学研究所管理，至此，研究所内设机构增至9个。

目前现有的内设机构及其主要职责任务是：

（一）综合办公室

负责协调、业务管理、督查考核、文秘档案、人事劳动、政工宣传、资产管理、安全生产、计划统计、老干部等工作。

（二）生态与农业气象试验研究室（郑州城市气候生态环境监测站）

承担郑州城市气候生态环境监测、农业气象观测、生态与农业气象试验研究工作。

（三）气象科技应用技术开发研究室

承担应用气象技术研究、开发、推广和气象业务所需仪器的研发工作等。

（四）河南省气象局开放研究室

负责河南省气象局开放研究室的场地与平台建设、开放基金与项目管理及流动人员的管理，并参加部分研究项目。同时负责中国气象局/河南省农业气象保障与应用技术重点开放实验室的日常管理工作。

（五）农业气象服务中心

牵头全省农业气象业务服务设计工作，负责省级农业气象情报、农业气象预报、农业气候资源评估与开发利用、农业气象适用技术开发推广、科技扶贫、设施农业气象调控服务等工作；负责全省农业气象灾害监测、预报、防御对策与灾害评估等工作。

（六）生态气象与卫星遥感中心

牵头全省生态气象业务服务设计工作；负责省级生态气象监测工作；开展生态系统演变评估预测及生态建设、生态保护的气象服务工作；负责气象卫星遥感产品的研究开发工作等。

（七）大气成分观测与服务中心（郑州市大气成分观测站、气象环境评价室）

牵头全省大气成分业务服务设计工作；负责郑州大气成分站观测、预报业务运行，指导产品解释应用；开展环境气象与大气成分相应的应用研究；负责大气环境影响评价、环境评价气象资料审核及相关技术研究工作。

（八）《气象与环境科学》编辑部

承担《气象与环境科学》编辑、发行工作。

（九）郑州农业气象试验站

承担郑州市农业气象观测、试验、科研与成果推广转化等任务。

二、1974—2005年内设机构情况

河南省气象科学研究所自正式建立以来，为满足河南省经济建设，特别是农业发展的需要，承担的任务不断增加。从1985年起，不仅开展气象科学研究，还承担着农业气象基本业务和气象科技服务工作。下设机构也随之相应增加，即由1979年的3个，增加到2005年的7个；人员也由1974年的7人，增加到2005年的37人。据统计：

1979年下设天气气候研究室、人工控制局部天气研究室和情报研究室3个研究室；

1984年下设农业气象试验站（对内为农业气象研究室）、天气研究室、气候研究室、情报研

究室和秘书科；

1986年下设天气研究室、气候研究室、农业气象试验站、农业气候区划研究室、科技情报研究室和办公室；

1987年增设人工影响局部天气办公室；

1990年设置天气研究室、气候研究室、农业气象试验站、农业气候区划研究室、农业遥感服务中心、技术开发服务部(环境评价室)、办公室、情报室；

1993年设置天气气候研究室、农业气象试验站、污染气象研究室(对外称环境评价室)、农业气象服务中心(原称农业遥感服务中心)、办公室、经营办公室、情报室；

1995年3月，设置天气研究室、农业气象试验研究室、污染气象研究室、农业气象遥感情报服务中心(原称农业气象服务中心)、气候与农业资源研究室、办公室、经营办公室；

1996年9月，设置农业气象研究室(原称农业气象试验研究室)、农业气候研究室(原称气候与农业资源研究室)、天气研究室、环境气象研究室(原称污染气象研究室)、农业遥感中心(原称农业气象遥感情报服务中心)、办公室；

1999年11月，设置农业气象研究室、环境气象研究室、应用气象技术开发研究室、农业气象与遥感中心(原称农业遥感中心)、办公室；

2001年12月，设置办公室、农业气象研究室、环境气象研究室、应用气象技术开发研究室、农业气象与遥感中心、气象科技创新开放研究室；

2004年3月，增设《河南气象》编辑部；

2005年设置农业气象研究室、环境气象研究室、应用气象技术开发研究室、气象科技创新开放研究室、农业气象与遥感中心、《河南气象》编辑部、办公室。

第三节　机构改革、调整和沿革

一、机构改革

自20世纪90年代以来，在河南省气象局统一部署安排下，局直属事业单位分别于1996，1999，2001和2006年进行4次机构改革(事业结构调整)。河南省气象科学研究所在这几次全局性机构改革中，按照河南省气象局机构改革总体要求，对承担的任务和内部机构设置均进行了调整变动。

(一)1996年机构改革

根据河南省气象局制定的《〈河南省气象部门机构编制方案〉实施意见》精神，结合本单位实际，1996年9月16日拟定了《河南省气象科学研究所机构编制方案》，1996年11月20日得到河南省气象局批复(豫气人字〔1996〕73号)，1997年1月20日起按新机构运行。

这次机构改革，进一步界定了河南省气象科学研究所的任务，明确了各研究室的职责。核定内部机构6个，即办公室、农业气象研究室、农业气候研究室、天气研究室、环境气象研究室和农业遥感中心。撤销经营办公室，其职能合并到办公室，新机构较原来减少1个。核定人员编制57人，所领导3人，科级干部12人。

各内设机构主要职责：

1. 办公室：负责科研、业务、人事、教育、财务、科技服务与综合经营管理；组织协调全所科研业务及服务等主要有关事宜;承担图书室、阅览室与气象科技情报的管理和服务。

2. 农业气象研究室:开展农业气象基础应用研究,作物气象和模型应用研究,农业气象灾害规律、防御技术、措施及对策研究,农业气象适用技术研究;承担大气气候观测业务工作。

3. 农业气候研究室:开展与农业生产密切的气候变化、气候预测研究;进行气候异常对农业生产的影响评估及气候灾害的防御措施与对策研究;开发利用农业气候资源;负责气象科技扶贫工作。

4. 天气研究室:开展天气预报技术、方法和理论应用研究;与市级气象台结合,开发和研究适合当地需要的天气预报方法。

5. 环境气象研究室:开展污染气象预报技术、预报方法研究;承担大气环境影响评价,为地方建设项目提供气象科技咨询和服务。

6. 农业遥感中心:承担作物产量预测预报、农业气象旬(月)报及卫星遥感等农业气象业务,为政府提供决策服务;负责省级农业气象业务现代化建设,开展与农业气象业务有关的项目研究。

(二)1999 年机构改革

为了深化改革,加速推进河南省气象局直属单位事业结构调整步伐,在传达贯彻 1999 年全国气象局长研讨会议精神和学习外省先进经验的基础上,河南省气象局结合本局实际,1999 年 10 月 29 日制定下发了《河南省气象局直属单位事业结构调整框架方案》,明确了河南省气象科学研究所的任务,主要是:农业气象情报预报、农业气象试验研究与技术开发、卫星遥感应用、大气环境评价、农业气候区划、气象科技扶贫及河南省气象局决策服务的相关任务。原承担的天气预报技术开发工作转移到河南省气象台,科技情报和图书管理工作转移到河南省气候中心,城市环境质量气象预报工作转移到河南省专业气象台,不再承担气候应用研究工作任务。

根据河南省气象局制定的事业结构调整框架,河南省气象科学研究所制定了本单位内设机构、岗位设置、岗位主要职责任务改革方案,1999 年 11 月 23 日河南省气象局批准并公布了此方案。这次机构改革,经过进一步优化组合,重新定岗、定编、定人员,内设机构由原来的天气研究室、农业气象研究室、农业气候研究室、环境气象研究室、农业遥感中心、办公室等 6 个室,精简为农业气象研究室、环境气象研究室、应用气象技术开发研究室、农业气象与遥感中心(原农业遥感中心)、办公室 5 个室,在编人员由 1998 年的 46 人减少为 31 人。岗位设置 31 个,其中所长 2 人,基本业务岗位 12 个。由于部分任务转移,撤销了天气研究室和农业气候研究室;为加强气象技术开发应用,新增应用气象技术开发研究室。

应用气象技术开发研究室的主要任务是:负责气象信息服务技术的研究与开发;进行其他行业应用气象技术的开发与推广;开展气象业务现代化发展相关技术研究;承担气象科技服务与产业项目的开发与实施。

原农业气候研究室承担的气象科技扶贫有关技术工作调整为由农业气象与遥感中心负责,原河南省气象台承担的极轨气象卫星接收处理和林火监测、森林火险气象等级预报业务转由本所承担。

(三)2001 年机构改革

根据河南省气象局印发的《河南省国家气象系统机构改革方案》、《河南省国家气象系统机构改革实施意见》和中国气象局有关省级气象科学研究所的改革精神,结合本所实际,制定了

《河南省气象科学研究所改革方案》,2001 年 12 月 26 日河南省气象局审核批准执行(豫气人发〔2001〕74 号)。

这次机构改革,河南省气象科学研究所定位为非营利性公益性科研与基本业务相结合的事业单位,针对科研、业务、管理等不同岗位特点,分别采取不同的管理方式。河南省气象局成立了河南省气象科技创新基地,河南省气象科学研究所与河南省气象科技创新基地一个机构两块牌子,内设科级机构 6 个,即:办公室、农业气象与遥感中心、农业气象研究室(2003 年 12 月,本室同挂“郑州城市气候生态环境监测站”)、环境气象研究室、应用气象技术开发研究室和气象科技创新开放研究室。人员编制总数为 30 人,其中所领导 3 人,另设流动岗位 5 个。为促进河南省气象科学研究逐步形成开放、流动、竞争、合作的新型气象科研体制,为河南省气象科技创新基地建设奠定基础,成立了气象科技创新开放研究室。该研究室以农业气象与遥感应用技术研究为主要特色,逐步形成集农业气象与遥感、天气气候、人工影响天气、技术开发等为一体的开放式研究机构。主要承担气象业务现代化建设和重要气象科研课题与技术开发,并负责科研与技术开发项目的管理工作。

(四)2006 年机构改革

2006 年 6 月,河南省气象科学研究所根据“中国气象局业务技术体制改革总体方案”、“河南省气象局业务技术体制改革实施方案”和《河南省国家气象系统机构编制调整方案》(豫气发〔2006〕55 号),结合本所实际和发展需要,编制完成了《河南省气象科学研究所机构编制调整方案》,对本所职能和内设机构进行了调整,本所同时加挂河南省卫星遥感中心、河南省气象培训中心两块牌子。这次机构改革突出加强了生态与农业气象研究和大气成分综合观测业务。一是将原农业气象与遥感中心分设为河南省农业气象服务中心和生态气象与卫星遥感中心,主要负责生态与农业气象业务服务及相关科研工作;二是在原环境气象研究室的基础上成立了大气成分观测与服务中心,主要负责郑州大气成分观测站的日常观测业务,并继续开展大气环境影响评价工作;三是郑州城市气候生态环境监测站加挂生态与农业气象试验研究室牌子,为生态与农业气象研究型业务提供技术支撑;四是撤销办公室,组建新的综合办公室,增加其对本所生态与农业气象、大气成分等业务及科技创新的管理职能。另外,气象科技创新开放研究室、《河南气象》编辑部、应用气象技术开发研究室分别更名为河南省气象局开放研究室、《气象与环境科学》编辑部和气象科技应用技术开发研究室,并保留原职能。按照调整方案,内设机构 8 个(见本章第二节“现有内设机构”),人员编制 41 人,其中所领导 3 人,科级领导 14 人。

二、内部机构调整(沿革、变更)

根据承担任务不断变化,内部机构适时进行调整,涉及的科室主要有:

(一)农业气象(试验)研究室

根据〔79〕豫气党组字第 18 号《关于谢少锋等二十九位同志任职的通知》,农业气象研究室早在 1979 年 9 月便已经是河南省气象局的直属研究单位,与农业气象试验站一个机构两块牌子。1984 年 2 月,农业气象研究室由河南省气象局直接管理转为由河南省气象科学研究所管理。1994 年 6 月农业气象试验站建制调整后,农业气象研究室更名为农业气象试验研究室,主要负责开展农业气象试验研究和大气候观测工作,1996 年 9 月又恢复农业气象研究室名称。2006 年 6 月农业气象研究室更名为生态与农业气象试验研究室。

为了加强郑州城市气候与生态环境监测和服务工作，河南省气象局于2003年7月批复，并报中国气象局备案，建立了郑州城市气候生态环境监测站，于当年12月22日挂牌运行，与农业气象研究室一个机构两块牌子，业务内容有了新的拓展。除了地面气候观测和农业气象常规观测外，还逐步开展了温室气体、花粉、紫外线、气溶胶等环境因素的监测。2009年，经河南省气象局和河南省农业科学院协商，由河南省农业科学院出资，将郑州城市气候生态环境监测站迁出原址另选新址重建，原有观测场地和办公、试验用房交给河南省农业科学院。由于当时正在郑州惠济区建设的自动气象站与该站较近，河南省气象局2003年7月14日批复从自动气象站正式启用之日起，郑州城市气候生态环境监测站停止地面气象观测业务。2009年8月1日，郑州城市气候生态环境监测站地面气象观测业务正式停止，所有该业务工作人员回到河南省气象局大楼办公。

（二）天气、气候研究室

1979年设天气气候研究室；1984年天气气候研究室分开，成立天气研究室和气候研究室两个室；1992年天气、气候研究合并，成立天气气候研究室；1995年3月，天气气候研究室再次分开，天气研究室独立，气候研究与农业气候区划研究合并成立气候与农业资源研究室；1996年9月，气候与农业资源研究室更名为农业气候研究室；1999年11月，天气研究室、农业气候研究室撤销，成立应用气象技术开发研究室。

（三）农业气候区划办公室、农业遥感服务中心

据《河南省志》气象篇记载，农业气候区划办公室成立于1979年6月，归河南省气象局直接管理。为加强农业气候区划研究工作，1986年2月河南省气象局决定把农业气候区划办公室及人员划归河南省气象科学研究所，对内称农业气候区划研究室，对外仍称河南省气象局农业气候区划办公室，领导成员不变。1989年12月5日，河南省气象局决定在河南省气象科学研究所成立农业遥感服务中心（科级单位），纳入全省业务系统，开展省级农业气象服务业务。根据国家气象局气候发〔1991〕45号文件精神，为进一步加强农业气象服务工作，1992年1月河南省气象局决定农业遥感服务中心与农业气候区划办公室合并成立河南省农业气象服务中心（科级单位），保留农业气候区划办公室的牌子，中心属农业气象业务服务实体，纳入全省气象业务系统。1995年3月设置农业气象遥感情报服务中心，与河南省农业气象服务中心一个机构两块牌子。1996年9月，农业遥感情报服务中心更名为农业遥感中心，1999年11月更名为农业气象与遥感中心。2006年6月，农业气象与遥感中心撤销后，设置两个“中心”，其中农业气象业务仍保留河南省农业气象服务中心名称，为遥感业务设置成立了生态气象与卫星遥感中心。

（四）情报研究室、办公室、经营办公室

1979年设置情报研究室，1986年11月河南省气象局科教处图书室合并到情报研究室。管理体制上，一个机构两块牌子，对内为河南省气象科学研究所情报研究室，对外为河南省气象科技文献情报中心，承担本省气象科技情报服务和管理职能。1986年12月18日，河南省气象局同意河南省气象科学研究所撤销秘书科成立办公室。为进一步深化体制改革，加快气象科学研究所科技服务与产业的发展，经河南省气象局人事处同意，1992年10月成立了经营办公室，全面负责所内科技服务与产业的发展规划、管理、服务和监督工作。1994年根据开展生产经营的需要，办公室、经营办公室、情报研究室三个室合署办公，统一组织和负责后勤服务、科技情报服务和生产经营的组织管理工作。1995年为了压缩机构，精简行政管理人员，情报研究室与办公室合并。1996 年 9 月机构改革，经营办公室与办公室合并。1999 年 11 月机构改革时，原情报研究室承担的科技情报研究和图书管理工作及人员整建制转移到河南省气候中心。

(五)污染气象研究室、环境气象研究室

为适应科研、服务工作的需要，1991 年 9 月 25 日河南省气象科学研究所决定撤销技术开发服务部，成立污染气象研究室。主要任务是承担污染气象方面的科学研究，开展大气环境影响评价和进行其他技术开发服务工作。污染气象研究室对外又称河南省气象科技咨询服务中心和河南省气象科技咨询服务中心环境评价室。河南省气象科技咨询服务中心环境评价室成立于 1985 年 12 月 10 日(〔85〕豫气业字第 17 号)，挂靠在河南省气象局业务处，专职人员 3 人。1989 年 4 月 21 日，成立河南省气象技术咨询服务中心(〔1989〕豫气人发字第 13 号)。1990 年 8 月，河南省气象技术咨询服务中心及 2 名专职人员合并到河南省气象科学研究所技术开发服务部。1996 年 9 月机构改革，污染气象研究室更名为环境气象研究室。2005 年 12 月环境气象研究室增加了大气成分观测任务。2006 年 6 月机构调整时，在环境气象研究室的基础上成立了大气成分观测与服务中心(郑州大气成分观测站、气象环境评价室)，一个机构三块牌子。

(六)人工影响局部天气办公室

1959 年 1 月河南省气象局成立人工控制局部天气试验小组。1959 年 3 月河南省气象科学研究所下设人工控制天气室，1979 年更名为人工控制局部天气研究室，1984 年机构调整时该研究室撤销，其任务由天气研究室、气候研究室承担。据《河南省志》气象篇记载，1987 年恢复并更名为人工影响局部天气办公室。1988 年 3 月初，中共河南省委、省政府根据河南旱情，研究决定成立河南省人工降雨办公室。1989 年 1 月 27 日河南省气象局任命周志勋为人工影响局部天气办公室副主任(正处级)，从此，人工影响局部天气办公室由所独立出去。1989 年 7 月，从河南省气象科学研究所划出 5 个编制，归河南省人工影响天气领导小组办公室，并有 6 位人员调到该办公室工作。

(七)《河南气象》(《气象与环境科学》)编辑部

《河南气象》复刊于 1978 年 1 月，并成立了编辑组，后更名为《河南气象》编辑部。2004 年 3 月河南省气象局调整了《河南气象》编辑部的隶属关系，由河南省气象学会管理划转河南省气象科学研究所管理。2006 年 4 月 28 日，河南省新闻出版局经请示国家新闻出版总署，批准《河南气象》更名为《气象与环境科学》，原《河南气象》编辑部相应更名为《气象与环境科学》编辑部。

(八)气象科技创新开放研究室(河南省气象局开放研究室)

气象科技创新开放研究室 2001 年组建，2006 年机构调整时，更名为河南省气象局开放研究室。2009 年，中国气象局农业气象保障与应用技术重点开放实验室开始建设后，该室又承担了重点开放实验室的建设与日常管理任务。

第四节　历届所长、室(中心)主任

一、历届所长、副所长及开始任职时间

(一)1959 年 3 月—1962 年 10 月

所　长：闫秀璋(兼)(1959-07—1962-10)

副所长：袁义德(1959-07—1960-10)

(二)1974年1月—1983年9月

负责人：庞锡英(1974-01)　王德欣(1975-12—1979-09)
　　　　王德领(1975-12)

副所长：唐均干(1979-08—1983-08，主持工作)
　　　　周志勋(1981-05)　汪永钦(1981-05—1983-09)

(三)1983年9月—1989年5月

所　长：汪永钦(1983-09—1989-05)

副所长：唐均干(1983-09—1985-08)　吴忠祥(1983-09—1989-05)

(四)1989年5月—1994年9月

所　长：贺发根(1989-05—1994-09)

副所长：吴忠祥(1989-05—1990-07)　郑国祥(1989-05—1992-06)
　　　　楚国运(1990-07—1993-03)　王守忠(1993-03—1994-09)
　　　　董官臣(1993-12—1994-09)

注：1987年6月吴忠祥离职赴美学习，1990年7月被免去副所长职务。

(五)1994年9月—2005年11月

所　长：董官臣(1994-12—2005-11)

副所长：董官臣(1994-09—1994-12，主持工作)　王守忠(1994-09—1996-02)
　　　　苗长明(1994-09—1996-02)　胡　鹏(1996-02—1999-10)
　　　　赵国强(1996-09—1999-10)　陈怀亮(1999-10—2005-11)

(六)2005年11月—2010年12月

所　长：陈怀亮(2006-06—2010-12)

副所长：陈怀亮(2005-11—2006-06，主持工作)
　　　　冶林茂(2005-11—2010-12)　刘荣花(2005-11—2010-12)
　　　　王　生(2005-11—2010-11)　李　冰(2010-11—2010-12)

注：王生、李冰分别任河南省气象培训中心主任、常务副主任，省气象局机构改革时，为了归类管理，两人同时还任河南省气象科学研究所副所长。

二、2010年底各室(中心)主任、副主任及开始任职时间

(一)综合办公室

主任：徐爱东(2008-02)

(二)生态与农业气象试验研究室

主　任：方文松(2006-12)

副主任：李树岩(2009-06)　厉玉昇(2009-08)

(三)应用气象技术开发研究室

副主任：薛龙琴(2009-04，主持工作)

(四)河南省气象局开放研究室

主　任:侯建新(2001-12)

(五)河南省农业气象服务中心

主　任:余卫东(2007-09)

副主任:薛昌颖(2009-06)　　刘伟昌(2009-06)

(六)生态气象与卫星遥感中心

主　任:邹春辉(2006-12)

副主任:刘忠阳(2009-04)

(七)大气成分观测与服务中心(郑州大气成分观测站、气象环境评价室)

主　任:熊杰伟(2006-07)

副主任:邓　伟(2006-12)

(八)《气象与环境科学》编辑部

主　任:王　君(2006-12)

(九)郑州农业气象试验站

站　长:杨光仙(2001-12)

副站长:秦福生(正科级,2006-12)　　马青荣(2010-09)

三、曾任室(中心)主任、副主任及开始任职时间

(一)农业气象试验站(农业气象研究室)(1957-07—1994-06)

站　长(主任):王梅五(1957-04)　　张　振(1960-08—1964-06)
王明中(1972,负责人)　　汪永钦(1979-03)
张　振(1979-07)　　朱自玺(1984-06)
王隆德(1993-02)

副站长(副主任):汪永钦(1964-06)　　朱自玺(1979-09)
周　琦(1979-09)　　王隆德(1984-06,正科级)
葛仲甫(1984-06)　　侯建新(1987-12)
王而立(1991-10)　　赵国强(1992-10)

(二)农业气象(试验)研究室(1994-06—2006-06)

主　任:赵国强(1996-03)　　付祥军(1998-01)
刘荣花(2004-02)

副主任:赵国强(1994-09,主持工作)　　付祥军(1994-09)
邓天宏(1998-01)　　刘荣花(2001-12,主持工作)
方文松(2001-12;2006-01,主持工作)

(三)郑州城市气候生态环境监测站(2003-07—2009-07)

站　长:刘荣花(2004-02)　　方文松(2006-12)

副站长:方文松(2004-02)　　方文松(2006-01,主持工作)

(四)天气研究室

主　任:符长锋(1984-02)
卢　莹(1996-03)
副主任:张季梅(1979-09)
王银民(1985)
李念童(1987-12)
卢　莹(1995-03)
李朝兴(1996-12)

(五)气候研究室

主　任:张季梅(1984-02)
副主任:苗长明(1989-12)

(六)情报研究室

主　任:庞锡英(1980-02)
侯建新(1992-10)
郝瑞普(1993-12)
副主任:李志刚(1987-12)
张金彬(1990-09)

(七)秘书科

副科长:李同和(1984-02)

(八)办公室(综合办公室)

主　任:郑国祥(1986-12)
郭建喜(1993-02)
黄敏南(1996-03)
副主任:李同和(1986-12)
郭建喜(1990-04)
王而立(1995-03,主持工作)
黄敏南(1995-03)
侯建新(1996-12,正科级)
徐爱东(2008-01,主持工作)

(九)农业气候区划办公室(农业气候区划研究室)

主　任:谭令娴(兼)(1984-10)
马效平(1990-04)
副主任:马效平(1984-10,正科级)
周天增(1984-10)
穆晓涛(1988-07,正科级)

(十)技术开发服务部

主　任:郑子龙(1990-09)

(十一)污染气象研究室

主　任:郑子龙(1991-09)
副主任:侯建新(1991-09)
胡　鹏(1992-10)
熊杰伟(1996-03)

(十二)环境气象研究室

主　任:郑子龙(1996-12)
胡　鹏(兼)(1998-01)
熊杰伟(2000-01)
副主任:熊杰伟(1996-12)
陈　东(2001-02)
侯建新(兼)(2004-07)
邓　伟(2006-12)

(十三)天气气候研究室

主　任:苗长明(1992-04)

副主任:卢　莹(1993-02)　　熊杰伟(1993-02)

(十四)气候与农业资源研究室

主　任:郭建喜(1996-03)

副主任:范玉兰(1995-03,主持工作)　　熊杰伟(1995-03)

(十五)农业气候研究室

副主任:范玉兰(1996-12,主持工作)　　徐爱东(1998-01)

(十六)应用气象技术开发研究室

主　任:冶林茂(2001-12)　　范玉兰(2006-12)

副主任:冶林茂(2000-01,主持工作)　　范玉兰(2000-01)

厉玉昇(2006-12)

(十七)农业遥感服务中心(农业气象服务中心、农业遥感情报服务中心、农业遥感中心、农业气象与遥感中心)

主　任:毛留喜(1993-02)　　张雪芬(2000-01)

副主任:毛留喜(1989-12)　　范玉兰(1993-02)

张雪芬(1996-12)　　陈怀亮(1998-01)

徐爱东(2000-01)　　邹春辉(2000-08)

(十八)经营办公室

主　任:侯建新(1993-02)

副主任:孙志坚(1994-04)　　郝瑞普(1996-03,正科级)

(十九)《河南气象》(《气象与环境科学》)编辑部

主　任:王魁山(2004-03,按调入本所的时间计)

副主任:王　君(2005-09)

(二十)生态气象与卫星遥感中心

副主任:薛龙琴(2006-12)

第三章　科学研究与成果转化

河南省气象科学研究所自成立以来，始终遵循“气象以经济建设服务为中心，以农业服务为重点”的业务方针，开展天气、气候、农业气象、农业气候区划、遥感、大气环境评价等方面的研究工作。50多年来，随着经济社会的发展和科学技术的进步，研究内容不断深入，研究范围不断拓宽，向精、准、细、广的方向不断发展；而且十分注重科技成果的转化，最大限度地把科技成果转化为业务服务能力和现实生产力。随着社会经济体制的改革和农业结构的调整，再加上河南省气象科学研究所内部体制的变化，河南省气象科学研究所的研究内容在不同的历史时期，有着不同的侧重。20世纪50年代中期至60年代中期，主要是农业气象研究，重点集中在作物气象，农业气象情报和预报，农业气候资源调查、分析和初步区划，土壤水分监测，低温霜冻研究等。70年代主要是干热风、农田小气候、农业气候区划、棉花气候、人工降水和大气降水化学成分分析等。80年代，随着科研机构的进一步完善，研究的内容也进一步拓宽。除农业气象外，还开展了天气、气候和大气环境评价等方面的研究工作。农业气象则向新的领域进一步扩展，如卫星遥感应用、产量预报、种植制度、作物生态、农田水分和优化灌溉等。这期间，项目的来源进一步扩大，由原来的河南省气象局立项，进一步扩大到省部级立项；研究的形式也多以协作形式为主；成果的数量和质量也大大提高。在此期间，与国外的技术交流也比较频繁，许多国家的代表团和世界气象组织的官员，不断到河南参观访问。90年代，试验研究条件进一步改善，科研队伍进一步扩大，人员素质明显提高，除承担国家气象局和省科研项目外，还承担了中美合作项目，与国外的合作研究不断深入，互访比较频繁。2000年以后，承担的国家级项目不断增多，并首次申请到国家科学技术部科研院所公益性研究专项、国家自然科学基金项目、科技部农业科技成果转化项目及全国公益性行业(气象)专项项目等。研究的内容，重点集中在干旱监测和预警、农田节水灌溉决策及干旱评估等。2009年，中国气象局、河南省人民政府联合在郑州建立“中国气象局/河南省农业气象保障与应用技术重点开放实验室”(英文缩写LASAT)，2009年12月通过河南省科学技术厅验收，2010年9月通过中国气象局科技与气候变化司验收，实现开放运行，极大地促进了农业气象科学研究的进一步发展。50多年来，河南省气象科学研究所取得了一系列重大科研成果，共获得国家级科技成果奖9项，省部级科技成果奖42项，厅局级科技成果奖47项，在生产与业务服务中均发挥了重要作用。

下面，就研究领域按时间顺序，记述河南省气象科学研究所曾经承担的国家级、省部级和厅局级的研究项目及所取得的研究成果，包括项目来源、内容简介、获奖情况和主要完成人员等。

第一节　天气研究

河南省气象科学研究所的天气研究，始于1959年。河南省气象局提出的第一个研究任务，是 1958 年 7 月发生在河南伊、洛、沁河流域的特大暴雨的成因和相应的预报方法。这时，中央气象局要求各地总结预报经验，编写全国预报指导手册，由湖北省气象局和河南省气象局负责“江淮切变线”预报方法的编写，后纳入中央气象局出版的《中国短期天气预报手册第一分册——东亚大型过程》的“江淮切变线”中。自 1960 年起，中期天气预报开始学用苏联的穆尔塔诺夫的天气阶段性理论，用赫拉莫夫的锋区等高线演变法划分天气周期，制作周期趋势平均图，用变高图外推，估计下一周期的天气。预报组还提出了相似周期的不相似外推方法，对相似图进行订正。1964 年冬，河南省气象局领导为应对汛期大水，要求做好副热带高压(以下简称“副高”)第二次北跳的研究和预报，经过一年多的努力，研究工作取得了明显的进展。后来，科研人员又提出了天气阶段的理论，在 20 世纪 60—70 年代得到了推广应用。到了 60 年代，由于“文化大革命”的原因，天气研究被撤销，直至 1980 年才得以恢复。1984 年，河南省气象科学研究所正式建立了天气研究室。80 年代以前，天气研究主要是采用天气学分析方法；80 年代及以后则着重于动力学诊断和数值分析。其具体内容大体可分为五个方面：

1. 静力能量诊断研究：能量方法过去一直只应用于强对流天气预报，现在拓宽应用到寒潮预报、副高活动预报和梅雨起讫时间预报等。1982 年，河南省气象科学研究所承担了国家科学委员会、国家农业委员会联合下达的能量天气学方法的推广应用研究的部分内容，取得了很好的效果。1982—1985 年河南省气象科学研究所参加了国家气象局下达的“华中区域暴雨落区超短期预报方法应用、推广研究”。

2. 熵诊断研究：自 1985 年起，河南省气象科学研究所天气研究室比较注意耗散结构理论和熵气象学的研究。1991 年，根据非平衡态热力学中的熵平衡方程，导出局域熵密度变化方程。1994 年，提出了广义相当位温的概念及表达式，并在强对流天气和暴雨预报中加以应用。熵物理量诊断程序是天气研究室多年辛勤劳动的成果，现在仍为河南省气象台所应用。

3. 定量降水预报研究：河南省中尺度有限区地方暴雨模式试验室从 1991 年开始该项研究，当时引进了中国气象科学研究院 MOMS 模式系统，把 925 百帕层的资料加入 MM4 模式，增强了模式预报暴雨的性能。后来，经过动力统计修正，使河南省降水预报进入了客观化、定量化的新阶段。1998 年，又引进非静力的 MM5 模式，使得定量降水预报进一步提高，至今仍在河南省气象台应用。

4. 致洪暴雨研究：“八五”期间，天气研究室承担了国家科技攻关项目“85-906”中之第 06 专题——“致洪暴雨预报研究”。解决了三个关键性问题，即：气象和水文的有机结合；面雨量的计算和预报；暴雨中心落区的定量预报。

5. 天气阶段研究：1980 年，总结河南省天气阶段理论的特点，和国外其他天气阶段性的论述做了对比，统一了对天气阶段的认识。1992 年，用经验正交函数展开法，利用逐日降水资料，揭示河南汛雨阶段的基本特征。指出河南汛期降水有同一性，主要降水发生在江淮梅汛之后。1999 年，对河南汛期降水的季节特征做了分析，指出汛期降水存在明显的南北与东西方向上的反相振荡，尤其是从小暑到大暑，季风雨带可以从沙河以南北跃到黄河及以北地区，这是东亚季风重要的气候特征。1999 年天气研究室撤销，河南省气象科学研究所天气学研究基本告一段落。

在 40 多年天气学研究的历程中，研究的领域基本上涵盖了以下几个方面：暴雨预报研究，寒潮、大风预报研究，其他天气和相关研究等。以下分别记述其获奖项目来源、研究内容等。

一、获得国家级奖的研究项目

项目名称：北方暴雨研究

项目来源：中央气象局

研究年限：1979—1983年

研究内容：从天气学、动力诊断、中低纬度不同天气系统之间的相互作用等方面，探讨暴雨发生发展的物理机制，在此基础上，研究暴雨落区预报方法；利用数值预报产品，建立暴雨的动力统计预报方法，同时，进一步完善预报程序和动力诊断等新的方法。

主要完成单位：吉林、河北、内蒙古等北方15个省（自治区）气象局

主要完成人：丁士晟、游景炎等

获奖级别、时间：国家科学技术进步奖二等奖、1984年

符长锋为项目参加人。北方暴雨课题组所发荣誉证注明："符长锋同志有三篇文章列为北方暴雨科研成果目录，对这一课题的研究做出了一定贡献。"

二、获得省部级奖的研究项目

（一）项目名称：能量天气学方法的推广和应用研究

项目来源：中央气象局

研究年限：1978—1982年

研究内容：在天气预报中推广使用静力能量分析方法，不仅为寒潮和暴雨预报开发新的途径，而且用能量方法预报副高北跳，划分梅雨起讫时间。

主要完成单位：中国气象科学研究院、河南省气象科学研究所、天津市气象台、河南省南阳地区气象台

主要完成人：雷雨顺、吴正华、符长锋、杨红梅、张香兰、石林平、白玉荣、李开秀

获奖级别、时间：农业科学技术推广奖（无等级）、1982年

（二）项目名称：河南省可能最大暴雨图集

项目来源：水利电力部和中央气象局1972年2月联合发出通知立项

研究年限：1973—1979年

研究内容：对河南省境内海河、黄河和长江三流域的暴雨进行普查和成因分析，用多种方法对可能最大暴雨进行估算，并绘制成图集。

主要完成单位：河南省水利勘测设计院，河南省气象局，河南省水文总站，以及河南省南阳、驻马店、洛阳、开封、新乡、安阳地区水利局

主要完成人：郭展鹏、伏安、董大令、严守序、林敬凡等

获奖级别、时间：河南省科技成果奖二等奖、1982年

注：符长锋、李俊亭是该项目参加人。

（三）项目名称：河南省气象数据库和定量降水预报研究

项目来源：河南省科学技术委员会

研究年限：1988—1992年

研究内容：围绕定量降水问题进行了七个方面的研究，即：诊断分析、数值预报系统、模式

输出统计降水预报专家系统、降水预报卫星云图、数据库与数据传输系统和天气气候分析等。系统输出的定量降水预报是以 MOMS 系统输出为基础，经过三级处理，结合河南省情况进行最优化订正，使模式的定量降水预报水平大大提高。

主要完成单位：河南省气象科学研究所，河南省气象台，河南省计算中心，北京大学地球物理系，中国气象科学研究院中尺度研究所，以及河南省驻马店、南阳、信阳、许昌、焦作、濮阳、洛阳地区（市）气象台

主要完成人：符长锋、季书庚、戴怀来、黄嘉佑、吴富山、王广仁、卢莹、姬爱敏、吴万素、方萍、王鹏云、李朝兴、洪建男、郭建喜、郑梨云

获奖级别、时间：河南省科学技术进步奖二等奖、1993 年

（四）项目名称：估算可能最大暴雨的综合指标法

项目来源：河南"75·8"（1975 年 8 月）特大暴雨后，国家水利、电力部指令进行淮河流域 PMP 试点和各省进行 PMP 估算，河南省承担综合指标法子专题

研究年限：1976—1980 年

研究内容：根据天气学的理论和实践，天气系统对暴雨形成的贡献在于提供足够的上升运动、充沛的水汽和高度的层结不稳定，降水量应当与这三个最关键的参数有着确定的数量关系。因此，根据热力学基本方程和经验订正相结合，导出一个使用这三个参数估算台风暴雨 24 小时可能最大降水量的较为简便的方法，这就是综合指标法。从而导出台风 24 小时可能最大暴雨量的经验公式，据此可以估算出有限区域内的可能最大降水量。

主要完成单位：河南省气象科学研究所、水利部治淮委员会、电力部成都勘测设计院、华东水利学院

主要完成人：符长锋、王玉太、颜道丰、詹道江

获奖级别、时间：河南省重大科技成果奖三等奖、1981 年

（五）项目名称：黄河三花区间河南地域暴雨天气监测通信系统的研究

项目来源：国家科学技术委员会"八五"攻关项目（编号：85-906）的 08 专题第三子专题

研究年限：1991—1995 年

研究内容：以河南省为重点，在黄河流域关键区建立暴雨灾害性天气监测网，组建数字化天气雷达网、雨量站网、部分自动气象站网及卫星云图接收处理系统，对这一地区暴雨进行有效的监测。改善该地区通信条件，实现监测资料、数据的快速采集、传输、分发，为暴雨天气预报、科学试验、业务试验创造条件。进行大气监测、数据处理和传输技术的研究，以及暴雨、洪水预报、警报服务系统的研究。

主要完成单位：河南省气象台、河南省气象科学研究所、河南省驻马店地区气象局*

主要完成人：吴富山、席国跃、符长锋、郑梨云、王广仁、田万顺、邢本清、施兴家、吴蓁

获奖级别、时间：河南省科学技术进步奖三等奖、1996 年

（六）项目名称：致洪暴雨预报研究

项目来源：国家科学技术委员会"八五"攻关项目（编号：85-906）第六专题

研究年限：1991—1995 年

---

* 现"河南省驻马店市气象局"，下同

研究内容：分别在长江上游、中游，黄河中游和淮河中上游的 8 个省份的气象部门建立致洪暴雨预报方法和致洪暴雨预报系统，填补全国气象部门致洪暴雨业务预报方法的空白。制定致洪标准，建立面雨量的计算和预报方法，制作致洪暴雨预报系统。探索大暴雨预报的新的方法和途径，如广义相当位温和等熵质量散度的应用，李雅普诺夫不稳定理论和溃变理论在致洪暴雨业务预报中的开创性应用等。特别是与黄河水利委员会等水文部门合作研究，实现气象和水文预报相结合制作洪峰流量预报，是一项对防灾、减灾有重要意义的尝试，具有十分巨大的社会效益和经济效益。专题分四个子专题：第一子专题，长江中游致洪暴雨预报方法研究（湖北省气象台郑启松主持）；第二子专题，长江上游致洪暴雨预报方法研究（四川省气象科学研究所郁淑华主持）；第三子专题，黄河三花间致洪暴雨预报方法研究（河南省气象科学研究所符长锋主持）；第四子专题，淮河中上游致洪暴雨预报方法研究（安徽省气象科学研究所李国杰主持）。

主要完成单位：河南省气象科学研究所、河南省气象台、武汉中心气象台、四川省气象科学研究所、安徽省气象科学研究所、黄河水利委员会计算中心、淮河水利委员会、湖南省气象科学研究所、江西省气象台、山西省气象台、陕西省气象台、河南省信阳市气象局、重庆市气象台、成都信息工程大学气象系、山西省气象科学研究所、陕西省人工影响天气中心等

主要完成人：符长锋、郑启松、郁淑华、李国杰、贺禄南、田武文、李玉书、欧阳首承、卢莹、李朝兴、李俊亭、闵文斌、彭春华、王仁桥、张业雯、郑永泉、王文春、陈洪田、吴万素、陈二平、许新田、李馗峰、宁志谦、孟新立、李庆宝等

获奖级别、时间：第一子专题获湖北省科学技术进步奖三等奖；第二子专题获四川省科学技术进步奖三等奖；第三子专题获河南省科学技术进步奖三等奖；第四子专题获安徽省科学技术进步奖二等奖。获奖时间均为 1996 年。

其中，第三子专题的研究内容：(1)研究致洪因素，确定长江中游、黄河三花间及淮河致洪暴雨标准。(2)进行致洪暴雨的天气气候分析，研究不同地域致洪暴雨的时空规律，研制致洪暴雨的天气学模型。(3)研究致洪暴雨的综合预报方法，利用有关研究成果，进行面雨量的计算研究；综合运用多种预报方法，建立防汛重要地域的致洪暴雨面雨量的客观预报方法。第四子专题的研究内容：研究淮河水系致洪暴雨的发生规律及预报方法，特别是注意气象与水文学科结合，建立水文、水情及气象资料数据库和管理系统，引进并发展多种防洪暴雨预报新观论和新方法，形成一个实时运行的业务系统。

（七）项目名称：黄河中游防汛重点地域暴雨现场科学业务试验

项目来源：国家科学技术委员会“八五”攻关项目（编号：85-906）第 43 专题

研究年限：1991—1995 年

研究内容：该项目是“八五”国家科技攻关项目“台风、暴雨科学业务试验和天气动力学理论研究”的专题之一，是国内外对黄河中游暴雨研究投入人力最多、历时最长的一次大型科技攻关活动。根据设计编制的《黄河中游防汛重点地域暴雨现场科学业务试验方案》，1992—1995 年期间进行了大规模的暴雨现场科学业务试验，利用各种先进的探测设备实时采集了 8 次完整的暴雨加密观测资料，建立了资料库，编制了资料图集，为研究黄河中游防汛重点地域暴雨提供了详细而珍贵的资料。与此同时，研制开发了三种型号、两种波长雷达拼图系统，以及降水量反演估算系统，提出了卫星、雷达、地面站合成反演与变分订正技术方法。

主要完成单位：河南省气象局

主要完成人：席国耀、徐祥德、张存、闫海庆、王广仁、刘延英、杜秉玉、郑梨云、林枚、邢本清、林敬凡、刘子臣、刘玉洁、曹铁、李南声

获奖级别、时间：河南省科学技术进步奖三等奖、1997 年

（八）项目名称：淇、卫河流域暴雨预报及其防御措施研究

项目来源：河南省科学技术厅

研究年限：2001—2002 年

研究内容：对淇、卫河流域暴雨分布、气候特征进行详细分析，提出采用单元综合评判法确定流域暴雨日的客观方法，利用 T106 等数值预报产品采用天气学方法、动力统计方法、相似法、加权集成法等分别建立淇、卫河暴雨预报和面雨量预报，做淇、卫河流域洪水监测预报，重点开发气象卫星云图数值信息监测分析和 711 雷达短历时强降水量级预报软件，研制建立了可实时业务运行的淇、卫河流域暴雨气象防御系统。

主要完成单位：河南省鹤壁市气象局、河南省气象科学研究所

主要完成人：王军、周官辉、张金彬、杜滨鹤、秦成福、赵伟华、布亚林、汪孝斌、孙日丁、芦阿咪、刘化勇、牛红伟、黄真文、王宗印

获奖级别、时间：河南省科学技术进步奖三等奖、2003 年

（九）项目名称：小浪底水库暴雨致洪预警系统研究

项目来源：国家科学技术部 2002 年度社会公益研究专项项目

研究年限：2003 年 3 月—2005 年 2 月

研究内容：(1)黄河“三小”（三门峡—小浪底，下同）间水文地理环境遥感监测及信息系统建设：利用卫星遥感影像资料，调查、提取研究区的植被、地貌、土地利用状况、土壤类型等信息，建立包括行政区、道路、河流、水系、气象资料、水文资料、遥感解译资料等信息的地理信息系统。(2)黄河三小间致洪暴雨预报技术研究：①黄河三小间水文-大气耦合致洪暴雨数值预报技术研究。采用 MM5 数值天气预报模式，结合黄河三小间区域高分辨率的地形、陆面状况及水文站降水资料，选取适合该区域的物理参数化方案，耦合国家气象中心的 T213 大气环流预报模式，对该区域做高分辨率的降水预报。②黄河三小间面雨量预报技术研究。利用多种数值预报产品和雨量资料，研制集成预报方法，建立面雨量短期预报模型。(3)建立小浪底水库洪水预报系统：利用遥感调查及其他水文资料，进行研究区的水文分区，并建立各水文分区的分布式产汇流模型；根据降水预报结果，利用分布式产汇流模型，同时考虑三门峡出库流量过程，最终建立三小间入库洪水预报模型。(4)建立黄河三小间暴雨致洪预警系统：根据上述研究成果，利用计算机和网络技术，建立可视化的小浪底水库暴雨致洪预警系统，可以图形、表格等方式提供降水过程、产汇流计算及洪水预报结果等信息，为决策部门服务。

主持完成单位：河南省气象科学研究所、黄河水利委员会水文水资源研究院、河南省气象台、中国气象科学研究院、黄河水利委员会信息中心

主要完成人：董官臣、陈怀亮、杨向辉、田万顺、马浩录、张胜军、邹春辉、李丽、郑世林、刘道芳、翁永辉、王玲、郭其乐、陈海波

获奖级别、时间：河南省科学技术进步奖三等奖、2007 年

（十）项目名称：华中区域性暴雨落区超短期预报方法应用研究

项目来源：国家气象局

研究年限:1982—1985 年

研究内容:项目目标是在 1982—1985 年通过边研究、边试验,把能量天气分析与动力诊断相结合,提出有明确预报思路和预报流程的客观有效的区域性暴雨落区超短期预报方法。预报内容主要有:低值气压系统未来 12 小时位置预报、未来 12~24 小时区域性暴雨落区和暴雨中心位置预报。开展五个方面的研究工作:(1)能量天气系统和热力、动力不稳定度参数与区域性暴雨落区的关系;(2)湿位势倾向诊断分析及其与降水天气系统发生、发展和移动的关系;(3)地面中尺度能量场和流场诊断分析及未来最大降水中心位置预报;(4)行星边界层流场诊断分析及其与区域性暴雨落区的关系;(5)气象资料实时客观处理和 IBM-PC 等微机在气象业务预报中的应用开发。

主要完成单位:中国气象科学研究院天气气候研究所、湖北省气象科学研究所、湖北省气象台、河南省气象科学研究所、河南省气象台

主要完成人:吴正华、邓秋华、符长锋、赵昭忻、廉德华

获奖级别、时间:国家气象局科学技术进步奖四等奖、1987 年

(十一)项目名称:黄河三花间可能最大暴雨(暴雨移置法)专题研究

项目来源:国家水利电力部

研究年限:1985—1987 年

研究内容:用暴雨移置法估算黄河三花间的可能最大暴雨。需要进行:(1)分析三花间暴雨特性;(2)三花间地形对暴雨的影响;(3)影响天气型的确定;(4)代表性露点选取;(5)暴雨移置与修正。

主要完成单位:河海大学水文系、河南省气象科学研究所、黄河水利委员会设计院

主要完成人:熊学农、符长锋、高治定

获奖级别、时间:国家水利电力部科学技术进步奖四等奖、1988 年

三、获得厅局级奖的研究项目

(一)项目名称:黄河中游地区暴雨气候特征分析

项目来源:国家科学技术委员会"八五"攻关项目子专题

研究年限:1991—1995 年

研究内容:依靠该地区气象台站 30 年以上的雨量资料(特别是自记资料),用近代统计学方法对该地区暴雨的气候特征、发生概率、不同时段暴雨强度的时空分布特征等进行研究。主要关键技术是:研究该地区 1 小时、3 小时、6 小时等各历时最大暴雨的地理分布;分析暴雨的季节变化特征,研究暴雨出现的时间、暴雨的气候概率和分布特征等;分析暴雨的年际变化特征,研究暴雨极值在年内出现的季节特征、各月各历时最大暴雨的季节变化及其年际变化。最后根据上述各项分析研究结果,整理绘制出一套黄河中游(三花间)暴雨的气候概率分布曲线和图表。

主要完成单位:河南省气象台、河南省气象科学研究所、山西省气象科学研究所、陕西省气象台

主要完成人:杨昭、林敬凡、吴竞成、胡秀英、张健宏、李俊亭、熊杰伟

获奖级别、时间:河南省气象科学技术进步奖一等奖、1996 年

(二)项目名称:用 MOS 方法做中期降水预报

项目来源:河南省气象局

研究年限:1984 年 1 月—1987 年 6 月

研究内容:研制一套较好的中期 MOS 预报方法,并使其程序化;研究怎样从有限的中期数值预报产品中,最大限度地获取其对降水预报的信息量;人机结合,以提高中期预报的准确率。

主要完成单位:河南省气象科学研究所,河南省南阳、商丘地区气象台

主要完成人:胡鹏、武全、王银民、符长锋、李开秀、梁琪瑶、张传凤、常军、朱世红、徐熙承、姜诗敏

获奖级别、时间:河南省气象科学技术进步奖二等奖、1988 年

(三)项目名称:单站能量在寒潮预报中的使用

项目来源:河南省气象局

研究年限:1979—1980 年

研究内容:能量方法不仅适用于冬季不稳定性天气预报,而且也可用于冬季层结稳定的天气过程中。对于寒潮过程,采用地面和高空能量结合使用,能获得较好的效果。单站“能压曲线图”能指示寒潮爆发,可简单地归纳为两种类型,即:能量渐增型和能量剧增型。两种类型概括了 25 年冬季 53 个寒潮个例中的 48 个,并可以剔除所有未达寒潮标准的 157 次冷空气活动。单站“时空能量图”、“层结稳定度剖面图”等图表是提示冬季寒潮降水、“雷打雪”等现象的有力工具。

主要完成单位:河南省气象科学研究所、河南省新县气象站

主要完成人:符长锋、陈世银

获奖级别、时间:河南省气象局优秀科技成果奖三等奖、1980 年

(四)项目名称:河南省长期天气预报业务现代化系统

项目来源:河南省科学技术委员会

研究年限:1988—1991 年

研究内容:将目前长期天气预报日常业务中使用的一系列常规预报方法,在计算机上给予实现。系统由几十个程序组成,包括长期天气预报资料数据库、普查与预报因子组合、气候分析、统计预报四大部分。

主要完成单位:河南省气象科学研究所、河南省气象台

主要完成人:张金彬、闫少伟、胡秀英、王光仁、李平、方苹、昌玮

获奖级别、时间:河南省气象科学技术进步奖三等奖、1992 年

(五)项目名称:农时关键期长期天气预报方法研究

项目来源:河南省气象局

研究年限:1987—1992 年

研究内容:以春播、麦收、秋播、汛期等农时阶段的降水和温度为研究对象,建立了降水量的预报方法和北半球 500 百帕、700 百帕高度场数据库。通过高度场、海温场与预报量相关普查及计算,挑选因子,建立回归方程。并采用方差、时间序列分析及灰色预测等技术,使得各种统计预报方法互相参证补充。此外,还分析了厄尔尼诺、反厄尔尼诺与河南省初夏气温和降水

的关系，以及南方涛动与赤道太平洋海温相互作用的季节变化及时滞性，并用车贝雪夫多项式对赤道太平洋温度进行客观分析等。

主要完成单位：河南省气象科学研究所、河南省气象台、河南省周口地区气象局、河南省商丘地区气象局

主要完成人：李俊亭、苗长明、胡秀英、杨其超、张季梅、郭景兰、吴忠祥

获奖级别、时间：河南省气象科学技术进步奖四等奖、1992 年

第二节 气候研究

20 世纪 70 年代以来，随着全球性气候变暖及其对人类活动和生态、环境、资源带来的影响，气候问题开始引起各级政府和人民群众的关注，气象部门也逐步增强了气候研究意识。河南省气象科学研究所开展气候研究始于 20 世纪 70 年代初期。为加强天气和气候研究，1979 年河南省气象科学研究所成立了天气气候研究室。在 20 世纪 70 年代，气候研究侧重于河南历代旱涝规律分析。进入 80 年代，开始重视气候资源开发利用和短期气候趋势预测研究。随着河南经济建设的发展和社会的进步，气候灾害对工农业生产和人民生活的影响越来越为人们所关注。为此，90 年代后，河南省气象科学研究所加强了气候灾害的监测、预警、评估及减灾对策研究。

30 多年的气候研究涉及的内容大致可分为气候规律，应用气候，气候预测，以及气候灾害监测、预测等四个方面。气候规律研究，主要涉及河南旱涝历史规律、降水分区、郑州气温资料序列的延伸及黄河三花间 6—8 月的降水规律研究等；应用气候研究，主要包括风能、太阳能资源和旅游气候资源的开发利用，以及低层大气 SO_2 浓度与气象条件的关系研究等；气候预测及气候灾害监测、预测研究，重点是针对季、年的气候趋势，特别是对旱涝等灾害性气候事件发生的可能性开展研究。

1999 年河南省气象局事业结构调整，本所农业气候研究室撤销。

一、获得省部级奖的研究项目

（一）项目名称：近 500 年旱涝研究及超长期天气预报的试验

项目来源：中央气象局

研究年限：1974—1976 年

研究内容：为了能获取更长的气候序列，遵循“古为今用”原则，从大量史料中（史书、方志和宫廷档案等）收集整理出了河南省分区近 500 年旱、涝、冷、暖、蝗、风、霜、雹等气候资料。对史料和近代实测降水量资料分别制定了旱涝等级并进行了分级处理，建立了比较完整的 500 年旱涝序列。其中河南省逐年分区旱涝史料和旱涝分级资料为研究历史时期、近代旱涝规律及未来演变趋势提供了可靠的资料依据。另外，通过对延长的旱涝等级序列的分析，发现河南历史时期存在着明显的多水、少水 15 年交替的客观规律，还探讨了旱涝与太阳活动周期的关系，用方差周期分析、平稳时间序列等统计预报方法，进行了旱涝的周期分析，并对未来的旱涝演变趋势进行了超长期预报。

获奖单位：河南省气象局

获奖级别、时间：河南省科学大会“河南省重大科学技术成果奖”、1978 年

注：完成人员有张季梅、彭先本等。

(二)项目名称：河南省气候史料中文信息化处理

项目来源：河南省气象局重点项目，国家自然科学基金重大项目“黄河流域环境演变与水沙运行规律研究”子课题

研究年限：1987—1991年

研究内容：将计算机技术引入历史气候研究领域，提出了一套以中文标准词组为基础的中文历史文献气候史料信息化处理方法，包括数据库设计、信息输入技术、信息化处理模式、数据应用服务管理系统等，并建立了我国第一个中文气候史料中文信息化数据库——“河南省黄河流域500年水文气候史料中文信息化数据库”。

主要完成单位：河南省气象科学研究所

主要完成人：苗长明、张季梅、熊杰伟、郭建喜

获奖级别、时间：国家气象局科学技术进步奖四等奖、1992年

二、获得厅局级奖的研究项目

(一)项目名称：河南省郑、汴、洛旅游气候资源的开发研究及评价

项目来源：中国气象局短平快项目

研究年限：1993—1994年

研究内容：河南省郑、汴、洛地区旅游资源丰富，人文和自然景观星罗棋布，交通四通八达。通过对该地区气候条件与人体舒适度指数的研究，将该区一年四季分为适宜旅游期和可旅游期。在适宜旅游期，气候条件宜人；可旅游期是有开发潜力的旅游时段，如早春踏青、看晚秋山林、赏冬季雪景等，别有情趣。

主要完成单位：河南省气象科学研究所

主要完成人：李俊亭、熊杰伟、苗长明

获奖级别、时间：河南省气象科学技术进步奖二等奖、1995年

(二)项目名称：河南气候资源评价及开发服务系统研究

项目来源：华北区域气象中心

研究年限：1996—1997年

研究内容：建立气候资源数据库文件，为气候资源评价分析提供基础，对河南省气候资源的时空变化与年际变化进行系统分析研究，设计建立气候资源动态监测评价分析的系统软件。

主要完成单位：河南省气候中心、河南省气象科学研究所

主要完成人：程炳岩、钱晓燕、马效平、朱业玉、牛宏伟、张永亮

获奖级别、时间：河南省气象科学技术进步奖二等奖、1998年

(三)项目名称：河南省主要气候灾害规律、监测预报及减灾对策研究

项目来源：河南省气象局

研究年限：1995—1998年

研究内容：依据气候学、灾害学、雷达学原理和云物理技术、数理统计技术等，利用已整理建立的“河南省500年水旱等气候资料中文信息化数据库”，分析河南省历史旱涝变化规律，预测未来变化趋势。不仅分析了旱涝周期、灾害规律、灾害影响，还进行了2000年趋势预测与服

务;利用新中国成立40年来的观测资料,系统分析了各种气候灾害的气候规律、地理分布及成灾原因,进行灾害监测、预报方法研究。对旱、涝、强对流等灾害的时空规律进行了较全面、系统的分析,并在强对流灾害监测预报、旱涝场的优化非线性预报等方面取得了技术突破;结合水利、农情等,评价气候灾害对社会和经济的影响,有针对性地提出相应的防灾、抗灾、减灾减损措施与对策。

主要完成单位:河南省气象科学研究所、河南省气象台、河南省人工影响天气领导小组办公室、河南省气象局产业装备服务处

主要完成人:苗长明、熊杰伟、邢本清、周毓荃、陈建铭、孙博阳、张素芬、郭建喜、桂峰

获奖级别、时间:河南省气象科学技术进步奖二等奖、1999年

(四)项目名称:河南省各区旱涝分析及未来趋势探讨

项目来源:河南省气象局

研究年限:1976—1979年

研究内容:利用清朝以来的气候史料和新中国成立后的降水记录共334年资料,对河南省旱涝规律进行分析。首先按照河南省的自然地理特点及降水分布,将全省分为七个区,并制定了旱涝标准,划分旱涝等级。分析表明,河南省旱涝大致可划分为全省干旱、全省雨涝、南涝北旱及东涝西旱等几种类型。全省干旱,具有范围广、持续时间长、强度大的特点;全省雨涝多系大暴雨伴有较长时间的连绵阴雨所造成。全省性旱、涝的危害程度大,但频数较小。而南涝北旱和东涝西旱是河南省降水异常的主要类型。该项目还对334年旱涝等级序列进行了周期分析、方差分析及回归分析。最后,综合各种统计分析的结果,提出了未来10年趋势预报。

主要完成单位:河南省气象科学研究所

主要完成人:张季梅、吴忠祥

获奖级别、时间:河南省气象局优秀科技成果奖三等奖、1980年

第三节 农业气象研究

河南省气象科学研究所的前身为河南省气象局农业气象试验站,站址设在河南省农业试验场(即现在的河南省农业科学院)内,实行河南省气象局和河南省农业试验场双重管理。农业气象研究始于1955年,由河南省农业试验场提供试验地安排试验,并提供技术工人进行田间管理。1955—1966年,农业气象研究的内容主要集中在作物生长发育的温度指标、土壤水文特性常数和农业气象情报、预报方法等。自1967年以后,由于“文化大革命”的原因,农业气象试验业务停止,1973年恢复。20世纪70年代—80年代初期,农业气象试验研究的主要内容,集中在小麦干热风的防御措施、棉花气候、农业气候区划、种植制度、生产力定位试验、农田小气候和农田光能利用研究等方面。研究方式多以跨省区、跨市地的协作方式为主。项目主要来源于国家气象局、河南省科学技术委员会和河南省气象局。80年代中后期,农业气象研究主要集中在作物高产稳产技术、产量预报、遥感应用、农田水分和优化灌溉等方面。在此期间,农业气象试验站承担了中美大气合作项目“华北平原和北美大平原气候和农业对比分析”中之“华北平原作物水分胁迫和干旱研究”课题,在巩县建立了大型农田水分试验基地,开展了长达6年的研究,内容包括作物与水分关系、生理生态指标、土壤水分变化规律、作物耗水量和耗水规律、干旱和适宜水分指标、优化灌溉模型和干旱预报等;河南省气象科学研究所还参加

了“河南省小麦高产、稳产、优质、低成本研究”的省内协作，内容包括河南省小麦不同生态类型区划分及其生产技术规程研究、河南省小麦气候生态研究、河南省小麦高产优质高效五大技术系列研究与应用；此外，还参加了中国气象科学研究院主持的小麦产量预报、小麦生长遥感监测与综合估产等研究。90年代，在进行应用基础研究的同时，更强调把科学研究成果进一步转化为生产力。在此期间开展的研究项目，主要集中在农田节水灌溉技术的推广应用、干旱综合防御技术研究、小麦气候生态研究、农业气象系列化服务技术研究、作物多功能防旱剂的研制、CO_2 气肥的开发利用、棉花灌溉的随机控制和冬小麦根系吸水等方面。自2000年以后，除河南省重大科研项目外，重点承担了国家科学技术部的公益性研究项目，如黄淮平原农业干旱与综合防御技术研究、黄淮平原农田节水灌溉决策服务系统研究、黄淮平原农业干旱与综合防御技术推广应用研究，以及来自中国气象局的项目，如冬小麦干旱评估业务服务系统、华北干旱指标及风险评估模型和卫星遥感信息分析处理与应用系统等，并首次申请到国家自然科学基金项目“冬小麦干旱风险动态评估模型研究”。总之，农业气象研究经历了近60年的历程，研究内容不断深入，手段日益先进，项目来源也愈益广泛，在国内具有一定的影响力。

农业气象研究的内容，基本上可分为：干热风和低温冷害研究、作物气候生态研究、干旱和作物-水分关系研究、节水灌溉技术研究、干旱综合防御技术研究、遥感监测和作物产量预报研究、气候资源和农业气候区划研究及其他相关研究等。现分别就研究内容、项目来源、所获得的研究成果等，记述如下。

一、获得国家级奖的研究项目

（一）项目名称：小麦干热风发生规律、预报和防御措施的研究

项目来源：该项研究系河南省“五五”重大科技攻关项目“小麦高产、稳产、低成本研究”的十大专题之一，也是北方13省（直辖市、自治区）防御干热风的科研协作项目

研究年限：1975—1977年

研究内容：从1975年起，在全省组织了10多个研究单位、高等院校、基层生产大队及各地气象台站进行协作攻关，根据不同程度的干热风危害指标、类型、时空分布规律及其对小麦的危害特点，从气候规律、大气环流背景及预报方法等进行了多方面的研究。在此基础上，通过各种物理和化学方法（诸如喷洒草木灰水和磷酸二氢钾、石油助长剂等多种化学试剂），以及喷灌、桐麦间作、浇麦黄水等不同措施，进行了大量的田间试验，对小麦植株的水分代谢、生理生态反应及麦田小气候的影响等进行了深入的分析、论证，并比较了多种防御干热风的方法和途径的增产效果及理论根据。对于喷洒的最佳时期和最佳浓度等也进行了对比试验。此项研究为防御干热风，夺取小麦增产高产提供了科学依据。

获奖单位：河南省气象局农业气象试验站

获奖级别、时间：全国科学大会科技成果奖、1978年

注：参加单位有河南省气象局农业气象试验站、新乡师范学院生物系、中国农业科学院、新乡农田灌溉研究所、百泉农业专科学校*、商丘农学院、正阳县农业科学研究所、偃师县城关公社、新乡农业气象试验站、新乡七里营宋庄大队等。完成人员有谭令娴、汪永钦、石惠恩、李文质、韩慧君等。

---

* 现“河南科技学院”，下同

(二)项目名称:中国农业气候资源和农业气候区划研究

项目来源:本项目来自“1978—1985年全国科学发展规划纲要”的“农业自然资源和农业区划”研究项目

研究年限:1979—1985年

研究内容:本项目在研究分析全国农业区划条件和农业生产实际的基础上,参考了近年来完成的全国省、县级农业气候区划、农业区划及各种区划的农业气候研究成果,并结合了野外实地考察资料。所采用的基础资料比较系统和翔实,主要气象资料取自全国及各省近年整编分析的农业气候资料集及其图集,其资料年代大部分截止到1980年。该项目系统研究了全国农业气候资源的特点、与其他农业自然资源的关系及其对农业生产的深刻影响。从宏观上揭示了光、热、水资源的时空分布规律,以及农业气象灾害的发生规律和可能的防御措施,并对各地的气候生产潜力进行了详细的分析研究。重点研究了光的区域分布及其与农业生产的关系,热量资源在种植业、林业、牧业和山地开发中的利用,以及水资源的现状和各地农业水分的盈亏。提出了全国农业气候区划的依据和原则,并进行了分区。针对各个分区的特点,提出了合理利用农业气候资源的有效途径。该项目共分七个专题,河南省气象科学研究所主要参加了第四专题“中国农作物种植制度气候分析与区划研究”,内容包括:全国农业生产力定位试验、河南省种植制度热量条件分析、河南省种植制度降水资源分析和河南省种植制度农业气候综合区划等。

主要完成单位:中国气象科学研究院、中国农业科学院、中国科学院自然资源综合考察委员会、北京农业大学*、南京气象学院**。河南省气象科学研究所为参加单位之一

主要完成人:李世奎、崔读昌、郑剑非、欧阳海等

河南省主要参加人:朱自玺、艾敬贤,分别获中国气象科学研究院颁发的二级证书。

获奖级别、时间:国家科学技术进步奖一等奖、1988年

(三)项目名称:我国短期气候预测系统的研究

项目来源:国家“九五”重中之重科技攻关项目

注:河南省气象科学研究所参加了该项目第三专题的子专题之一“气候变化对华北地区冬小麦生长影响评估和预测”(96-908-03-01-b)的研究。

研究年限:1996—2000年

研究内容:96-908-03-01-b子专题主要针对河南省黄淮平原近几十年来冬小麦生育期间的气候变化特点,运用本项目子专题(03-01-a)所承担完成的“华北地区冬小麦生长发育模型”并参照以往的研究成果,对该麦区未来气候变化进行了预测。试以温度升高0.2,0.4,0.7和1.0 ℃,分别代表该地区未来5,10,20和30年的气候情景下,对小麦发育和产量的可能影响进行了模拟和预测。最后从培育良种、调整品种布局、合理利用水资源、提高水分利用率,建立小麦生产全过程的气候诊断、苗情监测和灾害性天气预报、警报与防御和减灾措施相结合的预警系统,以及在制定并因地制宜地推广与良种、良法相配套的栽培技术规程等方面,提出了提高该地区冬小麦生产力的对策措施和建议,以迎接未来气候变化的挑战。

---

* 现“中国农业大学”,下同

** 现“南京信息工程大学”,下同

主要完成单位:国家气候中心、中国农业科学院、中国农业大学、中国气象科学研究院等。河南省气象科学研究所为参加单位之一

主要完成人:丁一汇、林而达、王馥棠等

河南省主要参加人:刘荣花、汪永钦,分别获国家气候中心颁发的二级证书

获奖级别、时间:国家科学技术进步奖一等奖、2003年

(四)项目名称:华北平原作物水分胁迫和干旱

项目来源:国家气象局中美大气合作项目之"中国华北平原与北美大平原气候和农业比较"

研究年限:1983—1988年

研究内容:与北美大平原玉米带相对应,本项目选择华北平原小麦—玉米一年两熟制作为主要研究对象,针对华北平原农业干旱、水资源匮缺这一严重问题,研究在农业生产中,如何科学用水,提高水分利用效率,使有限的水资源发挥更大的经济效益。试验是在人工控制水分的条件下进行的。在河南巩县和山东泰安建立了大型农田水分试验基地,基地内建立有活动式防雨棚、20余个蒸散测坑和水分处理小区。采用先进的仪器设备,对土壤水分和不同水分处理下作物的生理、生态特征,进行了系统的测定。对农田水分变化规律、土壤水分对作物生长发育的影响、作物耗水规律、最佳耗水量、作物干旱指标、适宜水分指标、农田水分动态分析和干旱预报、气象干旱程度模式及华北干旱特征、优化灌溉模型及推广应用技术等,进行了深入、系统、具有开拓性的研究,取得了一系列有价值的研究成果。特别在产量与耗水量的关系、最佳耗水量和干旱指标的确定、优化灌溉模型的研制等方面,具有一定的实用价值。因此,研究阶段后期,国家科学技术委员会又将"华北冬小麦优化灌溉技术"列为1989—1991年国家重点科技成果推广应用项目,成为华北地区发展两高一优农业的重要措施之一。

主要完成单位:中国气象科学研究院、河南省气象局农业气象试验站、山东省泰安农业气象试验站

主要完成人:安顺清、朱自玺、吴乃元、焦仪珍、韩方池、牛现增、付祥军、张廷珠、侯建新、李象山

获奖级别、时间:国家科学技术进步奖二等奖、1990年

(五)项目名称:北方冬小麦气象卫星动态监测及估产系统

项目来源:国家经济贸易委员会

研究年限:1985—1988年

研究内容:该项目是在国家气象局主持下,组织北方11个省(直辖市、自治区)冬小麦主产区历经5年的试验研究。主要内容:开展气象卫星冬小麦遥感估产理论研究;建立冬小麦遥感综合测产地面监测系统和信息提取、加工、处理系统;研究冬小麦长势和灾害的气象卫星宏观、动态监测技术方法;建立冬小麦单产、总产和面积的气象卫星遥感预测方法及遥感综合测产技术体系;同时建立冬小麦气象卫星遥感综合测产业务化服务系统。河南省主要研究开发利用气象卫星遥感,建立全省范围内小麦苗情长势的动态监测指标和产量预报模式及面积估算方法。通过对小麦不同生育阶段实际大田调查,对照卫星遥感绿度值变化和农业生产部门一、二、三类苗划分,建立了一套相对应的卫星遥感绿度值指标,可以及时、准确、宏观地判断出当地小麦苗情长势和产量趋势,其预报精度在95%以上,时效提早1～3个月。遥感新技术在农

业上的开发利用，填补了河南省农业领域的空白。

主要完成单位：中国气象科学研究院，国家卫星气象中心，北京市农林科学院，河北、天津、河南、江苏、陕西、安徽、山东、山西、甘肃、新疆（省、市、自治区）气象局

主要完成人：李郁竹、史定珊等

获奖级别、时间：国家科学技术进步奖二等奖、1991年

注：河南省承担了其中的专题“河南省冬小麦宏观管理遥感技术研究”，1989年获河南省科学技术进步奖二等奖。主要完成单位：河南省气候中心、河南省气象科学研究所、河南省气象局业务处；主要完成人：史定珊、关文雅、毛留喜、楚国运、王军、谢晋英、杜明哲。

（六）项目名称：小麦干热风研究及其推广应用研究

项目来源：中央气象局

研究年限：1979—1983年

研究内容：该项目是由中央气象局组织北方13个省（直辖市、自治区）干热风研究课题组，对小麦干热风指标、生理机制、预报方法、气候区划、防御措施进行了比较全面系统的研究，获得了大量的科学数据，并结合推广应用，取得了显著的经济效益。干热风指标研究：通过田间试验和各项生理指标及灌浆速度测定，获取大量数据。从小麦受害症状、危害时期、生理机制反应及天气气候背景进行综合分析，并结合生物统计方法，分析出小麦干热风指标，其中以日最高气温、14时（北京时）相对湿度和风速三要素最能反映干热风天气的物理特征。通过田间试验和人工模拟试验，对小麦叶绿素合成与分解、光合强度、氮素代谢状况、叶组织细胞膜损伤、叶片蒸腾、气孔开闭、根系吸水力、物质运输与积累进行了系统研究，并从获取的大量数据中发现，干热风危害时，小麦生理功能的变异是小麦原生的间接胁迫伤害和次生的水胁迫伤害，导致灌浆受阻乃至停滞。根据干热风指标，统计我国北方155个气象站的20年气象资料，分析小麦干热风的发生时间和地理分布规律，并结合地理条件首次做出干热风区划，为干热风预报提供了气候背景。

主要完成单位：陕西、河南、甘肃、山东、河北、山西省气象局等

主要完成人：杨武圣、谭令娴、牛春岚、杨珍林、余友森、张廷珠、于玲、顾煜时、郭兴章、吴洵平等

获奖级别、时间：国家科学技术进步奖三等奖、1987年

注：关文雅为该项目参加人，1986年曾获得国家气象局科学技术进步奖二等奖证书。

（七）项目名称：我国粮食（总产、水稻和小麦）产量气象预测预报研究

项目来源：国家农业委员会委托，国家气象局“六五”期间重点农业气象研究课题之一

研究年限：1982—1985年

研究内容：该项研究分为总产、小麦、水稻三个专题组，河南省为总产、小麦专题组成员，还是小麦专题组组长。其主要内容为：(1)丰富充实了产量预报的基本理论：作物产量与气象条件及其他许多因子间确实存在密切关系，可用定量的函数关系表示；天气气候对作物的生长发育和产量形成的影响有滞后性；未来天气的发生概率可用气候资料加以推算；在一定范围内作物生长具有准同步性；大量的社会产量资料序列，隐含有天气气候条件对其影响的信息。(2)开展了作物产量气象定量模拟与预报方法的研究，比较系统地探讨了常用产量预报模型中趋势产量和气象产量的分解与模拟方法。(3)初步研制了一套适合我国国情的不同时空尺度的

产量预报模式，统计型模式包括气象(海温、环流)模式、遥感模式、农学模式、社会经济计量模式等；动力模拟型模式包括产量形成模式、干物重增长-累积模式、叶面积增长模式以及动力统计型模式、多时效动态模式等。从试用情况来看，这些模式均有一定的预报时效和精度。

河南主要负责冬小麦产量预报方法研究和冬小麦产量动态模拟模式研究两个单项的攻关，经过四年联合试验研究，建立一套粮食产量预报模式系统。经过三年业务化试验，已在全国气象台站推广，并纳入了全省农业气象业务服务。

主要完成单位：中国气象科学研究院、河南省气象局

主要完成人：王馥棠等

注：河南省参加该项目的单位：河南省气候中心、河南省气象科学研究所、河南省气象台、河南省气象学校、河南省新乡七里营农业气象试验站、河南省伊川县气象站。参加人员：史定珊、关文雅、李年荣、毛留喜、谢晋英、王照景、尚红敏、王玉平、楚国运。

获奖级别、时间：国家科学技术进步奖三等奖、1987 年

注：河南省完成部分曾获国家农业委员会一等奖、1986 年获河南省科学技术进步奖三等奖。

二、获得省部级奖的研究项目

(一)项目名称：河南省棉花主要生育时期气候特点的分析研究

项目来源：河南省气象局

研究年限：1976—1977 年

研究内容：该项研究是根据河南省棉花稳产高产，建立发展商品棉花集中产区和广大气象台站开展棉花专业气象服务以及农业气候专题分析的需要而开展的。该项目根据棉花不同的生长发育时期对气象条件“要什么、怕什么”的农业气象指标和河南省棉花生产中的一些问题，结合各地历史气候资料和棉花分期播种田间试验资料，分析了河南省各地气候特点及其对棉花生长、发育以及产量形成的利弊影响。主要内容包括：棉花适宜播种期、苗期低温与大风的危害、温度对现蕾迟早的影响、开花期阴雨低温和盛夏时的高温对开花授粉的影响、棉花打顶适期的确定和秋季棉花最后有效成铃日期的探讨等。

获奖单位：河南省气象局农业气象试验站

获奖级别、时间：河南省科学大会“河南省重大科学技术成果奖”、1978 年

注：完成人有汪永钦、谭令娴等。

(二)项目名称：河南省小麦不同生态类型区划分及其生产技术规程的研究

项目来源：河南省“六五”重大科技协作攻关项目

研究年限：1982—1984 年

研究内容：该项目分析了自新中国成立以来 30 年的各地历史气候资料和大量的小麦试验资料及科研成果，对河南省小麦生育期间光热水资源、农业气候灾害的时空分布规律和特征及其对冬小麦生长、发育和产量形成的影响做了全面分析。河南省气象科学研究所作为气象分课题的主持单位及整个大项目的主要完成单位之一，主要承担全省各生态类型区划分的气象指标的确定和技术把关；研究不同生态类型区气候背景，产前、产中、产后的气象问题，以及制定各区相应的生产技术规程的气象依据。

主要完成人:胡廷积、杨永光、齐协山、邵国金、李寿章、王山庆、石惠恩、马元喜、任明全、吴建国、袁剑平、张汝斌、时明玉、裘康羽、刘应祥、杨林波、杨昆、范濂、赵德芳、屠家骥、丁宝章、杨会武、崔金梅、刘克启、王文翰、高瑞玲、梁金城、董中强、王化岑、吴增琪、李九星、赵成壁、朱保本、朱然、张树德、张维成、卓明贵、吴玉娥、茹德平、韩如岩、马庆华、陈增玉、王洪良、孙建慧、汪永钦、杨传福、王广兴、毛继周、张天桢、刘汉涛、曹素玲、郭明朗、赵清辰等

获奖级别、时间:河南省科技成果奖特等奖、1984 年

(三)项目名称:实现小麦高稳低的生产模式

项目来源:河南省科学技术委员会

研究年限:1978—1979 年

研究内容:河南省气象科学研究所承担其中的子专题"河南省干热风发生规律分析及区划"。该子专题是在研究干热风个例对小麦危害的基础上,利用 14 时(北京时)的温度、湿度和风的综合反应,确定出干热风危害指标,并用指标统计河南省 10 个地区 85 个气象台站 20 年干热风资料,分析出河南省各地干热风时间、空间分布特点和危害程度,进而确定区划指标。

主要完成单位:河南省小麦高稳低综合研究和技术推广协作组:河南农学院、河南省农林科学院、百泉农业专科学校、新乡农业科学研究所、中国农业科学院水田灌溉研究所、河南省气象局农业气象试验站等

主要完成人:胡延积、杨永光、石惠恩、李寿章、马元喜、方良学、陈玉民、关文雅、崔金梅、吴建国等

获奖级别、时间:河南省重大科技成果奖一等奖、1980 年

(四)项目名称:小麦、水稻喷施磷酸二氢钾的增产技术

项目来源:河南省科学技术委员会

研究年限:1979—1982 年

研究内容:该项目在 1979—1982 年 4 年全省示范、推广中,累积喷施磷酸二氢钾防干热风面积达 5000 万亩*,在 4000 余个对比点上,获取了增产机理、使用技术和经济效益的大量资料。通过各地干热风的出现频率、防御面积、防御费用支出及增产收益,核算出河南省 4 年喷施磷酸二氢钾防御干热风的纯收益为支出的 7 倍。同时,进一步明确了适宜喷施时间、喷施量等技术方法。

主要完成单位:河南省农业厅、河南省气象局、河南省民航局

主要完成人:王山庆、关文雅、许德福等

获奖级别、时间:农牧渔业技术改进二等奖、1982 年

(五)项目名称:水稻麦后旱种技术

项目来源:河南省科学技术委员会

研究年限:1980—1984 年

研究内容:水稻旱种是一种节水种稻的种植方法,种的不是旱稻,是水稻。夏季降水集中在 6,7,8 月 3 个月,此期正是水稻的旺长期,在风调雨顺的年景下,可充分利用自然降水辅之以灌溉,保持土壤不旱即可。这不同于常规水稻,需要经常泡在水中。采用旱直播的方法,麦

* 1 亩=1/15 公顷,下同

收后播种，播后浇一遍透水，并同时撒除草剂，防止杂草丛生。以后雨季开始，几天浇一次水，不需多浇即可保持水稻的正常生长。在后期雨水少时，再灌溉些水即可。水稻旱种的推广使水稻种植面积扩大，不少地方改玉米为水稻种植，大大提高了农民的经济收入。旱种水稻省去了育秧和插秧的劳累，节省了大量劳力，深受群众欢迎。在河南省的新乡、安阳、许昌、驻马店等地曾得以推广。

主要完成单位：河南省农业科学院粮食作物研究所、河南省农牧厅、新乡地区农业局、获嘉县农牧局、武陟县大封乡农业技术站、洛阳地区农业技术站、许昌地区农业科学研究所、许昌地区农牧局、河南省气象科学研究所

主要完成人：黄肇曾、屠家骥、柳传寅、谢茂祥、马万虎、徐启章、王青安、王长忠、柯象寅、王长海、王玉鼎、李天立、章诚、段俊卿、远培恩、党孔恩、陶瑞英、王敏霞、朱林元、郭国双、蒋谦陛、艾敬贤、董德道、孙振忠、贾述泉、赵志民、陈德林、高尔明、刘丰明、王庆吉、冯岐敏、李晓春、邓文林、曹明学、路德国、武晋保、李志正

获奖级别、时间：河南省科学技术进步奖二等奖、1984 年

（六）项目名称：河南省小麦气候生态研究

项目来源：河南省科学技术委员会

研究年限：1983—1989 年

研究内容：先后在全省不同的小麦生态类型区布设了 17 个小麦气候生态试验基点，进行了大量的田间试验和农田小气候观测，在此基础上，针对河南省小麦生产中的一些主要气象问题，从不同侧面进行了系统的深入研究（包括小麦群体中光合有效辐射的分布特征、分蘖成穗动态变化规律、小麦品质与气象、旱作小麦的气候生产力、山区优化种植等），并建立了相应的数学模型和动态模拟模式，为充分发挥河南省小麦生产的气候优势和生产潜力，提高籽粒品质提供了气象依据。为了使科研成果尽快地转化为生产力，还先后在河南省商丘、汝南、正阳、卢氏、睢县、修武等县大面积应用推广，几年来，累计推广面积达 53 万多公顷，平均每公顷增产 150～345 千克，增收 7000 余万元，获得了十分显著的经济和社会效益。

主要完成单位：河南省气象科学研究所、河南农业大学、商丘地区农业科学研究所、豫西农业专科学校、正阳县原种场、汝南县气象站、淇县原种一场等

主要完成人：汪永钦、董中强、孙德营、刘荣花、苟爱梅、张海峰、李有、王信理、吴增琪、陈运华、张金良、袁建中、李兰真、胡新、蔡虹、杨海英、何占福、何战美、张秋霞

获奖级别、时间：河南省科学技术进步奖二等奖、1990 年

（七）项目名称：河南省小麦高产、优质、高效益五大技术系列研究与应用

项目来源：河南省“七五”期间协作攻关项目

研究年限：1986—1989 年

研究内容：组织全省包括气象在内的 12 个学科，对千斤* 高产栽培、应变栽培技术、优质栽培与加工、以麦为主多熟高效栽培和大面积生产开发五大技术系列，以及农业气象、病虫害综合防治等 10 个专题，进行了多学科、多部门、多层次的协作攻关，在全省 33 个县、32 个乡示范，推广面积累计达 174 万公顷，共增产小麦 4.416 亿千克，直接经济效益达 4.95 亿元，社会、

* 1 斤＝0.5 千克，下同

经济效益巨大。河南省气象科学研究所主要运用已有的研究成果，在上述五大技术系列的研究和应用推广过程中，进行农业气象方面的技术指导和技术把关，以保证总课题各个环节的顺利完成。

主要完成单位：河南农业大学、河南省农业科学院、河南省农牧厅、河南省气象科学研究所、河南师范大学、河南职业技术师范学院等

主要完成人：胡廷积、齐协山、杨永光、邵国金、马元喜、石惠恩、乔国宝、崔金梅、张忠山、郭天财、袁剑平、张树德、马合德、张维城、王志和、岑映红、汪永钦、裘康羽、王文翰等

获奖级别、时间：河南省科学技术进步奖二等奖、1990年

(八)项目名称：华北地区小麦优化灌溉技术推广

项目来源：国家科学技术委员会

研究年限：1989—1993年

研究内容：本项目是根据小麦的耗水规律、干旱指标、适宜水分指标、当前和未来麦田土壤水分状况来制定一套集土壤墒情监测、预报和决策为一体的服务系统。运行过程中，定期发布当前土壤墒情、田间蒸散量和未来土壤水分状况，并进行优化灌溉决策。在保证小麦正常生长发育的前提下，充分利用自然降水和土壤储存水，减少水分无效消耗，提高水分利用效率，从而缓解华北地区水资源紧张的局面。该成果在河北、河南、山东和内蒙古等地推广27.7万公顷，取得了显著的经济效益和社会效益。

主要完成单位：中国气象科学研究院、河南省气象科学研究所、山东省泰安农业气象试验站、河北省气象局

主要完成人：安顺清、朱自玺、俞文龙、阎宜玲、杨秀真、吴乃元、赵国强、刘庚山、安保政

获奖级别、时间：中国气象局科学技术进步奖二等奖、1994年

(九)项目名称：河南省冬小麦优化灌溉模型及其推广应用

项目来源：河南省黄淮海平原农业开发及低产田改造

研究年限：1990—1994年

研究内容：本模型包括土壤水分预报模型、优化灌溉决策模型和实施系统。在土壤水分预报模型中，从计算麦田潜在蒸散入手，经过麦田土壤湿度和叶面积系数二级订正，得出未来麦田实际蒸散量。优化灌溉决策模型则根据小麦不同生育阶段的水分指标、产量反应系数和以取得最大经济效益为目的的目标函数，进行优化灌溉决策——灌或不灌、灌溉期和灌溉量。运用这项技术指导灌溉，可比传统灌溉减少灌溉1～2次，每公顷节约用水900～1350立方米、节电210度、节省劳力19.5个、降低生产成本195元、产量提高498千克。1989—1995年该模型推广服务到豫北10个地(市)的48个县(市)，推广服务面积累计达259.2万公顷，节约水资源25亿立方米，节省劳力5100万个，省电4亿度，增产小麦12.9亿千克，增产幅度为5%～10%，增收节支效益达13.5亿元，使冬小麦水分利用效率提高了0.55千克每立方米，是发展一优双高农业的有效措施之一。

主要完成单位：河南省气象科学研究所，河南省黄淮海平原农业开发办公室，河南省濮阳、新乡、开封、洛阳、郑州、安阳、巩义市气象局，以及河南省伊川、濮阳县气象局

主要完成人：朱自玺、赵国强、汤其林、付祥军、牛现增、殷长锁、张好恒、许文孝、宁松林、尚红敏、白振杰、王美英、张修法、贾金明、许同安

获奖级别、时间：河南省科学技术进步奖二等奖、1995 年

(十)项目名称：黄淮平原农业干旱与综合防御技术研究

项目来源：国家科学技术部 2000 年度科研院所社会公益研究专项资金项目

研究年限：2001—2003 年

研究内容：针对黄淮平原地区的干旱特点，通过田间试验，利用现代计算机、遥感和地理信息系统等技术，建立一套行之有效、可操作性强的农业干旱遥感监测、预警系统，可定期发布干旱监测预警服务产品；在作物不同生育期提出不同防旱措施，使防旱抗旱贯穿作物生育期始末；并通过农业干旱决策服务系统开展服务，从而达到降低生产成本、提高水分利用效率、节约水资源的目的。

主要研究内容包括：(1)在气象卫星干旱监测模式和方法研究的基础上，开发"黄淮平原农业干旱遥感监测服务系统"。该系统可根据不同的下垫面情况选用不同的监测模式，进行遥感墒情监测计算，得到黄淮平原遥感墒情分布。同时，系统可根据黄淮平原农业干旱指标对遥感墒情监测结果进行综合分析，得到黄淮平原干旱监测图，并可计算干旱等级分类面积和比例。平均干旱监测准确率在 81%以上。(2)以遥感监测或台站的实测土壤水分资料为基础，结合 RegCM2 数值天气预报产品或中长期天气预报产品，通过土壤水分预报模式计算，可得到未来 7～10 天的土壤水分预报资料，参考作物需水指标和干旱指标，可进行干旱预警，将遥感监测模型、数值天气预报模型、土壤墒情预报模型和干旱评估模型形成一个有机的整体，从而实现"区域气候数值预报模式—遥感监测—土壤水分预报模式—干旱预警"的集成应用，建立"黄淮平原农业干旱预警服务系统"。(3)在地理信息系统的支持下，将遥感干旱监测、预测与背景地理数据集成到统一的地理信息平台下，建立"黄淮平原农业干旱综合防御决策支持地理信息系统"。(4)通过田间试验，建立包括"深耕、秸秆翻压还田、充足底墒水、秸秆覆盖、有限灌溉、喷施多功能防旱剂"等的一整套干旱综合防御措施。

主要完成单位：河南省气象科学研究所、河南省商丘市气象局、江苏省气象局业务科技处、河南省黄泛区农场气象局、安徽省宿州市气象局

主要完成人：陈怀亮、刘荣花、张雪芬、邓天宏、邹春辉、方文松、厉玉昇、冉献忠、高伟力、徐为根、付祥军、朱自玺、董官臣、祁宦、张仁祖、苏雪云、杨光仙、武建华

获奖级别、时间：河南省科学技术进步奖二等奖、2005 年

(十一)项目名称：黄淮平原农田节水灌溉决策服务系统研究

项目来源：国家科学技术部 2001 年度社会公益研究专项资金项目

研究年限：2002—2004 年

研究内容：项目以农田节水灌溉和提高水分利用效率为目标，建立黄淮平原农田水分动态监测、预报和灌溉决策服务系统。从获得最佳经济效益和提高水分利用效率的角度进行综合分析，提出灌与不灌、灌溉期和灌溉量等决策建议，并将这些决策建议通过网络等途径定期发布，服务于各级政府和农业生产部门，实现网络化服务、业务化运行，开辟一条气象为农业服务的新途径。该系统包括以下两个重要组成部分：

1. 建立黄淮平原土壤水分动态监测、预报模型。(1)建立包含黄淮平原地形、土壤类型、行政区划的地理信息系统，为大面积土壤墒情监测、预测和节水灌溉决策提供支持。(2)依据区域内广大气象台站，在黄淮平原不同土壤类型、不同作物布局区建立土壤墒情监测网，定时、

定期进行气象要素、作物生长状况和土壤墒情测定，提供相关信息，并利用卫星遥感技术进行土壤墒情的宏观监测，做到以点带面、点面结合。在试验的基础上，运用 Penman-Monteith 公式和不同作物的相对蒸散，确定作物耗水量；利用土壤水分平衡方程，建立不同作物、不同土壤类型的农田水分预报模型并研制相应的计算机软件。根据土壤墒情监测结果及长期天气预报和数值天气预报产品，制作未来 1～3 旬的土壤墒情预报。

2. 建立黄淮平原农田节水灌溉决策服务系统。(1)在不同土壤类型区设立试验点，研究确定黄淮平原主要作物的干旱指标、适宜水分指标、最佳耗水量和水分-产量反应系数。(2)建立以提高经济效益和水分利用效率为目的的农田节水灌溉目标函数，将土壤墒情预报结果与水分指标相比较，通过不同灌溉期和灌溉量的投入产出比及水分利用效率分析，提供灌与不灌、灌溉期、灌溉量等节水灌溉决策建议，从而建立起黄淮平原农田节水灌溉决策服务系统，并研制相应的计算机软件。实现土壤墒情监测、预测及节水灌溉决策的网络化和业务化。发布墒情监测、预测信息和灌溉决策建议，服务于政府部门和生产单位。

主要完成单位：河南省气象科学研究所、安徽省宿州市气象局、河南省商丘市气象局、河南省黄泛区农场气象局

主要完成人：董官臣、朱自玺、陈怀亮、刘荣花、方文松、邓天宏、付祥军、厉玉昇、王友贺、邹春辉、张雪芬、祁宦、冉献忠、高伟力、方彦召

获奖级别、时间：河南省科学技术进步奖二等奖、2006 年

(十二)项目名称：农业气象灾害综合应变防御技术成果转化

项目来源：国家科学技术部“农业科技成果转化”项目

研究年限：2002—2004 年

研究内容：该项目在以往研究成果的基础上，进一步摸清华北平原小麦、玉米干旱/冻害发生规律；完善监测预警方法和模型，优化监测预警系统，针对地区特点示范推广干旱/冻害防御技术；完善干旱/冻害综合防御决策服务系统，为该地区制定防御措施提供科学依据，并在实际生产中推广应用。

主要完成单位：中国气象科学研究院、河北省气象科学研究所、河南省气象科学研究所、黑龙江省农业科学院耕作栽培研究所

主要完成人：王春乙、郭建平、刘庚山、刘玲、李春强、刘荣花、王连敏、高素华、安顺清

获奖级别、时间：中国气象局气象科学和技术工作奖成果应用奖二等奖、2006 年

(十三)项目名称：北方小麦干热风气候分析和区划

项目来源：中央气象局

研究年限：1979—1980 年

研究内容：该项目主要根据冬麦区干热风危害程度、天气特征和生理机制，分不同气候类型和小麦生态型，采用不同气象要素组合确定北方小麦干热风危害指标；依据指标统计分析 155 个台站 20 年的干热风资料，研究干热风发生规律；根据研究结果确定气候区划指标，并结合地理、地貌生态特征，做出北方小麦干热风气候区划，并提出相应的防御措施和对策。

主要完成单位：陕西、甘肃、河南、山东、河北、山西、新疆、内蒙古、宁夏、天津、江苏、安徽、青海等省(直辖市、自治区)气象局

主要完成人：谭令娴、余优森、关文雅、林美英、杨珍林、于玲等

获奖级别、时间：中央气象局科学技术研究成果奖三等奖、1980 年

(十四)项目名称：东北地区主要作物冷害研究

项目来源：中央气象局

研究年限：1978—1980 年

研究内容：低温冷害不是冻害，它是温暖季节因突然强降温对农作物造成的伤害，是东北地区的主要自然灾害之一。每年秋季强降温来得早晚，对当年粮食产量起着决定性作用，所以研究低温冷害出现的规律及其分布情况，在生产上有着重要作用。对河南来说一年一熟不存在冷害问题，但一年两熟中的水稻、棉花等，低温冷害对产量会造成一定影响。夏玉米在河南的新乡、安阳、洛阳西部山区，要采取麦垄套种才能防止生长后期热量条件不足的问题。所以，低温冷害对河南的两熟制中的秋作物有一定的威胁，必须采取相应措施方能获得高产。为了寻找低温冷害指标，曾在河南省郑州、林县、新乡进行水稻分期播种试验，在商丘做过玉米分期播种试验。

主要完成单位：黑龙江、辽宁、吉林、新疆、内蒙古、河南等省(自治区)气象局，中国气象科学研究院，沈阳农学院*

主要完成人：(暂无法查实)

获奖级别、时间：中央气象局科学技术研究成果奖三等奖、1981 年

注：河南省气象科学研究所艾敬贤为项目参加人。

(十五)项目名称：河南省黄淮海平原中低产地区夏大豆丰产栽培技术研究

项目来源：河南省科学技术委员会及河南省黄淮海平原农业开发办公室

研究年限：1983—1985 年

研究内容：根据河南省黄淮海平原中低产地区夏大豆分期播种 4 个试验点 1983—1985 年的田间试验资料，对“跃进五号”品种在本地区的气候生态适应性进行了分析。结果表明：夏大豆产量有随纬度增高而递减的趋势；生育期长短与播期和热量条件关系密切。该成果引入生产特征值来描述夏大豆干物质的积累状况。经计算，初步拟定把平均气温 25 ℃作为黄淮平原夏大豆旺盛生长期内适宜温度的下限。在淮北平原，鼓粒期间有高温少雨和多雨寡照两种天气型，常导致百粒重下降。籽粒增重最适宜平均气温为 21.8 ℃，最适宜降水量为 102.8 毫米。该研究根据上述气候生态适应性的分析结果，建议河南省夏大豆商品基地应培育抗性强、蛋白质含量高的夏大豆新品种，根据光温特性来确定不同夏大豆气候生态区的适宜播期及提高水分利用效率的措施。

主要完成单位：河南省农业科学院经济作物研究所、河南省永城县**农业技术推广站、河南省鹿邑县农业科学研究所、河南省气象科学研究所等

主要完成人：王钧、刘杰、姚荷珠、石桂芳、张桂兰、王景论、徐雪林、薛应离、李迎廷、汪永钦、宋桂芹、宝德俊等

获奖级别、时间：河南省科学技术进步奖三等奖、1985 年

注：河南省气象科学研究所王信理、刘荣花为参加人。

---

* 现“沈阳农业大学”，下同

** 现“永城市”，下同

(十六)项目名称:永城县百万亩低产田小麦综合增产技术开发研究与应用

项目来源:中华人民共和国农业部

研究年限:1987—1990 年

研究内容:主要研究永城地区小麦低产原因,从气候因子、土壤、肥料、植保、种子更新等多方面着手改善小麦生长条件,提高小麦产量,以实现小麦百万亩高产的目的。

主要完成单位:河南省农牧厅、河南省民航局、河南省气象局、河南省永城县农业局、河南省黄淮海农业开发和低产田改造办公室、河南农业大学等

主要完成人:袁剑平、张树德、关文雅、丁绍禹、徐建中、许法福、丁玉芹等

获奖级别、时间:河南省科学技术进步奖三等奖、1990 年

(十七)项目名称:冬小麦-水分-气候模式和土壤水分预报

项目来源:国家气象局气象科学基金

研究年限:1986—1988 年

研究内容:本项目将土壤-作物-大气作为一个连续体,利用能量平衡原理和水量平衡原理,将麦田土壤水分储存量、实际蒸散量和有效降水量进行动态分析,建立了麦田土壤水分预报模型。通过研究发现,冬小麦产量和耗水量之间为抛物线关系,并非线性关系,也就是说并非灌水越多产量越高,这就为节水灌溉提供了理论依据。经过对籽粒产量、秸秆产量、灌水费用和水分利用效率综合分析,确定了冬小麦经济效益最高的最佳耗水量。通过气孔阻力、蒸腾强度、光合强度、生长率等与土壤湿度之间关系的研究,确定了冬小麦不同生育阶段的干旱指标和适宜水分指标,从而可以确定冬小麦非胁迫土壤水分储存量,为干旱预报奠定基础。根据土壤水分预报模型,可以预报未来一个月或更长时段的土壤水分状况,确定干旱的有无、旱期长短和强度,同时可以提供是否需要灌溉、灌溉期和灌溉量等情报资料。在此基础上,本项目还提出了以经济效益和水分利用效率为目标的优化灌溉决策方案,为节约水资源、提高经济效益提供了一条新的途径。该项目本着边研究、边应用、边推广的原则,在河南进行了示范应用,取得了良好的经济效益和社会效益。

主要完成单位:河南省气象科学研究所,河南省巩县气象站,河南省洛阳市、商丘地区、新乡市、濮阳市、安阳市气象局

主要完成人:朱自玺、牛现增、付祥军、赵宗汉、侯建新、王美英、赵洪明、赵国强、李冰、白振杰

获奖级别、时间:河南省科学技术进步奖三等奖、1992 年

(十八)项目名称:在农业上大规模开发利用二氧化碳的试验研究

项目来源:中国气象局气象科学基金及气象科技应用开发研究基金专项资助

研究年限:1993—1997 年

研究内容:在温室栽培中,CO_2 匮乏是温棚作物生长和增产的主要限制因子,该项研究根据北方温棚农业的特点及主要蔬菜作物的生物学特性,把人工增施 CO_2 与温室内光温调控紧密结合起来,通过大面积田间试验和示范,对最佳光源,增产机理,不同作物不同生育期的适宜 CO_2 浓度指标、每日适宜施放时间、适宜施放量的定量估算方法和适宜施放方式等重要技术问题,以及配套栽培措施,都进行了分析研究,以提高农用 CO_2 开发利用效率和温室生产力。通过此项研究,探索出了一条“试验—示范—应用推广—技术服务”一体化的新路子,为建立农

业社会化服务体系提供了依据。

主要完成单位:河南省气象科学研究所、河南省科学院地理所

主要完成人:汪永钦、周克前、刘荣花、王良启、王信理

获奖级别、时间:中国气象局科学技术进步奖三等奖、1998 年

(十九)项目名称:河南省小麦灌浆期气象灾害及防御措施研究

项目来源:河南省科学技术厅

研究年限:1995—1997 年

研究内容:通过近 30 年来气候资源统计和自然函数正交展开分析,找出河南省干热风、青枯等气象灾害发生规律和时空分布特点。反查春季大气环流特征和演变趋势,摸清干热风、青枯、连阴雨发生的大气环流背景,并运用现代统计学、天气学和数值预报等方法,结合韵律叠加等方法,做出干热风、青枯、连阴雨等预报。通过田间试验,筛选出防灾增产效果明显的技术措施,并形成一套"播种前用根多壮拌种,孕穗期叶面喷施硅、磷、钾肥,灌浆期叶面喷施 BN 等生长调节剂"的长、中、短效相结合的防灾减灾措施。建立"河南省小麦灌浆期气象灾害预测、预防、决策服务系统",实现了灾害预报、预防服务全程自动化。

主要完成单位:河南省气象科学研究所,河南省气象台,河南省民权县农业局,河南省濮阳、郑州、信阳市气象局

主要完成人:关文雅、陈怀亮、张雪芬、胡秀英、邹春辉、管荣、许文孝、赵洪明、尚新利、晋学彦、付祥健、秦峰、王良宇、穆晓涛、金更新

获奖级别、时间:河南省科学技术进步奖三等奖、1998 年

(二十)项目名称:河南省不同土壤类型卫星遥感墒情监测研究

项目来源:河南省科学技术厅

研究年限:1995—1998 年

研究内容:(1)研究利用 NOAA/AVHRR 资料通过软件开发,建立不同土壤类型、不同植被条件下的耕作层土壤墒情监测模式;(2)研究河南卫星遥感土壤墒情监测参数和订正系数;(3)开展地理信息系统与遥感监测土壤墒情一体化应用研究,为确定遥感墒情指标提供土壤、地形、植被等多种依据;(4)全省选主要土壤类型,建立监测站,组建地面监测网,研究玉米、小麦主要生育阶段的需水指标;(5)根据卫星遥感监测资料和作物需水指标,反查土壤墒情遥感监测指标。

主要完成单位:河南省气象科学研究所,河南省驻马店地区、焦作市、郑州市、周口地区、南阳市、伊川县气象局

主要完成人:关文雅、陈怀亮、张雪芬、邹春辉、武建华、冯晓科、周建群、王宇翔、刘学义、付祥健

获奖级别、时间:河南省科学技术进步奖三等奖、1999 年

(二十一)项目名称:气象卫星遥感监测技术在丘陵区小麦生产上的研究及应用

项目来源:郑州市科学技术局

研究年限:1997—1998 年

研究内容:该项目利用"3S"技术,对丘陵区小麦生产中利用气象卫星遥感监测技术监测小麦苗情、土壤墒情进行了深入研究,探讨了一套适于丘陵区的气象卫星遥感监测技术方法,

对科学指导丘陵区小麦生产中利用气象卫星遥感监测技术监测小麦苗情、土壤墒情有重要意义。

主要完成单位:河南省巩义市气象局、河南省气象科学研究所

主要完成人:白振杰、王家民、陈怀亮等

奖励级别、时间:河南省星火三等奖、1999 年

(二十二)项目名称:极轨气象卫星遥感信息分析处理与应用系统

项目来源:河南省气象局

研究年限:1999—2002 年

研究内容:本项目以"3S"技术集成应用为基础,以建立河南省农业生态环境遥感监测信息系统为主要目标,紧紧抓住卫星遥感的接收、处理、分析、服务的四个重要环节展开攻关。在完成了系统硬件建设的基础上,完成了接收、处理、分析、服务软件系统建设,完善了已有的冬小麦苗情、土壤墒情、森林火灾、江河洪涝遥感监测业务,探讨了森林覆盖、大雾、积雪、冻害遥感监测项目,最终将遥感、GPS 等信息集成于 GIS 平台上,从而极大地提高了遥感定位与解译的精度,明显提高了服务系统质量。

主持完成单位:河南省气象科学研究所

主要完成人:陈怀亮、邹春辉、张雪芬、张志红、闫世忠、张红卫、常利智、王家民

获奖级别、时间:河南省科学技术进步奖三等奖、2002 年

(二十三)项目名称:小麦气候生态研究成果推广应用

项目来源:国家气象局

研究年限:1992—1994 年

研究内容:该项目是将完成的"小麦气候生态研究"取得的一系列研究成果,在河南、山东、陕西等小麦主产区大面积推广应用。"小麦气候生态研究"针对小麦高产稳产中的主要气象问题,进行了多方面的深入探索研究,建立了相应的数学模型和动态模拟模型,从小麦气候生态角度提出了一整套使小麦趋利避害、稳产、高产的措施和技术。

主要完成单位:河南省气象科学研究所、陕西省咸阳地区气象局、山东省菏泽地区气象局

主要完成人:汪永钦、刘耀武、卢皖、刘荣花、张丽等

获奖级别、时间:中国气象局科学技术进步奖四等奖、1995 年

三、获得厅局级奖的研究项目

(一)项目名称:夏玉米水分指标和最佳耗水量研究

项目来源:河南省科学技术委员会

研究年限:1986—1988 年

研究内容:本研究在巩县建立了农田水分试验场,共设五个不同水分等级。定期对土壤湿度、实际蒸散和夏玉米生理生态特征进行测定,资料序列长达 5 年之久。根据气孔阻力、蒸腾强度、光合强度等随着土壤湿度的突变和渐变,确定了夏玉米干旱指标为 10.5%～10.7%,适宜水分指标为 15.5%～16.7%。夏玉米产量与耗水量呈抛物线关系,而不是传统认为的线性关系。因此,从经济效益和水分利用效率的观点,运用综合评判的方法,确定了夏玉米的最佳耗水量指标为 330～350 毫米,并确定了夏玉米的优化灌溉方案。

主要完成单位:河南省气象科学研究所、河南省巩县气象站、河南省洛阳市气象局、河南省商丘地区气象局

主要完成人:朱自玺、付祥军、牛现增、侯建新、赵宗汉、王美英、赵洪明、李冰、白振杰、周月玲、赵国强

获奖级别、时间:河南省气象科学技术进步奖一等奖、1991 年

(二)项目名称:河南棉花气候动态监测及其系列化服务

项目来源:国家气象局

研究年限:1991—1993 年

研究内容:(1)棉花育苗移栽、地膜覆盖等种植方式能提高产量,但育苗前期低温冷害的威胁极为严重。育苗早,易受低温冷害影响,但育苗晚了又起不到提高产量的作用。因此,研究育苗移栽棉,既不受低温冷害影响,也可在最佳播种期。(2)从充分利用光资源的原则出发,结合棉花的长势、长相,从光能利用方面研究棉花最佳种植方式问题。(3)进行各棉区棉花生长发育规律和生态环境变化特征研究,以便找出棉花高产优质的气候生态特征。(4)根据历史旱涝气候年型,采取先进的科学分析技术与手段研究棉花高产气候技术植棉模式是不可少的,特选取影响棉花产量、质量的关键时期(花铃期、吐絮期)作为突破点。在深入调查研究的基础上,建立棉花优质高产气候生产模式,在不同的气候年型下,取得最大的经济效益和社会效益,为计划经济部门、农业领导指挥棉花生产提供第一手资料。

主要完成单位:河南省气象科学研究所,河南省棉花办公室,河南省扶沟县、内黄县、修武县气象局,以及河南省商丘地区气象局

主要完成人:马效平、葛仲甫、范玉兰、穆晓涛、付祥健、张梅英、徐星华、刘刚

获奖级别、时间:河南省气象科学技术进步奖一等奖、1993 年

(三)项目名称:河南省夏玉米农业气象系列化服务技术研究

项目来源:河南省气象局

研究年限:1990—1995 年

研究内容:项目在玉米系列化技术基础研究中对玉米全生育期气候资源、玉米产量历史变化进行了研究;在玉米产前服务技术研究中建立了玉米情报监测网,并研究了玉米播种期预报技术;在玉米产中服务技术研究中研究了夏玉米全生育期气象条件评价、玉米产量预报技术;在玉米系列化服务前瞻性研究中引用美国 CERES 玉米模拟模式,对玉米分期播种试验资料进行模拟,并开发了玉米报表数据库、评价系统、产量预报系统等软件。

主要完成单位:河南省气象科学研究所

主要完成人:毛留喜、陈怀亮、张雪芬、尚红敏、武建华、冉献忠、贾金明、段新彩、赵苗稳、李群山、王宇翔、杜明哲、高伟力、李坤平、田抗美

获奖级别、时间:河南省气象科学技术进步奖一等奖、1995 年

(四)项目名称:河南省干旱预测监测及抗旱对策技术系统研究

项目来源:河南省科学技术委员会

研究年限:1993—1995 年

研究内容:该项目属于现代高新科学技术在农业、水利、气象领域中的综合应用性研究。主要内容包括:(1)干旱预测技术子系统研究:建立并改进适用于河南省范围的用于干旱情报、

评价、预报的帕默尔干旱指数，将优化非线性方法与 EOFS 分析技术结合起来，为旱涝预报探索一条新途径；(2)干旱监测子系统研究：采用 NOAA/AVHRR 全覆盖、高密度、宏观、客观的动态监测；(3)抗旱对策技术子系统研究：建立了产量与耗水量、施肥量之间的关系，从水分利用效率和经济效益等方面分析它们之间的相互作用，从生产角度制定切实可行的干旱对策操作规程。

主要完成单位：河南省气象科学研究所，河南省周口地区、伊川县、焦作市、濮阳市、开封市气象局

主要完成人：关文雅、毛留喜、赵国强、苗长明、熊杰伟、张雪芬、邓天宏、方文松、邹春辉、刘金华、尚红敏、冯晓科、贾金明、李百祥、付祥军

获奖级别、时间：河南省气象科学技术进步奖一等奖、1996 年

(五)项目名称：气象对烟草栽培影响的研究

项目来源：河南省科技攻关项目和国家气象局“短平快”课题

研究年限：1991—1996 年

研究内容：烟草栽培一般气候条件的研究；烟草栽培关键生育期适宜气象条件的研究；烟草栽培产量不同年景(丰年、平年、歉年)的气候条件分析和研究；烟草栽培质量(优质和劣质)不同年份的气候条件分析和研究；烟草栽培适宜气候种植区的区划。

主要完成单位：河南省气象科学研究所，河南省烟叶生产购销公司，河南省气象台，河南省襄城县气象局，河南省烟草公司郑州、平顶山、郏县、周口、商丘、信阳、三门峡分公司

主要完成人：林敬凡、林木森、鲁心正、熊杰伟、胡秀英、林田、罗广善、张明显、许广恺、胡保彦、王新敬、张松岭、李奇、马聪、秦留拽

获奖级别、时间：河南省气象科学技术进步奖一等奖、1997 年

(六)项目名称：棉花灌溉随机控制研究

项目来源：国家气象局重点科研项目

研究年限：1991—1995 年

研究内容：为了解决棉花的合理灌溉问题，首先对棉花耗水量、耗水规律、蕾铃脱落率与土壤湿度的关系、不同生育阶段水分-产量反应系数以及土壤湿度与棉花纤维品质的关系等，均做了系统分析，分别建立了相应的数学模型。第二，利用最优分割理论、综合评判和极值分析等数学方法，确定了一系列棉花增蕾保铃、高产优质的水分指标。主要有：(1)棉花最佳耗水量，450～500 毫米。(2)棉花不同生育阶段适宜的土壤水分指标和干旱指标。苗期和蕾期适宜土壤水分指标(容积湿度，下同)下限为 16.3%，干旱指标为 12.1%，分别占田间持水量的 55%和 41%；花铃期适宜土壤水分指标下限为 19.5%，干旱指标为 14.5%，分别占田间持水量的 66%和 49%；吐絮期为 17.8%和 13.2%，分别占田间持水量的 60%和 45%。(3)棉花不同生育阶段水分-产量反应系数。移栽—现蕾为 1.7430，现蕾—开花为 1.2405，开花—开花盛期为 26.7435，开花盛期—吐絮为 3.0885，吐絮—拔秆为 2.5635。可以看出，开花—开花盛期水分对产量影响最大，应优先保证。(4)蕾铃脱落对水分亏缺和过剩的敏感系数：开花盛期—吐絮最大，分别为 2.579 和 2.625；开花—开花盛期次之，分别为 1.818 和 0.824；吐絮期居第三，分别为 1.140 和 1.275；现蕾—开花最小，分别为 0.303 和 1.770。第三，在耗水量、耗水规律和土壤水分指标研究的基础上，为了使棉花始终处于适宜的水分环境之中，研制了棉田土壤

水分预报模型和灌溉随机控制决策模型，以及与之配套的计算机软件。可随时了解当前和未来土壤水分动态变化，并与水分指标进行比较，从水分利用效率和经济效益的角度回答灌与不灌、何时灌和灌多少的问题，以达到既满足作物需要又节约水资源之目的。

主要完成单位：河南省气象科学研究所，河南省气象局业务处，河南省新乡市、开封市、濮阳市、郑州市气象局

主要完成人：朱自玺、赵国强、邓天宏、方文松、付祥军、牛现增、赵秀敏、张全荣、许蓬蓬、胡鹏、张修法、宁松林、姚晓果、许文孝、杨光仙

获奖级别、时间：河南省气象科学技术进步奖一等奖、1998 年

(七)项目名称：河南省冬小麦节水灌溉技术及推广应用

项目来源：中国气象局

研究年限：1995—1998 年

研究内容：该项目在多年试验研究的基础上，分析了冬小麦产量和耗水量之间的非线性关系、耗水量动态变化、不同生育阶段适宜的水分指标，以及雨季土壤储存水在未来小麦生长中的供水作用，提出了冬小麦节水灌溉技术。该技术包括土壤水分预报技术、节水灌溉决策技术和实施系统。在土壤水分预报技术中，从计算麦田潜在蒸散入手，通过对麦田土壤湿度和叶面积系数的二级订正，得出未来麦田实际蒸散量，再根据未来有效降水量和地下水补给量，做出根分布层土壤有效水含量的预报。节水灌溉决策技术则根据小麦不同生育阶段的水分指标、产量反应系数和以取得最大经济效益为目的的目标函数，进行节水灌溉决策——灌或不灌、灌溉期和灌溉量。实施系统则是根据技术及应用需要，建立的包括监测、传输、服务和控制中心在内的服务体系。通过经济效益和水分利用效率的综合评判分析，得出冬小麦最佳耗水量为 350～410 毫米，对于轻壤土而言，拔节—孕穗期的干旱指标为 9.1%(1.3 米深土层平均土壤湿度，下同)，适宜水分指标为 13.1%～16.2%；抽穗—成熟期的干旱指标和适宜水分指标分别为 8.7%和 14.3%～17.5%。建立了土壤水分预报方程，确定了相对蒸散值 K 的动态变化，并且表达为土壤水分和叶面积系数的函数，从而将土壤-植物-大气连为一体。研究确定了冬小麦不同生育阶段水分-产量反应系数 K_i 值，并应用于目标函数之中，从而可以客观、定量地进行节水灌溉决策。

主要完成单位：河南省气象科学研究所，河南省鹤壁市、漯河市、濮阳市、开封市、伊川县、巩义市、新乡市、郑州市气象局

主要完成人：赵国强、朱自玺、邓天宏、方文松、王银民、付祥军、侯建新、姚晓果、李英敏、许文孝、王晓瑞、尚红敏、白振杰、李三萍、赵文平

获奖级别、时间：河南省气象科学技术进步奖一等奖、1999 年

(八)项目名称：冬小麦干旱评估业务服务系统

项目来源：中国气象局新技术推广项目

研究年限：2005—2006 年

研究内容：该项目在以往对冬小麦干旱研究的基础上，通过进一步研究，在以下方面取得新的进展：(1)基本摸清了河南省冬小麦干旱发生规律。研究发现，冬小麦生育期间重旱发生的概率为 10 年一遇，中旱发生的概率为 10 年 3～4 遇，轻旱为两年一遇。(2)确定了两套冬小麦干旱评估指标。从降水负距平和冬小麦减产百分率进行分析，确定了冬小麦全生育期和拔

节期的气候干旱指标；从水分亏缺率和冬小麦减产百分率进行分析，得到了冬小麦全生育期、拔节期和灌浆期相对气象产量和水分亏缺率之间的关系，确定了用水分亏缺率表示的作物干旱指标。(3)构建了冬小麦干旱风险评估模型。从自然降水和作物需水角度出发，研究了干旱发生的强度、概率和对冬小麦产量的影响，构建了基于气候客观性、生产现实性两个层次的干旱灾害的综合风险评估模型，将灾害的风险估算从发生频率提升到总体风险概率的高度，使评估准确率有了进一步提高。(4)建立了冬小麦干旱经济灾损评估模型。从自然灾害造成的损失(包括直接经济损失和减灾投入成本)入手，结合河南省冬小麦干旱指标等进行综合分析，构建了冬小麦干旱经济灾损评估模型，使灾损可以定量表达。在对减灾措施效益评估方面，改进了传统上只考虑减产灾损、不计投入成本的估算方法，使灾损的经济损失定量表达更全面客观。(5)建立了冬小麦干旱灾损动态评估模型。在人为控制田间土壤水分条件下，通过试验，研究了冬小麦不同发育阶段干旱灾损贡献系数。根据各阶段灾损贡献，建立了基于不同发育阶段的冬小麦干旱动态灾损评估模型，实现了区域冬小麦干旱灾损的量化和动态评估。模型可对作物生长过程中发生的干旱进行评估，评估的时效性长，便于提前决策。(6)建立了冬小麦干旱风险评估业务服务系统。通过集成，构建了集灾害风险分析、跟踪评估、灾后评估和应变对策于一体的技术体系，开发了相应的计算机软件，建立了冬小麦干旱评估业务服务系统。该系统主要由数据库、知识库(模型、指标集)、推理库(计算工具等)等部分组成，主要功能包括进行小麦播前风险分析、收获后灾损评估、生育过程中的动态评估等。该服务系统软件为科技成果在生产和业务服务工作中的实际应用、实现科技成果的转化奠定了基础。

主要完成单位：河南省气象科学研究所

主要完成人：刘荣花、赵国强、朱自玺、方文松、邓天宏、康雯瑛、王友贺、许蓬蓬、马志红、王君

获奖级别、时间：河南省气象局科学研究与技术开发一等奖、2007年

(九)项目名称：冬小麦晚霜冻遥感监测与评估业务服务系统

项目来源：中国气象局新技术推广项目

研究年限：2006—2007年

研究内容：(1)利用河南省各气象站的逐日气象资料和冬小麦发育期资料，对历史上冬小麦晚霜冻害进行普查，从最低温度和小麦发育期两个因素出发，提出了晚霜冻害指数构建方法，对近50年晚霜冻害的时空分布与多时间尺度变化规律进行了分析。(2)初步研究了冬小麦晚霜冻害风险概率及对冬小麦产量的影响。分析了冬小麦晚霜冻害平均发生程度和发生天数及灾度的分布情况，完成了冬小麦晚霜冻害风险区划研究。(3)根据位温方程和静力方程计算其位温，在GIS系统支持下对位温资料进行内插。再根据河南省数字高程资料计算不同海拔高度上小网格上的气压，推算小网格上的气温资料。最后利用建立的不同分区的小麦发育期积温模型，推算小网格上的小麦发育期。(4)采取地基和空基相结合的方法，利用极轨气象卫星遥感资料，采用多种分裂窗算法，反演得到地面温度，利用反演并经过变分订正的地面最低温度、冻害指标及小麦发育期资料，对2002和2003年发生的晚霜冻害进行遥感监测，实现了冬小麦冻害的遥感监测与不同冻害面积的精确计算。(5)引进WOFOST作物模型，进行冬小麦根、茎、叶和干物重等各种生物量的模拟，进而构建霜冻损失综合指数，建立了冬小麦晚霜冻害灾损定量评估模型。(6)利用GIS数据组织与管理功能，将极轨气象卫星数据、EOS/MODIS卫星数据、气象数据和农业气象观测数据有机集成在以ArcGIS为平台的地理信息系

统中,开发了冬小麦晚霜冻害遥感监测与评估系统。

主要完成单位:河南省气象科学研究所

主要完成人:张雪芬、余卫东、郭其乐、邹春辉、陈东、任振和、李祯、孙亮、刘忠阳、付祥健

获奖级别、时间:河南省气象局科学研究与技术开发一等奖、2008 年

(十)项目名称:河南水稻旱种气象条件分析及推广应用

项目来源:中央气象局

研究年限:1980—1984 年

研究内容:水稻旱种是一种省水种稻的种植方法,旱种水稻的生育期及各生长发育阶段所处的气象条件大大不同于麦茬水稻,首先它是麦收后播种,播期有个下限问题。对其各生长发育阶段所需要的温度、水分、光照等条件都需要做一些观测研究。为了配合水稻旱种的推广应用,河南省气象科学研究所自 1980 年开始做 5 年试验,对旱种水稻生育期及各生长发育阶段所需要的水热条件及作物品种的光温特性进行试验研究,初步得出了旱种水稻生长发育期及各生长发育阶段所需要的热量指标、水分指标及安全播期下限。另外,还摸清了旱种水稻播种、抽穗、开花的生育模式、灌浆模式,为旱种水稻的高产稳产提供了科学依据。

主要完成单位:河南省气象科学研究所

主要完成人:艾敬贤、钱晓燕

获奖级别、时间:河南省气象科学技术进步奖二等奖、1990 年

(十一)项目名称:庭院经济高产气候技术模式及应用

项目来源:国家气象局

研究年限:1987—1991 年

研究内容:本项目属鄂、豫、皖三省大别山区气象科技扶贫协作项目。通过几年的努力,已初步研究出几个成本低、效益好、操作简单、农民易接受的技术模式和方法等。如:(1)以草养鹅、牛—(粪便)养鱼模式;(2)以草养羊、猪—(粪便)养鱼模式;(3)低产林的改造技术;(4)研究出了泛塘预报方法和补救措施,解决了高产养鱼泛塘问题;(5)初步总结出高产鱼塘生产气候技术方法;(6)摸索出了养鹅中的气候问题及对策;(7)找出了淮南养羊、羊丝虫病高发的气候原因,初步研究出了预报和预报治疗的方法;(8)初步筛选出适合豫南地区种植的黑麦草、三叶草等优良草种,选择了一批高产、适应性强的当地野生草种,总结出各种牧草的适宜播种期、收割和采收期;(9)总结出了对低产林的定期疏林、整枝和移栽的时期及技术方法。

主要完成单位:河南省气象科学研究所、河南省信阳地区气象局

主要完成人:马效平、穆晓涛、葛仲甫、师良述、周洪斌、范玉兰、王良启

获奖级别、时间:河南省气象科学技术进步奖二等奖、1992 年

(十二)项目名称:蛋鸡高产气候模式研究

项目来源:河南省气象局

研究年限:1995—1996 年

研究内容:产蛋母鸡在生产过程中,即使供给全价饲料,如果没有适宜的气象条件,也不能使鸡群得到充足的营养,而且容易使营养转化为脂肪,不易转化为鸡蛋。因此,鸡群的产蛋率与气象条件关系十分密切。该项研究主要结果是:(1)建立了产蛋率与鸡舍温度和光照长度的关系——呈抛物线关系;(2)新母鸡产蛋前开始增加光照的周龄应适当提前;(3)鸡舍光照强度

下限应降低;(4)自然通风可基本达到通风换气的目的。

主要完成单位:河南省气象科学研究所

主要完成人:张全荣、申战营、杨旭升

获奖级别、时间:河南省气象科学技术进步奖二等奖、1996年

(十三)项目名称:河南省小麦卫星遥感监测区域化应用研究

项目来源:河南省气象局

研究年限:1993—1996年

研究内容:(1)不同类型种植区苗情监测绿度值指标研究,主要包括:豫北灌溉区,豫西半山丘陵种植区和旱地点片种植区,豫东豫中麦、棉套作区,豫中南麦、油菜、烟叶间套作区等;(2)夏粮产量预报模式研究,主要包括:夏粮产量年景趋势预报气候模式、夏粮产量绿度遥感预报模式、实现预报模式微机化。

主要完成单位:河南省气象科学研究所,河南省伊川县、孟津县、安阳市气象局

主要完成人:关文雅、张雪芬、陈怀亮、邹春辉、尚红敏、郑天敬、谢勇华、李银枝、贾成钢、时修礼

获奖级别、时间:河南省气象科学技术进步奖二等奖、1996年

(十四)项目名称:淮南"423"小麦区域试验研究

项目来源:河南省气象局

研究年限:1995—1997年

研究内容:主要开展"423"小麦品种的区域试验,分别选择信阳地区南部的新县、北部的息县、东部的固始县、西部的信阳县,加上原试验基地商城县,共五个试验区。统一使用"423"小麦品种,选择豫麦17号作为对照品种,按当地适宜播种期进行播种,播量150～187.5千克/公顷,种植技术仍采用原试验基地种植模式,建立健全田间排水系统,适时适量施肥,及时防治病虫、进行化学除杂草等,抓住生产技术关键,同步进行"423"小麦种植生态气候条件监测(包括小麦生长动态监测和考种)。通过区域试验,验证"423"小麦品种在淮南种植的优势和不足,找出适应性和抗逆性在各试验区种植的稳定度。

主要完成单位:河南省气象科学研究所

主要完成人:马效平、葛中甫、王金海、刘业斌、周洪斌、范玉兰、徐爱东、穆晓涛、赵豫、付祥军

获奖级别、时间:河南省气象科学技术进步奖二等奖、1998年

(十五)项目名称:大别山区稻麦高产技术开发

项目来源:国家气象局

研究年限:1992—1997年

研究内容:实现吨粮田的关键:缩短晚稻生长期,提早成熟,躲过后期低温连阴雨;解决小麦适时整地早播,争取越冬前达到全苗、壮苗,为丰产打好基础;解决小麦后期阴雨的影响,争取授粉率高,籽粒饱满,千粒重高;及早做病虫害预测预报,及时防治;建立健全农田排灌水工程,防治小麦湿害。根据关键问题,相应措施:(1)采取水稻两段育秧和抗寒剂育秧技术措施,争取晚稻成熟期提前5～7天。不仅使水稻能躲过后期阴雨低温的影响,同时为小麦及早整地下种奠定良好的基础,使小麦越冬前达到苗全、苗壮的目的。(2)建立健全小麦排灌水系统工

程。淮南具有“小麦年年收，只怕懒汉不起沟”的说法，加强排水设施建设是防治湿害的关键措施。(3)选择优良品种。水稻选用杂交水稻，小麦选耐湿、抗逆性强的品种，如：徐州21号、野恩1号等。(4)实行配方施肥。(5)采用新的农业技术，如：灭草剂、催熟剂、微量元素等技术的应用。

主要完成单位：河南省气象科学研究所、河南省信阳市气象局、河南省商城县气象局

主要完成人：马效平、葛中甫、马振升、徐爱东、范玉兰、刘业斌、王金海、赵豫、徐玉书

获奖级别、时间：河南省气象科学技术进步奖二等奖、1999年

(十六)项目名称：信阳毛尖茶采用塑料大棚增温和增施CO_2气肥高产优质试验研究

项目来源：中国气象局科技扶贫项目

研究年限：1996—2000年

研究内容：采用塑料大棚内施放CO_2气肥、塑料大棚内不施放CO_2气肥与棚外大田茶树作对照等三个处理，经过4年的试验，其结果如下：大棚内增温效果显著，日平均气温棚内比棚外高3～6℃，气温日较差也明显高于棚外；大棚内增湿明显，棚内日平均相对湿度比棚外高8%左右；棚内茶树开采期提前，较之大棚外早17～30天；棚内施放CO_2气肥春茶开采早、上市早、价格高，比棚外每公顷可增收6万元左右；茶叶品质棚内好于棚外。

主要完成单位：河南省信阳市气象局、河南省气象科学研究所

主要完成人：刘业斌、徐爱东、宋德强、彭保宏、贾德生、杨保国、李淑华、胡玉珍、陈才斌、马振升、周洪斌、朱仲庭

获奖级别、时间：河南省气象科学技术进步奖二等奖、2000年

(十七)项目名称：残茬覆盖夏玉米增产开发应用研究

项目来源：中国气象局应用开发项目

研究年限：1994—1997年

研究内容：(1)残茬覆盖对玉米田小气候的影响。覆盖使地表热学性质发生变化，从而引起湍流交流系数和热量平衡各分量的变化。显热通量以麦秸覆盖地段最大，残茬覆盖地段次之，未覆盖地段最小，潜热通量则相反。这表明覆盖地段上的土壤蒸发较未覆盖地段减小，有利于土壤保墒，减少无效消耗。(2)残茬覆盖对土壤水分的影响。根据0～100厘米土壤含水量变化分析，麦秸覆盖地段平均土壤湿度比未覆盖地段提高2.7%～7.6%，残茬覆盖地段提高1.5%～4.3%。(3)残茬覆盖对夏玉米耗水量的影响。观测表明，拔节前覆盖地段旬耗水量比未覆盖地段小1～4毫米；拔节后，覆盖地段的耗水量反而增大，旬耗水量比未覆盖地段增大1～6毫米。说明覆盖地段在前期减少了土壤水分的无效消耗(蒸发)，而增大了后期的有效消耗(蒸腾)，从而有利于干物质的积累和产量的增加。(4)残茬覆盖对夏玉米产量的影响。麦秸覆盖地段平均增产幅度为9.8%～11.6%；残茬覆盖地段增产幅度为2.5%～3.8%。不同土壤水分等级之间，其增产率以土壤相对湿度小于60%的地段增产最为明显，60%～80%的地段次之，土壤水分较大的地段(>80%)增产率较小。说明该技术对于干旱、半干旱地区具有更高的应用价值。(5)残茬覆盖对夏玉米水分利用效率的影响。就水分利用效率而言，麦秸覆盖地段比未覆盖地段提高7.8%～14.4%，残茬覆盖地段比未覆盖地段提高0.6%～2.3%。不同土壤水分等级之间，水分利用效率表现出了与产量相同的趋势。

主要完成单位：河南省气象科学研究所、河南省濮阳市气象局、河南省开封市气象局、河南

省伊川县气象局

主要完成人：朱自玺、赵国强、邓天宏、方文松、付祥军、张全荣、许蓬蓬、徐文国、王德忠、杨旭昇

获奖级别、时间：河南省气象局科学研究与技术开发二等奖、2002 年

（十八）项目名称：河南省农业气象预报服务系统

项目来源：河南省气象局

研究年限：1998—2000 年

研究内容：农业气象及作物生育专用数据库；作物（主要是棉花、粮食）生长定点监测内容、规范及信息传输格式；棉花不同生育阶段适宜气象条件；棉花适播期（或移栽期）预报；棉花病虫发生发展农业气象预报；棉花、粮食总产产量预报方法，完善或更新以前建立的小麦、玉米产量预报模式；棉花全生育期间农业气象条件鉴定方法；完善小麦、玉米农业气象系列化服务。

主要完成单位：河南省气象科学研究所

主要完成人：张雪芬、王良宇、陈怀亮、邹春辉、厉玉昇、庄立伟、刘荣花

获奖级别、时间：河南省气象局科学研究与技术开发二等奖、2002 年

（十九）项目名称：河南省农业气象情报业务服务系统

项目来源：河南省气象局

研究年限：2001—2003 年

研究内容：(1)建立常年作物发育期资料、1971—2000 年 32 个农业气象基本站 30 年逐旬气象资源平均值。(2)建立农业气象情报资料库及管理系统。包括：逐旬农业气象资料库、作物发育期库、土壤墒情库、灾情库。数据库管理系统主要功能包括数据追加、修改打印、绘图及各种复合查询功能。(3)建立适用于省、地、县三级的自动编报系统。主要为台站上传资料自动化编制 AB 报，以减少人工编报的差错。(4)建立资料处理分析系统。包括：台站上传 AB 报码译码，不同土壤深度的土壤水分、温度、降水等气象要素等值线分析，自动报文生成，自动表格生成等。(5)建立报文上传系统。包括：AB 报上传、气候概况资料上传、加测墒情资料上传等。(6)建立服务产品上网传输系统。包括：按有关规定把服务材料、图形、表格等资料上网分发服务。(7)建立情报上传资料查询系统。主要用于检查上报报文漏报、少报、迟报的情况。(8)建立适合于省、地、县的农业气象情报质量业务考核系统。

主要完成单位：河南省气象科学研究所、河南省濮阳市气象局、河南省郑州市气象局

主要完成人：张雪芬、王良宇、陈怀亮、邹春辉、厉玉昇、付祥健、杨海鹰、徐爱东、薛龙琴、贾金明、杨光仙

获奖级别、时间：河南省气象局科学研究与技术开发二等奖、2004 年

（二十）项目名称：豫东地区旱稻气候适应性研究

项目来源：中国气象局

研究年限：2001—2003 年

研究内容：研究确定了旱稻的最佳耗水量、耗水规律及适宜土壤相对湿度；找出了温度、日照与旱稻生长发育的关系；建立了豫东地区旱稻高产栽培技术模式。试验研究表明：抽穗开花期日平均气温与空秕率呈显著的负相关，日平均气温在 20～30 ℃范围内，气温越高，空秕率越

低；开花后 6 天内日平均气温低于 22 ℃的天数与空秕率呈显著的正相关；灌浆期日平均气温在 17～30 ℃范围之内，温度越高，灌浆时间越长，穗粒重越高。供水量与旱稻的产量呈显著的正相关，而供水量与生育天数呈显著的负相关；拔节、开花和灌浆期保证水分供应，可以延长幼穗分化和灌浆时间。

主要完成单位：河南省气象科学研究所、河南省商丘市气象局

主要完成人：徐爱东、冉献忠等

获奖级别、时间：商丘市人民政府科学技术进步奖二等奖、2004 年

(二十一)项目名称：河南省墒情预报业务服务系统

项目来源：河南省气象局

研究年限：2002—2003 年

研究内容：根据农业可持续发展和气象业务发展的迫切需要，在大量研究工作的基础上，对河南省冬小麦土壤水分预报模型和优化灌溉模型进行了改进，并研制出基于 Windows 平台的计算机软件，为农田灌溉管理和服务提供了强有力的手段；新建立的夏玉米土壤墒情预报模型，为开展周年墒情预报服务打下了基础；深层土壤湿度和浅层土壤湿度的转换模型研究，为满足农业生产需要和充分利用现有观测台站资料开辟了一条新的途径；根据业务服务和宏观管理的不同需要，分别建立了市县级墒情预报模型和省级墒情预报服务系统，可进行农田土壤水分周年预报，通过投入业务运行，取得了较好的社会效益和经济效益。

主要完成单位：河南省气象科学研究所

主要完成人：刘荣花、赵国强、朱自玺、方文松、邓天宏、付祥军、冯敏、王友贺、侯建新、厉玉昇

获奖级别、时间：河南省气象局科学研究与技术开发二等奖、2004 年

(二十二)项目名称：越冬花椰菜气候适应性研究

项目来源：中国气象局

研究年限：2002—2004 年

研究内容：通过 2002—2004 年田间试验研究，利用数理统计方法确定了越冬花椰菜的耗水量和耗水规律；找出了影响越冬花椰菜产量和品质的主要气象灾害是低温冷害和高温热害，确定了花椰菜不同生育期的最适温度指标、最高及最低温度指标；提出了越冬花椰菜氮、磷、钾需肥比例及施肥指标；确立了提高越冬花椰菜产量和品质的苗床管理技术、中耕除草及束叶技术、病虫害防治技术、施肥技术、栽植技术、气象灾害防御技术等六项技术措施。

主要完成单位：河南省气象科学研究所、河南省商丘市气象局、河南省商丘职业技术学院、河南省商丘市农业局、河南省信阳师范学院、河南省宁陵县气象局、河南省虞城县气象局、河南省商丘农产品质量安全中心、河南省商丘市蔬菜办公室、河南省商丘市园艺工作站、河南省商丘市植保质检站

主要完成人：徐爱东、冉献忠、丁国超、贾利元、高兴福、曹宗波、徐喜梅、杨谦俊、张德领、郝齐芬等

获奖级别、时间：商丘市人民政府科学技术进步奖二等奖、2005 年

(二十三)项目名称：小麦、玉米、大豆三茬套种的光能利用和分析

项目来源：河南省气象局

研究年限:1977—1980 年

研究内容:该成果从田间试验入手,对不同带距(1.3,1.7,2.0,2.3 和 2.7 米宽)三茬套种的小气候特点进行了系统观测,揭示了光分布及株间乱流的特征,同时对植物群体叶面积、干物重、光合强度、灌浆速度等进行了比较系统的测定。运用生长分析法,确定了最佳带距,并探讨了边行增产的补偿能力,在立体用光方面具有明显的效益。通过分析,最佳带距为 2.0 米,辐射能收入增加 30%~60%,株间照度增加 0.4~1 倍,全年光能利用率比平作提高 17%。为耕作制度的改革提供了可靠的理论依据。

主要完成单位:河南省气象局农业气象试验站、河南省新乡地区气象局、河南省新乡地区农业科学研究所、河南省百泉农业专科学校

主要完成人:朱自玺、张全荣、周月玲、韩慧君、刘燕、高家明

获奖级别、时间:河南省气象局优秀科技成果三等奖、1980 年

(二十四)项目名称:合理利用农业气候资源,提高我省旱地农业生产潜力的研究

项目来源:河南省农村经济工作委员会及河南省农村发展研究中心

研究年限:1987—1988 年

研究内容:在前人研究的基础上,根据河南省各地气候特点及光、温、水等主要气候因子对小麦、玉米等主要农作物生长发育和产量的影响,定量分析了河南省京广线以西 11 个地市 48 个县 116.5 万公顷及黄淮海平原 66.67 余万公顷旱田的气候生产潜力,指明了河南省旱地有着巨大的增产潜力,并提出了一系列的以抗旱保墒和提高水分利用效率为中心的措施及建议。

主要完成单位:河南省气象科学研究所

主要完成人:汪永钦、刘荣花、蔡虹、杨海鹰

获奖级别、时间:河南省农村发展软科学研究成果奖三等奖、1988 年

(二十五)项目名称:河南省草山坡农业气候资源特征及其合理利用的探讨

项目来源:河南省农业资源区划办公室

研究年限:1987—1989 年

研究内容:研究河南省桐柏县优质高产牧草的气候生态条件,充分利用草资源饲养家畜家禽,制定牧业生产技术流程。

主要完成单位:河南省气象科学研究所

主要完成人:马效平、穆晓涛、范玉兰、王良启、周天增、葛仲甫、师良述

获奖级别、时间:河南省农业区划委员会颁发的重大科技成果三等奖、1990 年

(二十六)项目名称:濮阳市沿黄河中小尺度地区冬小麦气象卫星遥感监测预测应用技术研究

项目来源:河南省气象局

研究年限:1990—1992 年

研究内容:对沿黄小麦卫星遥感监测技术应用定点观测资料和气象卫星遥感资料进行平行分析,找出沿黄地区冬小麦苗情分类的农学指标,首次提出并建立了卫星遥感苗情分类指标动态方程,为沿黄地区卫星遥感冬小麦苗情分类提供了一套客观实用的方法。

主要完成单位:河南省气象科学研究所、河南省濮阳市气象局

主要完成人:毛留喜、许文孝、王银民、贾金明、韩相斌

获奖级别、时间:河南省气象科学技术进步奖三等奖、1993 年

(二十七)项目名称:小麦拌种药肥对小麦生长发育的影响

项目来源:河南省气象局

研究年限:1992—1994 年

研究内容:研究表明:小麦施用拌种药肥,可以提高出苗率 12%～18%;小麦拔节前发育期提早 1～2 天,单株分蘖数和大蘖数分别增加 0.4～1.3 个和 0.5～1.3 个,次生根条数增加 0.5～1.8 条,次生根长度增长 1.0～3.0 厘米;可以减少害虫危害植株 7%～16%,并且使虫口密度减少 200 头/百穗;可以提高粒数,有利于小麦形成大穗。

主要完成单位:河南省气象科学研究所

主要完成人:赵国强、张全荣、李昌、牛现增、邓天宏、方文松、党润生

获奖级别、时间:河南省气象科学技术进步奖三等奖、1994 年

(二十八)项目名称:河南省大别山粮食优质高产气候试验研究

项目来源:国家气象局扶贫项目

研究年限:1992—1994 年

研究内容:在大别山区腹地商城县,选择海拔高度不同的三个乡开展"杂交玉米气候生态适应性机制高产技术的研究"和"水稻地池二段育秧高产效益研究"。该项研究从解决山区边远区农民粮食自给问题出发,对大别山区边远区农业生产存在的气候问题和未来农业发展方向,在实地试验基础上,进行了系统的平行分析和深入研究。

主要完成单位:河南省气象科学研究所、河南省商城县气象局、河南省信阳地区气象局

主要完成人:马效平、穆晓涛、葛仲甫、范玉兰、周洪斌、王金海、付祥健、赵豫、刘业斌、杨中南

获奖级别、时间:河南省气象科学技术进步奖三等奖、1994 年

(二十九)项目名称:农业气象情报服务及实时和非实时资料数据库

项目来源:河南省气象局

研究年限:1992—1994 年

研究内容:(1)采用地面和空间配套的监测手段,定期和不定期编发农业气象情报及专题农业气象分析报告;编发小麦、玉米、棉花等主要作物的播种期、产量预报,干热风、旱涝及农业气象灾害预报及影响评价。(2)建立与农业气象信息传递及农业气象诊断、评价、预报相连,并能利用河南省气候中心建立的基本气象数据库,具有实时和非实时的资料收集、预处理、加工统计、整编归档和检索功能的农业气象数据库软件包,提供各种农业气象资料服务。

主要完成单位:河南省气象科学研究所

主要完成人:范玉兰、王良宇、付祥健、徐爱东、马效平、葛仲甫

获奖级别、时间:河南省气象科学技术进步奖三等奖、1995 年

(三十)项目名称:河南省高效农业耕作制气候资源利用研究

项目来源:河南省科学技术厅

研究年限:1995—1998 年

研究内容:包括:光、热、水气候资源的时空分布及高效耕作制中的定量指标;高效耕作制中农业生产潜力(光能生产潜力、光温生产潜力、光温水生产潜力)的开发与利用;三熟制与多熟制耕作模式;高效耕作制的效益分析。

主要完成单位:河南省气象科学研究所

主要完成人:张雪芬、王良启、史定珊、高伟力、陈怀亮

获奖级别、时间:河南省气象科学技术进步奖三等奖、1999 年

(三十一)项目名称:我省主要水稻品种光温特性鉴定

项目来源:河南省气象局

研究年限:1987—1989 年

研究内容:水稻品种的光温特性是其对原产地环境条件长期适应而形成的遗传特性之一,是水稻品种在不同环境条件下光、温生态发生变化的内因。因此,了解水稻各品种的光温特性,对品种的推广、应用及杂交制种工作有重要的意义。各地气候条件不同,各地在选育新品种时所选择的父母本及其光温特性也不同。准确地选择适合当地父母本进行杂交选育,并做到优选优育,才能育出适合当地气候条件的新品种。

主要完成单位:河南省气象科学研究所

主要完成人:艾敬贤、钱晓燕

获奖级别、时间:河南省气象科学技术进步奖四等奖、1992 年

四、未申报(未获)成果奖的省部级研究项目

(一)项目名称:黄淮平原冬小麦根系生长模型及吸水能力研究

项目来源:河南省科学技术委员会

研究年限:1994—1998 年

研究内容:冬小麦是深根系作物,其分布和吸水能力对土壤水分和作物生长发育有很大影响。河南省气象科学研究所于 1994—1998 年在郑州农田水分试验场进行了冬小麦根吸水的田间试验,分析了根长密度(RLD)、根重密度(RWD)和吸水速率在土壤中的分布,建立了冬小麦根系生长模型。研究发现:在 0～50 厘米土层内,RLD 和 RWD 分别占整个根系的 57.746%和 66.734%;50.1～100 厘米分别占 23.405%和 18.794%,向下明显减少,至 200.1～240 厘米土层内,分别只有 1.739%和 1.209%。在 0～100 厘米土层内,根量占整个根系根量的 80%以上;在 0～150 厘米内,占 90%以上。但是,根系吸水能力,深层根系远大于表层。因此,在确定墒情有效深度时,既要考虑到根量的多少,又要考虑到根系吸水能力的大小。综合分析,以含有 80%根量的土层深度为标准计算土壤有效含水量。在此基础上,进一步分析了正常年、丰水年和欠水年黄淮平原冬小麦播前底墒水的区域分布,为有效利用水分和实行节水灌溉提供了科学依据。

主要完成单位:河南省气象科学研究所

主要完成人:朱自玺、邓天宏、方文松、付祥军

(二)项目名称:农业干旱综合应变防御技术研究

项目来源:中国气象局“农业气象灾害防御技术研究”项目专题之一

研究年限:1999—2000 年

研究内容:(1)生物覆盖技术研究。在郑州市南郊小麦大田,选定集成试验地块 2～2.7 公顷,其中 0.67 公顷进行覆盖,并施行其他全套抗旱技术(深耕、底墒水、秸秆粉碎翻压、有限灌溉和喷施防旱剂);另外 1.3 公顷为不进行覆盖,但其他技术措施同上;再另外选 0.67 公顷,作

为对照地段。测定项目为田间持水量、土壤湿度、发育期、考种和实产。第二年,在同一大田地块上扩大至 6.67 公顷,其中 0.67 公顷为施行覆盖加底墒水、深耕、秸秆粉碎翻压、有限灌溉和喷施防旱剂;另外 5.33 公顷不进行覆盖,其他措施同上;还有 0.67 公顷不覆盖也不喷防旱剂,但其他措施同上。对照地段 1.3 公顷,系农民常规管理。测定项目同第一年。(2)多功能防旱剂研究。旨在试验的基础上,研究一种具有促生和防旱功能的化学制剂,在干旱发生之前,喷洒在植株叶面上,既对植株进行叶面施肥,又能够增加气孔阻力、减少蒸腾,起到防旱的作用。本试剂在上述大田中示范应用,并用于专题干旱综合防御技术集成试验。

主要完成单位:河南省气象科学研究所

主要完成人:朱自玺、赵国强、邓天宏、方文松、付祥军、许蓬蓬、杨光仙

(三)项目名称:华北地区冬小麦干旱灾害影响评估技术研究

项目来源:中国气象局

研究年限:2002—2003 年

研究内容:(1)冬小麦干旱灾害风险评估技术。研究冬小麦干旱发生的时间、强度、频率及范围,确定冬小麦的干旱指标和干旱评估技术,建立干旱风险评估模型。(2)冬小麦干旱灾害风险区划研究。研究华北地区冬小麦干旱灾害的风险区划技术和方法,编制主要影响地区的风险区划。(3)冬小麦干旱灾害灾损评估技术研究。研究干旱灾害造成的冬小麦产量、经济灾损率及灾损变异率;产量、经济灾损单一综合风险指数;风险估算技术方法。建立冬小麦干旱灾害对农业产量、经济损失影响的风险度评估价值模型。

主要完成单位:河南省气象科学研究所

主要完成人:刘荣花、朱自玺、方文松、付祥军、邓天宏、王良宇、陈怀亮、厉玉昇、邹春辉

(四)项目名称:黄淮平原农业干旱监测预警与综合防御技术推广应用

项目来源:国家科学技术部农业科技成果转化资金项目

研究年限:2005—2007 年

研究内容:在以往研究成果的基础上,进一步摸清黄淮平原小麦、玉米干旱发生规律;利用遥感、数值天气预报、农业气象模式和 GIS 技术,特别是引进 EOS/MODIS 资料和 RegCM3 区域气候模式,完善干旱监测、预警方法和模型,优化监测预警系统;针对地区特点,示范推广农业干旱综合防御技术,完善农业干旱综合防御决策服务系统;建立 WebGIS 服务平台,通过 Internet 发布干旱监测预警与综合防御动态信息;根据冬小麦根系生长发育模型,探索黄淮平原冬小麦底墒水的分布规律和变化特征,为该地区制定干旱防御措施和实行有限灌溉提供科学依据。项目开发完善的离散点土壤墒情预报软件在安徽、江苏、山东部分地市和河南全省推广应用,改进的垂直干旱指数模型(MPDI)和基于遥感、RegCM3、农业气象模式的干旱预警模型在河南省农业气象服务中心实现业务运行,并通过 Internet 发布信息,遥感监测平均精度达 83%以上,干旱预警准确率达 85%以上。

主要完成单位:河南省气象科学研究所

主要完成人:陈怀亮、刘荣花、赵国强、方文松、邹春辉、厉玉昇等

(五)项目名称:黄淮平原农田节水灌溉决策服务系统推广应用

项目来源:国家科学技术部农业科技成果转化资金项目

研究年限:2006—2008 年

研究内容:(1)分析了黄淮平原冬小麦干旱发生原因及规律、冬小麦根系分布规律、黄淮平原冬小麦底墒水分布规律和冬小麦灌溉需水量分布。(2)改进了垂直干旱指数模型(MPDI),并在MODIS墒情监测中进行了应用;将土壤表层水分含量指数方法(SWCI)与归一化植被指数法(NDVI)进行了对比分析。(3)模拟了冬小麦、夏玉米不同灌水条件下产量、品质、水分利用效率等的变化及不同时段水分亏缺对作物产量的负效应,根据模拟结果,对"黄淮平原农田节水灌溉决策服务系统"中的灌溉建议进行了补充。(4)改进了格点化土壤水分预报模型和节水灌溉预报模型;优化了单点土壤水分预报模型,并增加了以取得最高产量和最佳经济效益为目标的灌溉决策模型。(5)单点墒情预报和节水灌溉决策软件在安徽、江苏、山东和河南部分地市进行了推广应用,格点化土壤墒情和灌溉量预报系统在河南省农业气象服务中心实现业务运行。

主要完成单位:河南省气象科学研究所

主要完成人:刘荣花、赵国强、陈怀亮、方文松、邓天宏、邹春辉、厉玉昇等

(六)项目名称:华北地区主要农作物农业气象指标体系的建立与完善

项目来源:中国气象局气象新技术推广项目

研究年限:2007—2008年

研究内容:立足于农业气象指标研究的实际意义,在前期试验和历史资料收集的基础上,运用数理统计、田间试验和调查分析相结合的方法,研究提出并验证了华北地区主要作物冬小麦、夏玉米和棉花主要生育期的光、温、水等适宜农业气象指标;完善了影响华北地区冬小麦、夏玉米和棉花生长发育的主要农业气象灾害指标;建立了相应的指标体系和数据库,编写了《河南省现代农业气象业务服务实用手册——农作物分册》,开发了"华北地区主要作物农业气象指标查询系统"软件,并投入农业气象日常业务服务应用。

主要完成单位:河南省气象科学研究所

主要完成人:刘荣花、李春强、薛晓萍、申双和、方文松、邓天宏、付祥健、李树岩、成林、马青荣

(七)项目名称:冬小麦干旱风险动态评估模型研究

项目来源:国家自然科学基金项目

研究年限:2009—2011年

研究内容:(1)干旱风险动态评估指标。利用大气、作物、土壤等资料,提取致灾信息,分析冬小麦不同发育阶段的致灾因子,确定不同发育阶段各致灾因子的量化指标,构建干旱风险的动态评估指标体系。(2)不同生育阶段产量灾损贡献系数。从不同发育期干旱影响小麦生长发育的机理研究入手,定量评价不同发育阶段干旱对小麦产量的影响程度,包括减产量、稳定度等因素,确定冬小麦各发育阶段干旱的产量灾损贡献系数,即各发育阶段干旱造成减产的权重。(3)干旱风险动态评估模型及冬小麦干旱风险的动态评估业务软件开发。根据获得的抗灾性、适应性、评估指数等风险因子,研究以旬为单位的冬小麦干旱风险的估算技术和表征模型,建立冬小麦干旱影响产量和经济损失的动态评估模型。

主要完成单位:河南省气象科学研究所

主要完成人:刘荣花、赵国强、陈怀亮、王纪军、邓天宏、方文松、李树岩、成林、马青荣

(八)项目名称:干热风预报与影响评估业务服务系统推广应用

项目来源:中国气象局气象新技术推广项目

研究年限:2010 年

研究内容:(1)在过去研究的基础上,利用自动监测站资料和中小尺度天气预报技术完善干热风预报技术方法。(2)利用历史气象资料及不同类型干热风灾害指标,分析高温低湿及雨后青枯两种干热风类型的发生频率、时空分布格局变化规律,探讨干热风发生规律。(3)通过灾情调查、数理统计等多种手段充实干热风评估指标体系,完善干热风定量评估模型;运用干热风灾害评估指标和相关技术方法对近年来发生在河南省的干热风灾害典型个例进行反算测试。(4)将预报与评估技术集成,同时结合前人的研究成果建立完善干热风预报与影响评估业务服务系统,并在河南、河北、山东推广应用。

主要完成单位:河南省气象科学研究所

主要完成人:方文松、刘荣花、李桢、李树岩、成林、厉玉昇、张志红、杜子璇、余卫东、张金飞、任金玲

第四节 农业气候区划研究

农业气候区划研究是配合农业区划工作进行的。河南省共进行过三次农业气候区划工作:

1. 1963 年 12 月,中央气象局为了适应国家制定农业发展规划纲要的需要,在全国气象局长会议上,研究决定开展农业气候区划工作。1964 年 4 月中央气象局在苏州召开了第一次"全国农业气候区划工作会议",会议提出农业气候区划要调查研究与资料分析相结合。1964 年 5 月,河南省气象局成立了"河南省气象局农业气候区划办公室",抽调 10 多位农业气象科技人员,分成三个农业气候资源调查组,分赴豫北、豫中、豫南、豫西等数十个地(市)、县,开展了广泛的农业气候资源调查和实地考察,短短几个月,获得了大量的第一手资料,经过整理分析,于 1965 年完成了"河南省省级综合农业气候区划"。

2. 1979 年,国务院决定在全国开展自然资源调查和农业区划工作。河南省气象科学研究所在 20 世纪 60 年代工作的基础上,于 70 年代末又开展了第二次农业气候区划工作。1979 年 12 月编撰了"河南省农业气候区划概述",把河南划分成七个农业气候区:淮南春雨丰沛温暖多湿区、南阳盆地温暖湿润夏季多旱涝区、淮北平原温暖易涝区、豫东北平原春旱风沙易涝区、太行山区夏湿冬冷干旱区、豫西丘陵干旱少雨区及豫西山地温凉湿润区等,并根据各区农业气候及自然条件特点,分别提出了农业发展的措施和建议。继之,完成了包括八种作物和种植制度在内的《河南省单项作物区划》。1980—1983 年河南省气象局农业气候区划办公室编撰了县级农业气候区划技术指导细则和验收条例。1983 年获河南省政府优秀科技成果二等奖 2 项,三等奖 11 项。

3. 20 世纪 90 年代中期,全国农业生产的重点已由单纯追求产量,向产量、质量和效益并重的方向发展。气候异常也对农业产生较大的影响。为了适应新形势的要求,中国气象局于 1997 年 12 月下发了《关于组织开展第三次农业气候区划试点工作的通知》。河南为试点省份之一。1998 年 10 月,河南省气象局制订了"河南省第三次农业气候区划工作方案",并成立了领导小组、技术组和办公室。通过近三年的研究,完成了河南省农业气候区划信息条例(ACDIS)及区划产品制作流程、河南省气候资料数据库及检索系统、河南省农业统计景观和卫星遥感影像数据库及管理系统、CITYSTAR 地理信息系统的引进及应用、农业气象观测记录

表的数据库管理条例软件开发、农业气候区划指标库和查询系统的建立、气候资源小网格推算方法以及基于CITYSTAR的小网格气候资源推算与区划产品制作系统；建立了地理背景数据管理系统、河南省农业气候资源动态监测评估系统；完成了“河南省小麦农业气象灾害风险区划”等。试点工作于2000年5月顺利通过验收。所取得的主要区划成果为：“河南省农业气候资源区域特征及其区划报告”、“河南省小麦生产农业气象灾害风险区划”、“郑州市优质小麦农业气候区划”、“巩义市优质小麦农业气候区划”、“伊川县农业气候资源调查和区划报告”和“扶沟县农业气候资源调查和区划报告”。

农业气候区划研究还开展了气候资源合理开发与利用等其他方面的研究。

一、获得国家级奖的研究项目

项目名称：中国亚热带东部丘陵山区农业气候资源及其合理利用

项目来源：国家气象局

研究年限：1982—1989年

研究内容：利用历年气象观测资料，研究中国亚热带东部丘陵山区降水、温度、风等要素的时空分布特征，探讨该区域农业气候资源合理利用的途径。

主要完成单位：国家气象局、中国气象科学研究院、福建省气象局、江西省气象局、河南省气象局、安徽省气象局、湖北省气象局、湖南省气象局、广东省气象局、南京气象学院

主要完成人：沈国权、陈遵鼐、吴崇浩、张养才、周天增、姜效泉、倪国裕、郝晓权、沈雪芳、王相文、姚介仁、李文、王善型、翁笃鸣

河南省主要参加人：王良启、马效平、范玉兰

获奖级别、时间：国家科学技术进步奖二等奖、1992年

二、获得省部级奖的研究项目

(一)项目名称：全国第三次农业气候区划试点研究及应用

项目来源：中国气象局

研究年限：1997年12月—2000年5月

研究内容：从可持续发展的观点出发，在原有农业气候区划成果的基础上，该项目主要研究成果为：(1)建立了“农业气候区划信息系统(ACDIS)”，包括基础地理信息管理、农业气候资源信息管理、农业背景信息管理、小网格气候资源推算、农业气象观测记录报表管理、农业气象区划指标管理、农业气候资源监测评价、区划产品制作、区划成果演示等9个方面的内容；(2)分别完成了省级、县级综合农业气候区划；(3)分别完成了名、优、特、新、稀产品及最佳种植模式等多项专题性农业气候区划；(4)完成了主要农作物农业气象灾害风险区划。

主要完成单位：江西省气象科学研究所、黑龙江省气象中心、北京市气候中心、河南省气象科学研究所、陕西省农业遥感信息中心、湖南省气候中心、贵州省气象中心

主要完成人：邹立尧、曹华盖、郭文利、殷剑敏、莫建国、陈怀亮、朱琳、黎祖贤、郭兆夏、陈莉、曾光善、赵国强、刘品高、奚文、魏丽

获奖级别、时间：中国气象局科学研究与技术开发二等奖、2004年

(二)项目名称:河南省专题农业气候分析和区划(含河南省种植制度的降水资源分析、河南省棉花气候生态区划、河南省小麦农业气候生态区划)

项目来源:中央气象局农业气候区划办公室

研究年限:1979—1981年

研究内容:根据灌溉试验资料,统计了不同作物产量与耗水量的关系,运用数学方法确定了最佳耗水量,进而确定了不同作物全生育期所需降水量指标。并根据作物耗水规律,确定了每种作物的最大耗水阶段和需水关键期及其降水指标。以上述三种指标为根据,按照作物不同组合,对河南全省57个站点的近30年降水资料进行模糊相似选择和时段综合评判,进而划分了河南省小麦—水稻、小麦—玉米、小麦—大豆、小麦—谷子一年二熟及小麦—玉米—小麦、小麦—大豆—小麦二年三熟等熟制的适宜区、次适宜区及不适宜区等,为河南省种植业区划提供了降水资源依据。该项目着眼于以自然降水为主,灌溉为辅,对有效利用水资源有重要意义,并为河南省种植业区划所采用。在历史气象资料、棉花和小麦产量资料的基础上,研究分析了影响棉花、小麦生长发育、产量形成和品质优劣的有利和不利的气候条件,确定了光、热、水指标,并进行了气候分区,为合理利用气候资源、提高棉花和小麦生产水平提供了科学依据。

主要完成单位:河南省气象局农业气象试验站,河南省固始县、偃师县、遂平县气象站,河南省新乡、洛阳地区气象局

主要完成人:朱自玺、关文雅、韩慧君、艾敬贤、祁中贵、赵清臣、周月玲、侯建新、李文质、潘德修、王建政

获奖级别、时间:国家气象局农业气候资源调查和农业气候区划三等奖、1982年

(三)项目名称:河南省单项农业气候分析和区划成果汇编

项目来源:河南省农业资源气候区划办公室

研究年限:1981—1982年

研究内容:根据中央气象局和河南省农业区划委员会历次会议精神和要求,结合河南省农业结构和作物布局现状,于1980年以来,开展了几种主要作物及种植制度等12种单项作物农业气候试验研究和区划工作。主要研究分析了各种作物在生产中存在的气候问题(如何趋利避害和高产稳产等气候问题),并根据农业气候相似原理,做出各种农业气候区划,为河南省农业区划和其他科研单位及生产部门提供科学依据。

主要完成单位:河南省气象局农业气候区划办公室,河南省气象局农业气象试验站,河南农学院,河南省信阳、驻马店、许昌、南阳、新乡、安阳、商丘、周口地区气象局

主要完成人:关文雅、刘汉涛、韩慧君、赵清辰、李抗美、李自强、申刚、王震庭、刘兴明、姚化先、孙秀苓、周占山、徐文波、董中强、朱自玺、艾敬贤、周月玲

获奖级别、时间:河南省人民政府三等奖、1983年

(四)项目名称:河南省农业气候资源区域特征及其合理开发利用的研究

项目来源:国家气象局

研究年限:1989—1992年

研究内容:从农、林、牧、渔全面发展的战略思想出发,针对河南全省农业生产中主要的农业气候问题和未来农业发展方向,在多年来省、地、县各级农业气候资源调查和区划、农业气候考察、主要作物单项气候区划等大量基础性工作和研究成果的基础上,运用数理统计等先进技

术方法，对全省100多个气象台站的系统资料、山地实地考察资料及各类生物种群的生物学资料等，进行系统的平行分析和深入研究。主要研究成果包括：(1)找出了全省自然降水时、空分布状况和变化规律，确定了山区热量条件垂直变化特征，找出了温度垂直递减率，划分了山区立体农业气候带、农业开发层、逆温层，确定了河南亚热带北界的位置；(2)分析了日照状况及年、季光合有效辐射值和光质，找出了光合有效辐射高值区和低值区；(3)分析了农、林、牧等的农业气候生产潜力，找出了小麦、水稻、树木、牧草的农业气候生产潜在生产量；(4)对12种农作物和19种经济林、果、药进行了农业气候条件鉴定，确定了适宜、次适宜、不适宜等不同类型区域范围；(5)用主导与辅助因子相结合的方法，对河南省农业气候进行区划。

主要完成单位：河南省气象局，河南省气象科学研究所，河南省商城县、扶沟县、信阳地区气象局

主要完成人：谭令娴、马效平、范玉兰、王良启、葛仲甫、穆晓涛、张海峰、付祥健、王良宇、王金海、赵天毓、张梅英、刘业斌、宋德强、徐建勋

获奖级别、时间：中华人民共和国农业部农业资源区划科学技术成果三等奖、1996年

三、获得厅局级奖的研究项目

项目名称：河南省第三次农业气候区划及应用

项目来源：中国气象局预测减灾司

研究年限：1997—2000年

研究内容：(1)建立农业气候资源及区划信息系统。建立农业气候资源数据库，实现对农业气候资源的动态监测、一级农业气候区划的自动编制和可视产品制作；根据主要农作物生长发育关键期对气候条件的要求，对实况进行动态监测、评价、分析。(2)建立省级综合区划。充分利用多年气象资料及“3S”技术，分析农业气候资源现状及历史演变规律，修订综合农业气候区划；分析农业气候资源各要素数量、质量的时空分布及其相匹配情况，建立农业气候资源最佳配置模式。(3)编制专题性农业气候区划。根据两高一优农业和可持续发展的要求，从发挥区域农业气候资源优势出发，编制名、优、特、新、稀产品及最佳种植模式等专题性农业气候区划。(4)编制主要农作物气候灾害区划。从趋利避害、降低生产风险、科学决策的目的出发，编制影响河南主要农作物生长的关键气候灾害风险区划。

主要完成单位：河南省气象科学研究所，河南省气候中心，河南省气象台，河南省伊川县、扶沟县气象局

主要完成人：赵国强、陈怀亮、程炳岩、邹春辉、徐爱东、范玉兰、刘荣花、王良宇、朱业玉、马振生

获奖级别、时间：河南省气象局科学研究与技术开发奖一等奖、2004年

第五节 其他相关研究

河南省气象科学研究所除承担上述研究任务外，还承担其他与气象有关的研究。这些研究，是应当时经济发展、气象业务、社会公益、应对自然灾害的需要而进行的，譬如，资源调查、气象服务、大气环境评价、人工降水等。有些研究项目，由于机构变动，持续时间较短，也把它列入此类。这类研究也取得了重要的科研成果，并获得了各种奖励。

一、获得省部级奖的研究项目

(一)项目名称:人工影响天气优化技术研究

项目来源:河南省重大科技攻关项目

研究年限:1997—2000 年

研究内容:本项目采用云物理观测、数值模拟和外场科学试验相结合的技术路线,通过大量历史资料总结、外场科学试验实时资料分析和数值模拟研究,揭示了区域层状云的宏、微观物理结构特征和发展演变规律,提出了比较完整的河南省层状云人工增雨条件、判据指标、识别方法和催化作业指标;研制了中尺度层状云系数值模拟预报实时业务系统,已实现稳定运行,并在人工增雨条件选择、作业方案决策和定量降水预报等方面进行了开发性应用,填补了国内外云模式业务化应用的空白;在上述理论研究和科学试验基础上,设计开发了新一代人工影响天气业务技术系统,已形成合理的业务流程,为指挥人工影响天气提供了自动化程度较高的决策平台。

主要完成单位:河南省人工影响天气指挥中心、河南省气象台、河南省气候中心、河南省气象科学研究所

主要完成人:张存、周毓荃、李念童、李铁林、张素芬、程炳岩、胡鹏、连续发、黄毅梅、吴蓁

获奖级别、时间:河南省科学技术进步奖二等奖、2001 年

(二)项目名称:河南省决策气象服务系统研究

项目来源:河南省科学技术厅

研究年限:1998—2000 年

研究内容:河南省决策气象服务系统由业务平台、服务平台组成。业务平台共分 13 个子系统:全省降水、黄河防汛、全省气温、全省灾情、防汛气象指标、农业气象、全省风速、数据管理、周年服务方案、关于系统、等值线自动分析、重要事务备忘录、服务业务管理等。服务平台为政府部门提供 www 浏览器下的决策服务信息、常规气象信息的浏览。业务平台共有 198 项功能:可提供 30 种彩色(黑白)图形,30 种图形文件,31 种书面(电子)表格,70 种屏幕显示图、表,31 种文本文件产品;可进行气象要素计算机等值线、面分析等。

主要完成单位:河南省气象台、河南省气象科学研究所、河南省图灵信息技术有限责任公司

主要完成人:张绍本、方立清、张新霞、顾万龙、艾艳、连续发、杜明哲等

获奖级别、时间:河南省科学技术进步奖二等奖、2001 年

二、获得厅局级奖的研究项目

(一)项目名称:大气污染输送扩散规律软件包的研究

项目来源:河南省气象局

研究年限:1992—1993 年

研究内容:包括污染气象规律研究,大气污染物输送扩散规律研究,计算结果表格及多维图形生成、输出子软件包开发三部分,该软件包具有功能强大、内容丰富、界面友善、兼容性好、便于继续开发的特点。

主要完成单位:河南省气象科学研究所

主要完成人:郑子龙、陈东、胡鹏、郑银鹤、王良启、侯建新、郭建喜

获奖级别、时间:河南省气象科学技术进步奖二等奖、1993 年

(二)项目名称:省级气象业务系统标准化管理

项目来源:中国气象局

研究年限:1994—1995 年

研究内容:调查省级气象业务系统现状;研究省级气象业务系统发展趋势;从标准化管理角度,为省级气象业务系统建设提供先进、可行的实施意见。

主要完成单位:河南省气象局业务处、河南省气象科学研究所、河南省气候中心、河南省气象台

主要完成人:闫西安、季书庚、鲁天炳、张存、董官臣、师大运、程炳岩

获奖级别、时间:河南省气象科学技术进步奖二等奖、1996 年

(三)项目名称:郑州城市大气污染与工业合理布局研究

项目来源:河南省气象局

研究年限:1997—1998 年

研究内容:对郑州市区 SO_2 和 TSP(总悬浮颗粒物)提出了有不同适用范围的三套城市环境气象预报方法——污染潜势预报方法、统计预报方法和扩散模式预报方法。统计预报可以对郑州市 4 个主要空气质量监测点和 10 个主要关注点的污染物浓度进行定量预报;扩散模式预报可以提供郑州市区的动态、定量环境预报。结合郑州市历年气象资料、空气质量现状监测资料和 ATDL(大气湍流与扩散实验室)城市大气污染物扩散模式,对郑州市工业的合理化布局进行了论证,提出了对郑州市区现有工业进行合理调整、改造,以及对新发展工业合理布局的建议。

主要完成单位:河南省气象科学研究所

主要完成人:郑子龙、陈东、李清梓、熊杰伟、段立新、郑银鹤、胡鹏、申战营、冶林茂

获奖级别、时间:河南省气象科学技术进步奖二等奖、1999 年

(四)项目名称:河南省县级气象业务服务系统

项目来源:河南省气象局

研究年限:1997—1999 年

研究内容:该项研究包涵了县级气象部门基本业务的各个方面,主要包括:气象报码的编译和报表的生成、制作等农业气象基本业务;遥感苗情图、墒情图等多种信息图件的显示、输出;以数值预报产品和省、市气象台指导预报为主,建立的预报平台和预报评分方法;以县站 30 年整编资料为基础建立的气候服务系统,以及测报管理、通信和气象信息发布等部分。该系统通用性、针对性强,自动化程度高,规范了县级基本业务流程,可供县级台站使用。

主要完成单位:河南省气象科学研究所、河南省气象台、河南省确山县气象局

主要完成人:董官臣、冶林茂、王良宇、乔春贵、李朝兴、邹春辉、梁青光、马振升、申战营

获奖级别、时间:河南省气象局科学研究与技术开发二等奖、2002 年

(五)项目名称:Gstar-I 紫外线监测仪研制

项目来源:河南省气象局

研究年限:2002—2003年

研究内容:Gstar-I紫外线监测仪由硬件和软件两部分组成。硬件由五部分组成,包括紫外线传感器、模数转换、MCPU数据处理、RS-232串口通信和PC机;软件由两大部分组成,一部分是单片机C51编程,一部分是PC机上采用Borland C++Builder 6.0编程。其中最重要的核心软件是在Windows操作系统下的紫外线实时监测和预报系统,该软件主要由系统设置、实时紫外线强度监测数据库、紫外线指数预报和语音系统所组成。系统主要功能:(1)紫外线辐射强度指数实时采集、计算和预报功能;(2)历史数据的查询、筛选、修复和变化曲线显示功能;(3)生成语音信箱功能;(4)报文编发功能;(5)给人们提出预防对策的功能。

主要完成单位:河南省气象科学研究所,河南省专业气象台,河南省商丘市、项城市气象局

主要完成人:冶林茂、厉玉昇、刘爱香、王继民、李峰、杨海鹰、王敏

获奖级别、时间:河南省气象局科学研究与技术开发二等奖、2005年

(六)项目名称:丘陵坡地条件下火电厂烟囱优化设计研究

项目来源:河南省电力工业局

研究年限:1997—1998年

研究内容:研究完成细网格高分辨率的边界层数值模式和随机行走的污染物扩散模式,两种模式联合,对复杂地形条件下的污染物浓度进行预测,从而确定电厂烟囱的位置和高度。

主要完成单位:河南省气象科学研究所

主要完成人:郑子龙、胡鹏、熊杰伟、陈东

获奖级别、时间:河南省电力工业局科技进步奖三等奖、1999年

第六节 成果转化

河南省气象科学研究所承担的研究项目大多数为应用研究或应用基础研究,理论研究项目很少。这些项目,都具有很强的实用性和业务针对性。如:天气方面的定量降水预报研究、夏季短期大—暴雨EMOS预报方法研究、可能最大暴雨等值线图的绘制、暴雨致洪预警系统研究、熵诊断研究等,其研究成果均不同程度的在河南省气象台、地市气象台预报业务中使用;气候方面的主要气候灾害规律研究、气象灾害监测预报及其减灾对策研究等,其研究成果为评价灾害对社会和经济的影响,有针对性地制定防灾、减灾和抗灾的应对措施发挥了重要作用;农业气象方面的农田节水灌溉决策服务系统研究、冬小麦优化灌溉模型及应用技术研究、农业干旱综合防御技术研究、小麦不同生态类型区划分及其生产技术规程研究、干热风发生规律与防御技术研究、温棚蔬菜CO_2施肥技术研究、不同土壤类型卫星遥感墒情监测研究、农业气象系列化服务技术研究等,均具有很强的实用性,其研究成果可以直接在生产上进行应用。

每一个研究项目,特别是农业气象,在研究的过程中,基本上都遵循着"边研究、边试验、边应用、边完善"的技术路线。在项目完成时,已在成果转化方面做了一定的工作,取得了一定的经验。几乎每一个重大研究项目,在项目完成时,均得到政府部门、生产单位和广大用户的认可,并提供了大量的经济效益和社会效益的证明材料,真实地反映了这些项目在生产和业务中所起的作用。同时,本所实行的"科研—业务—服务"一体化的体制,也确保了多项农业气象研究项目结束后直接转化为业务服务项目,对本省农业气象业务服务发展起到了重要的支撑作用。如粮食产量气象预测预报、北方冬小麦气象卫星动态监测及估产系统、冬小麦干旱监测评

估、农业气象情报预报系统、农田节水灌溉决策服务系统、夏玉米农业气象系列化服务技术等研究项目均转化为业务服务项目，目前仍在业务服务中正常使用，有力地支撑了河南省农业气象业务服务的发展。

对于一些有应用前景的重大研究项目，在研究阶段结束之后，项目主管部门特别建议推广应用，并予以立项，进行更大范围的推广应用工作。譬如，在“华北平原作物水分胁迫和干旱”研究项目中，针对华北地区干旱特征、土壤水分预报、优化灌溉模型及应用技术等，提出了一整套技术方法，国家科学技术委员会建议推广应用，并以“华北地区小麦优化灌溉技术推广”立项，在华北地区推广应用，为缓解华北地区水资源紧张发挥了作用。

“黄淮平原农业干旱与综合防御技术研究”项目，在完成后，国家科学技术部建议推广应用，并予以立项，进行成果转化。该项目在两年的推广应用中，累计推广面积 9.22 万公顷，小麦平均增产 6.2%，玉米增产 6.8%，共增产粮食 4290 万千克，增收节支 7839 万元；冬小麦减少灌溉 1～2 次，夏玉米减少灌溉 1 次，累计节约用水约 7737 万立方米。经济效益和社会效益明显。在成果转化的过程中，除定期发布相关情报、预报和提出建议外，还利用广播、电视、网络等媒体，向广大用户进行宣传，扩大应用效果。

在小麦干热风的研究过程中，不仅提出了防御干热风的具体方法，如喷洒草木灰水、磷酸二氢钾和石油助长剂等，而且确定了适宜的喷洒时间、喷洒量等技术指标。1979—1982 年，该措施在全省推广应用，仅喷洒磷酸二氢钾防御干热风的面积就达 333.3 万公顷，经与 4000 多个对照点进行对比，核算出河南省喷洒磷酸二氢钾防御干热风，4 年的纯收益为支出的 7 倍，是一项成本低、效益高的有效技术措施。

第四章　生态与农业气象业务服务

农业气象预报、情报、观测和卫星遥感监测，都是农业气象工作的基本业务，也是开展气象为农业服务的重要手段。河南省气象科学研究所的前身郑州气候站(后改建为郑州农业气象试验站)早在20世纪50年代就先后开展了大气候和农业气象观测，并编写和发布了农业气象情报和预报。从20世纪80年代后期，又先后开展了作物产量预报，土壤墒情预报，病虫害发生气象等级预报，作物适宜播种期、收获期预报，以及灌溉、施肥、储藏等多种农用天气预报等。

自从20世纪80年代末卫星遥感技术应用以来，遥感监测业务由冬小麦苗情、土壤墒情、森林火点监测，逐步发展到洪涝、水库水域、森林植被、大雾、秸秆焚烧、积雪、晚霜冻、土地沙化、土地利用变化、地热异常等众多领域。

第一节　农业气象情报

农业气象情报是分析、鉴定过去和当前的农业气象条件及其对农业生产的影响，并提出相应对策的信息报道。农业气象情报能使广大用户及时了解过去一段时间的天气、气候特点及其对农业已经产生的影响，以便有针对性地采取措施，充分利用有利的气象条件，防止或减轻不利气象条件的影响。因而，它是各级政府、领导机关、生产部门和广大农户制定生产计划、决策指挥生产、防灾减灾的重要依据，也是气象为农业生产服务的重要形式之一。

河南省农业气象情报工作开始于20世纪50年代后期，根据中央气象局1958年1月17日下发的《关于开展全国农业气象旬报服务工作的通知》，郑州农业气象试验站从1958年起就开始编发单点的土壤墒情情报并定期上报中央气象局。河南省气象台也于1958年开始编发全省的农业气象情报，内容包括：雨情、墒情、灾情和温度情况等。“文化大革命”期间中断，直到20世纪70年代末又重新开展。1982年5月开始执行中央气象局修改下发的《农业气象旬月报电码》(HD-02)，并逐步建立了全省农业气象情报服务网。1992年8月，根据河南省气象局把农业气象业务集中在一起的决定，农业气象情报工作由河南省气象台转至河南省气象科学研究所农业气象服务中心。

农业气象情报包括定期和不定期两大类，主要服务于各级政府和农业生产部门。有些服务产品除了向上述政府部门报送外，还通过电视、电台、互联网、农村有线广播、手机短信等渠道直接为社会公众和广大农民服务。

一、定期农业气象情报

定期的农业气象情报有明确的时间要求，是气象业务部门定时发布的一种基本的农业气象服务产品，包括农业气象旬报、农业气象月报、农业气象周报和土壤墒情监测公报等。

(一)农业气象旬报

内容包括本旬天气概况(气温、降水、日照)、本旬作物生长状况及主要农业气象条件综述、本旬主要灾情报告、本旬实测土壤墒情及未来土壤墒情预报、下一旬天气与农业等。它具有周期短、时效快的特点,用户通过旬报能及时了解农业生产适时动态变化。每年定期发布旬报36期。

(二)农业气象月报

内容包括本月天气概况(气温、降水、日照)、本月作物生长状况及主要农业气象条件综述、本月主要灾情报告、未来土壤墒情预报、下月天气与农业以及生产建议等,每年定期发布月报12期。

(三)农业气象周报

为了使情报服务周期能够与常规工作日相吻合,更好地为各级政府提供决策服务,河南省气象科学研究所率先在国内开始编制农业气象周报。由河南省气象局业务处制订下发了统一的电码、业务流程、考核办法,并从2002年9月份起开始正式发布。全年52期,周日编制,周一对外发布。农业气象周报的内容与旬、月报基本相同。

(四)农业干旱监测信息和土壤墒情监测公报

按照中国气象局文件要求,从2005年7月中旬开始增加编发《河南农业干旱监测信息》,并逐旬、逐月定时收集全省118个站上传的自动土壤水分观测资料,加以整理、审核后,上报国家气象中心;从2008年1月1日起每旬逢1、6根据各站提供的土壤水分观测资料,加以分析、制图,制作《河南省土壤墒情监测公报》,上报国家气象中心,并对外发布。

(五)作物系列化服务材料

主要针对作物不同发育阶段的气象条件状况及其影响做出分段评述及全生育期评价。作物系列化服务是根据卫星遥感监测资料和全省14个监测站、42个农业气象产量预报监测点的定期观测资料以及4次实地调查资料,对冬小麦、夏玉米等主要作物进行综合评价分析,开展定期的农业气象保障服务。河南省主要作物系列化服务材料发布时间见表4-1。

表4-1 河南省主要作物系列化服务材料时间表

作物名称	服务产品	发布时间
冬小麦	冬小麦适宜播种期预报	9月20日前
	冬小麦冬前苗情长势分析	1月15日
	冬小麦第一次产量预报	3月15日
	冬小麦第二次产量预报	4月15日
	冬小麦第三次产量预报	5月15日
	冬小麦全生育期评价	7月20日
夏玉米	夏玉米适宜播种期预报	5月20日
	夏玉米第一次产量预报	7月15日
	夏玉米第二次产量预报	8月15日
	夏玉米全生育期评价	10月30日
棉花	棉花第一次产量预报	6月25日
	棉花第二次产量预报	8月15日
	棉花全生育期评价	11月30日

二、不定期农业气象情报

不定期的农业气象情报是在关键农事期或农事季节，针对用户急需掌握的情况或亟待解决的问题，及时准确地提供的基本农业气象情报，它针对性强，是农业气象定期服务产品的重要补充。

不定期的农业气象情报包括对干旱时期土壤墒情、病虫害发生发展、突发性农业气象灾害（如冰雹、冻害、干旱、洪涝等）的调查分析和灾后影响分析评估等。例如，1998年秋冬连旱、2003年夏季淮河流域特大洪涝灾害、2006年9月全省大部分地区偏旱影响麦播、2008年年初豫南地区遭受到冰冻灾害、2008—2009年秋冬连旱、2009—2010年冬季干旱的相关分析材料等。对于突发性的气象灾害，经常会同河南省气象台、河南省气候中心等单位，以河南省气象局的名义及时向省委、省政府和有关单位报送灾情分析、评估服务材料，取得了良好的服务效果。此外，针对冬小麦、夏玉米等农作物受气象条件影响，还不定期加发专题服务材料。

三、资料收集与处理

50多年来，随着通信和计算机技术的不断发展，气象资料收集方式也相应不断地改进，处理水平大大提高，目前，已在计算机网络上完全实现了资料的自动接收和处理。

从20世纪50年代末以来，气象资料收集方式大致历经了三个不同阶段：50年代末至80年代初，各监测点观测资料按照中央气象局规定的统一电码格式编报，通过当地邮电（信）部门将观测资料传至河南省气象台；80年代初，随着无线通信技术的发展，甚高频电话（VHF）逐步进入气象部门各级台站，从此甚高频电话成为气象资料传输的主要渠道；到了90年代初，计算机技术已在全省各级气象台站普及，计算机网络技术也已经成熟，从此计算机网络传输替代了甚高频电话。气象资料加工与处理，也大致历经三个阶段：20世纪50年代末至80年代初，资料加工与处理分析完全是手工作业；80年代中期至90年代，随着计算机应用不断开发，资料处理分析已在计算机上实现准自动化；2002年以后，资料处理与分析在计算机网络上完全实现了自动化。

气象资料收集方式和加工手段的不断改进，使逐渐利用更多的监测点资料编制农业气象情报成为可能。农业气象情报工作开展伊始，监测点只有15个；1992年河南省气象科学研究所接手农业气象情报工作时，监测点已增加到30个，其中，国家级农业气象试验站2个（郑州、信阳）、一级农业气象观测站13个、二级农业气象观测站15个，初步形成了以郑州、信阳、黄泛区农场等30个农业气象试验站和农业气象基本观测站为骨干的农业气象情报业务服务体系；从2002年起，监测点扩展到118个，监测结果更符合全省面上的真实情况。此外，农业气象情报服务方式也由单一的邮递逐渐发展为邮递、网络、电视、报纸、手机短信等多种形式。

第二节　农业气象预报

农业气象预报是根据农业生产过程与环境气象条件的相互关系，对未来环境气象条件和农业生产可能演变趋势做出的预报，它是一项基本的农业气象业务工作，也是建立和发展现代农业气象业务服务体系的重要环节。根据河南省农业生产和自身业务发展的要求，河南省气象科学研究所自1989年承担农业气象业务工作以来，重点是做好农业气象产量预报，也先后开展了农作物适宜播种期与收获期预报、农田土壤墒情预报、农用天气预报、作物病虫害气象等级预报和森林火险气象等级预报等其他农业气象预报。

预报方法从20世纪60年代的观测资料结合经验分析方法，逐步发展到目前综合利用统计学、天气学、气候学、卫星遥感等多种技术的现代农业气象预报方法，预报准确率逐渐提高，预报时效逐步延伸，精细化程度不断提高，相应的预报系统和平台逐步建立。

一、农作物适宜播种期与收获期预报

1958年农业“大跃进”向气象服务提出了更多的要求，为满足农业大发展的服务需要，同年6月中央气象局涂长望局长在桂林全国气象工作会议上要求各级气象部门要根据本地的条件，组织进行农业气象调查，收集与学习广大人民群众特别是老农的天气知识和生产经验知识，结合气候资料进行分析整理，做出比较简单的农业气象预报。当时开展的农业气象预报也只能是部分的、不完善的、甚至是不经常的预报。随后，农作物适宜播种期预报、收获期预报相继在全国各地开展起来。河南的农作物适宜播种期、收获期预报开始于1959年，“文化大革命”期间中断，1973年恢复。当时，郑州农业气象试验站、河南省气象局农业气象科等都曾根据降水、积温和未来天气预报等资料，不定期地分析制作冬小麦和夏玉米适宜播种期、收获期预报。改革开放以后，为加强农业气象业务服务，1989年12月河南省气象局批准河南省气象科学研究所成立了农业遥感服务中心(1992年1月改称河南省农业气象服务中心)，具体负责全省的农业气象预报工作。农作物适宜播种期、收获期预报也从此明确由本所负责。从此，该项业务不断加强、规范，采用的方法渐趋完善、科学先进，预报准确率和精细化程度逐渐提高，预报时效也逐步延伸。

二、农业气象产量预报

1984年国家气象局组织河南、江西、广西、四川4个省(区)进行农业气象产量预报业务试验(〔84〕气业字第106号文件)，河南省气象科学研究所、河南省气候中心等组成的粮食(气象)产量预报研究课题组参加了业务试验。经过3年的协作试验，形成了一套比较完整的省级作物产量预报业务化方案及技术方法。在这次业务试验中，粮食(气象)产量预报研究课题组充分利用国家气象局卫星气象中心提供的冬小麦卫星遥感监测资料，改进了冬小麦产量预报模型和技术方法，使冬小麦产量预报精度有了较大提高。1987年国家气象局正式部署开展农业气象产量预报业务。同年10月，河南省气象局组建了产量预报业务地面监测网络，并多次举办全省农业气象产量预报业务化培训班。之后，正式开展了产量预报业务。当时由于产量预报业务是新增业务，河南省气象局又未明确承担单位，参加业务试验的课题组暂时把该项业务承担了下来。直至1989年12月河南省气象科学研究所成立农业遥感服务中心，冬小麦产量预报业务才完全由本所独自承担。

继冬小麦产量预报业务开展之后，20世纪80年代末和90年代初，河南省气象科学研究所又先后组织科研人员开展了棉花、夏玉米气象产量预报研究。经过几年边研究边试用，研究成果于1996年正式投入业务应用。从1996年起，河南省气象科学研究所开始进行夏玉米、棉花气象产量预报服务工作，同时开展全年粮食总产量预报，拓展了业务服务范围。

产量预报以气象部门已建立的监测、通信、预报和服务等系统为依托，以作物产量形成与气象条件的密切关系为基础，建立了多时段预报模式，把统计模型、丰歉年指标模型、农学估产模型和遥感综合估产模式综合起来，并逐步引入作物生长模拟模式，对作物产量形成进行综合动态监测，分别做出冬小麦、玉米、棉花、大豆等主要农作物及小品种作物的产量趋势预报、产量预报和全省粮食总产量预报。

河南省气象科学研究所从1989年开展冬小麦产量预报业务以来，围绕小麦产前、产中和产后系列化服务的需求，业务人员每年深入麦田实地考察，根据各个小麦观测站点、卫星遥感地面监测站点和多次实地考察资料进行综合评价分析，按时发布了小麦年景预报、趋势产量预报和产量预报。为提高产量预报精度，业务科技人员不断引入新方法、新技术，改进预报模型，小麦产量预报精度始终保持在95%以上，名列全国前茅。

三、土壤墒情预报

河南省气象科学研究所于2001年开始进行土壤墒情预报和灌溉决策业务试运行，从2002年起正式投入业务运行。土壤墒情预报是利用全省118个站的墒情观测资料，根据土壤墒情预报模型，对未来10～30天全省0～50厘米土壤墒情的动态变化进行分析预报。开发了可在业务中使用的河南省土壤墒情预报系统，利用该系统可以绘制墒情分布等值线图，值班人员根据预报结果编写文字材料在农业气象旬(月)报中发布，并根据优化灌溉决策模型提出相应的灌溉决策建议，指导农民灌或不灌、灌多少和何时灌等，实现科学灌溉。该项目被中国气象局评为2001年度省级创新项目。

从2002年起，依托本所主持的两项国家科学技术部科研院所公益性研究专项，基于NOAA、FY-1C、EOS/MODIS卫星遥感监测的土壤墒情作为初始场，利用RegCM2(后改为RegCM3)区域气候模式输出的数值天气预报产品(开始以T213产品作为边界场，后改为T639)，结合作物耗水农业气象模式，开始探索制作为期7天、空间分辨率为1千米的格点化土壤墒情与灌溉量预报产品，从2005年起正式投入准业务运行，在全国较早开展了精细化农业气象预报业务服务工作。

四、病虫害发生气象等级预报

2006年开始进行病虫害发生气象等级预报。针对小麦白粉病、锈病、棉铃虫、玉米螟等主要作物病虫害，构建了历史资料库和病虫害发生气象等级预报指标库，建立了病虫害发生发展趋势长中短期气象等级预报模型及病虫害发生发展趋势气象等级预测和影响评价业务系统。农业气象服务中心每年至少4次与河南省植保站联合会商病虫害发生发展形势，每年制作发布病虫害气象等级预报2期以上。

五、农用天气预报

农用天气预报是根据当地农业生产过程中各主要农事活动以及相关技术措施对天气条件的需要而制作的一种针对性较强的专业气象预报。它是从农业生产需要出发，在天气预报、短期气候预测、农业气象预报的基础上，结合农业气象指标体系、农业气象定量评价技术等，预测未来对农业有影响的天气条件，并分析其对农业生产的具体影响，提出有针对性的措施和建议，为农业生产提供指导性服务的农业气象专项业务。

2009年中国气象局在河南省进行现代农业气象业务服务试点，当年4月河南省气象局制定并下发了《喷药气象等级预报工作流程(试行)》,规范了农用天气预报的相关指标、预报用语、产品制作、传输发布等内容,并从5月1日正式开始进行喷药气象等级的农用天气预报。2010年9月,为进一步落实中国气象局《省级农用天气预报业务服务暂行规定》和《河南省气象局关于加强农业气象服务体系建设实施方案》、《现代农业气象业务发展专项规划河南省实施方案》,规范农用天气预报业务服务工作,对原有《农用天气预报业务方案》进行了修订和完善,下发了《河南省农用天气预报业务服务工作细则》,详细规定了河南省农用天气预报的主要内容、技术路线、产品形式、业务流程,在业务流程中又明确了资料采集处理方式,以及产品制作时段、制作流程、调阅方式、传输方式和发布形式等。河南省气象科学研究所主要负责省级农用天气预报服务产品制作,指导市、县级气象部门开展农用天气预报服务。省级农用天气预报主要包括喷药(肥)、灌溉、施肥、夏收夏种、秋收秋种、晾晒和储藏等气象等级预报。

通过全省性的农用天气预报服务,河南省气象局现代农业气象业务服务能力整体水平有了很大提高,针对性更强,为各级领导及广大农民及时掌握农业气象信息、合理安排农业生产提供了有力依据。2009和2010年的"三夏、三秋"关键农事季节,农用天气预报实行日报制。每天制作并发布适宜收获和适宜播种气象等级预报产品,由河南卫视向公众发布分县的作物适宜收获区和适宜播种区,指导农业生产。

六、森林火险气象等级预报

早在1960年3月,中央气象局就要求各地气象部门要与林业部门配合,积极加强森林火险天气预报。1987年5月黑龙江省大兴安岭北部林区发生特大森林火灾,更引起了各级气象部门的高度重视。河南的森林火险气象等级预报开始于20世纪80年代末期,由河南省气象台承担。1999年12月,河南省气象局业务体制改革,此项业务调整到河南省气象科学研究所。

森林火险气象等级预报是根据前期气象条件(主要为降水条件),结合未来天气预报,对主要林区森林火灾发生的可能性和蔓延难易程度进行的一种分等级定性预报。森林火险天气等级的划分是根据LY/T 1172—95《全国森林火险天气等级》行业标准(林业部1995年6月22日发布)进行划分的。该标准共考虑了5个火险气象因子,即:①森林防火期内每日最高空气温度;②森林防火期内每日最小相对湿度;③森林防火期内每日前期或当日的降水量及其后的连续无降水日数;④森林防火期内每日的最大风力等级;⑤森林防火期内生物及非生物物候季节的影响订正指数。用①+②+③+④-⑤得出的数值与森林火险天气等级标准值进行比较得出森林火险天气等级。其中:一级为没有危险;二级为低度危险;三级为中度危险;四级为高度危险;五级为极度危险。

早期的森林火险等级预报主要通过人机交互方式输入各种气象要素来进行预报,工作效率较低,需要每天安排人员值班。2000年,本所通过对气象业务系统的不断完善,建立了森林火险等级自动预报系统,实现了气象资料的收集整理、森林火险气象等级产品的加工制作、服务产品的上传全自动运行。森林火险气象等级预报每天定时发布,如果在森林防火关键期出现高森林火险等级,将在电视天气预报节目或其他有关媒体中予以提示,对做好森林防火工作起到了较好的辅助作用,受到森林防火部门的好评。

第三节 卫星遥感

一、概况

1984年底开始，国家气象局系统开展了冬小麦遥感综合测产研究项目，该项目研究与试验的范围覆盖了全国11个省(自治区、直辖市)，河南为主要参加省份之一。

1988年，在河南省政府大力支持下，河南省气象台建成了本省第一个极轨气象卫星资料接收处理系统，开始接收NOAA-11等气象卫星遥感资料，并负责森林火点遥感监测业务。

1989年12月，河南省气象局正式成立了“农业遥感服务中心”实体，隶属于河南省气象科学研究所。冬小麦遥感综合测产项目完成后，建成了北方冬小麦气象卫星动态监测及估产系统，1989年研究成果在农业遥感服务中心投入业务运行，正式开始了河南冬小麦卫星遥感监测业务和服务。

1994年，河南省气象科学研究所引进华北平原干旱遥感监测系统，开始利用NOAA/AVHRR资料，开展河南省土壤墒情卫星遥感监测，并开展相关服务。

1999年12月，河南省气象局对卫星遥感监测业务进行了调整，将河南省气象台承担的气象卫星资料接收处理及森林火点遥感监测业务划归河南省气象科学研究所，从此所有的极轨气象卫星遥感监测业务均由河南省农业气象服务中心(原农业遥感服务中心)承担。1999年底，河南省气象科学研究所建立了自己的极轨气象卫星资料接收系统(见图4-1)，该系统由中国华云工程有限公司*研发，可以自动接收处理包括美国NOAA-12、NOAA-14、NOAA-15、NOAA-16和我国发射的FY-1C等卫星遥感资料。遥感监测产品也在原来的冬小麦苗情、土壤墒情、森林火点监测等基础上，逐步增加了洪涝、水库水域、积雪、大雾、秸秆焚烧、森林植被、晚霜冻害等遥感监测项目，并开始结合资源卫星资料，开展土地沙化、土地利用变化、地热异常、作物长势和面积监测等遥感应用技术研究。

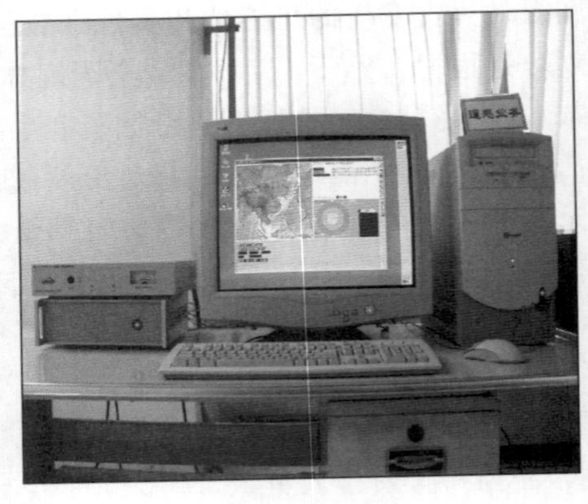

图4-1 河南省气象科学研究所建立的极轨气象卫星资料接收系统
(左图为极轨气象卫星资料接收天线，右图为接收处理计算机)

* 现“中国华云气象科技集团公司”，下同

2004年底，中国气象局为河南省气象局配套建设了DVB-S卫星遥感接收处理系统，通过卫星数字广播方式，可接收处理NOAA-16、NOAA-17、NOAA-18、FY-1D和EOS/MODIS等各种极轨卫星资料。EOS/MODIS卫星遥感资料分辨率最高达250米，较NOAA/AVHRR有明显提高，逐渐成为农业遥感监测业务中最重要的数据源。

2006年，河南省气象科学研究所将原农业气象服务中心承担的遥感监测业务分离出来，成立了生态气象与卫星遥感中心，独立承担卫星遥感监测业务。

二、卫星遥感监测

目前，卫星遥感监测业务开展的服务项目主要包括冬小麦苗情、土壤墒情/干旱、森林火点、洪涝、水库水域、积雪、大雾、秸秆焚烧、森林植被及晚霜冻害监测等。其中，冬小麦苗情、土壤墒情/干旱和森林火点遥感监测是开展最早、服务效益最好的业务项目。

（一）冬小麦苗情遥感监测

绿色植物在NOAA/AVHRR近红外波段有一反射峰，而在可见光波段有一吸收峰，冬小麦苗情遥感监测正是基于这一原理，通过构建绿度指数，来识别冬小麦长势的优劣。通过遥感监测和农学对比观测试验，确定冬小麦在不同地区、不同生育期条件下的苗情长势遥感指标，并据此进行冬小麦苗情动态监测。

冬小麦苗情遥感监测业务最早开始于1987年，主要在驻马店、周口、濮阳等小麦主产区进行试服务。经过10多年的努力，该项业务服务逐步推广到全省18个地市的100多个县，成为各级领导指挥小麦生产的最可靠依据之一，成为各级气象部门利用气象为农业服务的重要手段，效益十分显著。

目前，冬小麦苗情监测基本上为定期产品，每年11月至次年5月期间每旬发布一次。

（二）土壤墒情/干旱遥感监测

土壤墒情/干旱遥感监测研究始于20世纪90年代初，正式业务运行开始于1996年，是继冬小麦苗情遥感监测业务之后又一项重要的遥感监测业务。目前该业务中应用的土壤墒情/干旱遥感监测模型主要有热惯量法、温度植被旱情指数法、植被供水指数法、垂直干旱指数法等。在实际业务中常利用多时相资料进行合成，以减轻或消除云雾的影响，提高资料的可用性，同时可以利用实测土壤墒情对遥感监测结果进行订正，监测精度有所提高。

目前，土壤墒情/干旱遥感监测为定期业务，每旬发布一次。

（三）森林火点遥感监测

森林火点遥感监测是开展较早也是比较成熟的业务之一，最早开始于1988年，由河南省气象台承担，1999年12月转由本所承担。每年的12月至次年4月，是河南省森林防火关键期，在此期间，进行24小时卫星遥感监测值班。利用NOAA、FY-1C、FY-1D、EOS/MODIS、FY-3等多颗卫星资料开展森林火点监测，每年发布森林火点监测通报上百期，监测火点数百个次。

（四）秸秆焚烧火点遥感监测

各级政府及有关部门严禁在夏收、秋收季节焚烧秸秆。焚烧小麦和玉米秸秆，不仅会造成对环境的污染，同时也会危及公路、铁路和航空等交通安全，并且极易引发农田及森林火灾，甚至对人民生命财产也构成安全隐患。国家环境保护总局、农业部、财政部、铁道部、交通部、民航总局等六部局2003年4月曾联合下文，要求各地、各部门加强禁止秸秆焚烧和做好综合利用工作。利用极轨气象卫星和EOS/MODIS卫星资料监测秸秆焚烧情况，积极配合全省各市县的秸秆禁烧工作，是河南省政府赋予河南省气象局的一项重要任务，因而也是本所的一项重要业务服务内容。本所的秸秆焚烧火点遥感监测业务开始于2002年，主要针对河南省5月下旬至6月中旬的夏收、9月下旬至10月中旬的秋收期间的秸秆焚烧开展遥感监测，为环保、农业、林业的相关秸秆禁烧管理部门提供信息。

（五）水库水域面积监测

水库水域面积监测业务始于2005年，主要利用EOS/MODIS卫星遥感资料对河南省大型水库水域面积变化开展监测，为及时了解全省水资源状况提供信息。

水库水域面积监测结果每月发布一期，汛期时每旬发布一期或根据需要加发。

（六）森林及平原植被监测

森林及平原植被监测业务始于2005年，主要利用EOS/MODIS卫星遥感资料对河南省自然植被和农业植被变化情况进行监测，为及时了解全省植被长势变化提供信息。

森林及平原植被监测结果每月发布一期，月初发布。

（七）其他不定期遥感监测

重大气象灾害遥感监测为不定期遥感监测业务，主要包括洪涝、大雾、积雪和晚霜冻害等。如2005年7月上中旬淮河流域普降暴雨，局部特大暴雨，致使淮河干流及沙颍河、涡河等支流发生了较大洪水，洪汝河支流发生了大洪水。河南省农业气象服务中心利用EOS/MODIS卫星遥感资料，对驻马店、信阳等地的洪涝面积和主要水库水域面积变化进行了监测，及时为有关部门提供信息。

上述遥感监测业务产品主要服务于中共河南省委、省政府及农业、植保、水利、林业、环保等部门。另外，作为指导产品，所有的遥感应用监测产品下发给市、县气象部门，为当地政府及相关部门服务。

三、遥感监测业务系统建设

自1989年正式开展遥感监测业务以来，遥感监测业务系统不断改进和完善。河南省气象科学研究所最早的遥感监测业务系统是从江苏省气象局引进的，主要用于冬小麦苗情监测，以后又引进了河北省气象科学研究所的土壤水分监测系统，用于土壤墒情遥感监测。早期的遥感监测系统多运行于DOS系统，功能相对简单，随着“八五”至“十五”期间的农业气象业务现代化建设，业务系统不断完善。

目前遥感监测业务中常用的业务系统主要包括：

（一）极轨卫星遥感数据接收处理系统

极轨卫星遥感数据接收处理系统（俗称“小系统”）最初于1988年由河南省气象台从国家卫星气象中心引入，能直接接收处理极轨卫星资料，这套系统使用至1999年；1999年底本所从中国华云工程有限公司购入一套极轨卫星遥感数据接收处理系统，这套系统使用至2006年；2004年，国家卫星气象中心赠送一套数字视频广播系统（DVB-S），可接收由中国气象局转发的极轨卫星遥感资料，包括NOAA/AVHRR、FY-1D、EOS/MODIS和FY-3A等卫星遥感资料，并进行数据传输和预处理；2010年，河南省气象局投资，从华云星地通公司购入一套新一代极轨气象卫星接收处理系统，可直接接收处理 NOAA/AVHRR、FY-1D、EOS/MODIS、FY3/MERSI、FY3/VIRR 等卫星遥感资料。

(二)极轨卫星遥感图像处理系统

极轨卫星遥感图像处理系统由国家卫星气象中心开发，本所于 2004 年引进，主要用于业务中原始遥感资料的预处理和应用监测处理，并可制作植被、水体、火点等监测应用的初级产品。

(三)河南省遥感监测服务系统

河南省遥感监测服务系统由河南省气象科学研究所于 1998 年自行开发，主要用于冬小麦苗情和土壤墒情遥感监测分析，是冬小麦苗情和土壤墒情监测业务的基本分析软件，目前已推广至全省 18 个省辖市气象局和 100 多个县(市)气象局。

(四)河南省遥感火点监测产品制作系统

河南省遥感火点监测产品制作系统由河南省气象科学研究所于 2003 年自行开发，是森林火点和秸秆焚烧火点遥感监测业务中的主要业务系统，用于自动制作和发布火点监测通报，生成火点通知短信息等。

(五)EOS/MODIS 卫星遥感数据分析与应用系统

EOS/MODIS 卫星遥感数据分析与应用系统是河南省遥感监测服务系统的更新换代系统，由河南省气象科学研究所自行开发，完成于 2009 年。该系统可以处理 NOAA/AVHRR、FY-1D、EOS/MODIS 及 FY-3A 等多种卫星遥感资料，具有冬小麦苗情、土壤墒情/干旱、水体、云雾、积雪等遥感监测分析功能。该系统作为基本的遥感业务服务平台，目前已推广至全省 18 个省辖市气象局和所有县气象局。

第四节 农业气象情报预报业务服务系统建设

农业气象情报预报业务服务系统，是农业气象现代化的重要组成部分。农业气象情报信息的收集、提取、分析和加工过程的自动化程度，决定了服务产品的服务效果及最终的经济、社会价值。20 世纪 80 年代中期，河南省气象局在承担“中国粮食产量气象预测、预报研究”课题时，在研发本省产量预报模式中，曾对农业气象服务系统的建立做过一些初步工作，主要是用于比较不同的产量预报模式的优劣。这可以说是河南省农业气象业务服务系统的雏形。从 20 世纪 90 年代起，河南省气象科学研究所在农业气象情报预报业务服务系统的建设方面经历了三个阶段，即 1994—2001 年的建设起步阶段、2002—2009 年的逐步完善阶段和自 2009 年开始的现代农业气象业务服务平台的建立和应用推广阶段。

一、建设起步阶段(1994—2001 年)

“省级农业气象情报预报服务系统”作为国家气象局“八五”期间的重点气象业务现代化建设项目之一，起步于 20 世纪 90 年代初。1991 年 10 月河南省气象局向国家气象局提出了项目设计任务书，1992 年 12 月又提出了系统建设实施意见，1993 年 2 月经国家气象局国气计发〔1993〕31 号文批复，将河南省列为第三批实施系统建设的省(市)之一。1993 年 5 月，根据国家气象局“加强总体设计，统筹兼顾，协调发展”的指导思想，河南省气象科学研究所提出并报送了系统建设总体组织方案，专项建设经费到位后，就开始组织实施。

1994年，河南省气象科学研究所调整成立了农业气象遥感情报服务中心，这一服务实体将系统建设与业务运行紧密结合，在完成了机房改造，硬件设备的购置、安装和调试，以及软件系统的引进和二次开发的基础上，着手进行农业气象业务服务系统的建设。经过8年的努力，该系统通过多次修改和完善，初步建成了从信息采集到信息处理与服务、具有一定自动化水平的5个子系统：

1. 卫星遥感宏观监测子系统：利用NOAA/AVHRR遥感信息与10个地面监测点和野外考察相结合，实现了小麦卫星遥感宏观动态监测功能。

2. 农业气象信息传递子系统：依据本省气象通信网络，通过VHF话路和微机网络终端，接收实时和非实时农业气象资料，并向中国气象局发送农业气象情报信息。

3. 农业气象资料处理和信息搜索子系统：集实时与非实时资料收集、预处理、加工统计、整理归档和检索功能于一体，该农业气象数据库和软件包可提供多种农业气象资料服务。

4. 农业气象诊断、评价、预报子系统：通过引进、移植及二次开发有关软件，在微机上实现了农业气象产量预报、农作物大面积苗情长势遥感监测、土壤墒情遥感监测等功能。

5. 农业气象咨询服务子系统：针对小麦生产的全过程，综合运用情报、预报、农业气象试验研究成果，在计算机上初步建立了小麦农业气象决策服务系统。

二、逐步完善阶段(2002—2009年)

2002年，河南省气象科学研究所针对农业气象业务服务发展的需求，又进一步开发了“河南省农业气象情报服务系统”软件，其主要功能有旬月报管理、墒情报管理、加测墒情报管理、情报文本处理、等值线分析、情报资料查询、旬月报码生成、区域图数值化、操作指南等。该业务系统和原先版本相比，新增了以下功能：实现了农业气象旬报、月报、墒情报报文自动收转功能；新增了农业气象周报、土壤墒情预报等业务服务内容；开发了农业气象情报等值线分析功能，实现了农业气象要素客观分析；开发了作物观测报表上报与收集系统，实现了冬小麦、夏玉米和棉花的观测资料的输入与传输。

三、现代农业气象业务服务平台的建设和应用推广(2009—2010年)

(一)河南省现代农业气象业务服务系统

随着气象业务的快速发展，尤其是观测手段和通信技术的发展，全省各市、县均建成了一定数量的乡镇雨量站、四要素自动气象站和自动土壤水分观测站，充分利用这些大量的、实时的气象探测信息，进行现代农业气象精细化服务和现代农业防灾减灾，是农业气象服务工作亟待解决的问题。2009年根据业务服务发展需要，河南省气象科学研究所开始完善并开发新的省级和市县级现代农业气象业务服务平台。该软件在2010年已投入业务使用。2010年5月份，通过集中培训，市县级平台已在全省市、县推广，并投入业务试运行。5月下旬，省级系统参加了中国气象局组织的专业气象平台观摩交流评比会，并获优秀奖。

2009年的业务系统和2002年的业务系统相比，增加了以下功能：

1. 构建了全省统一的农业气象基础数据库服务器。建立统一的数据库，实现全省的农业气象基础数据的共享与交换，有利于省、市、县农业气象基础数据的同步调用。

2. 新增了市县级业务服务内容。各基层台站可方便地显示分析各市县的气象、土壤墒情、作物观测等数据资料，调取河南省气象局各类农业气象服务产品。

3. 新增了农用天气预报功能和农业干旱动态定量评估功能。农用天气预报产品数据格式采用 MICAPS 第 3 类标准数据格式，该产品可以在 MICAPS 平台上显示。

4. 系统利用了 GIS 技术，实现了图层管理、多图层叠加、地图的漫游和缩放、地图导出等功能。

5. 完善了原有的作物观测报表上报与收集系统，新增了水稻观测要素。

(二)作物观测资料传输系统

2009 年 4 月，河南省气象局在原有《农业气象观测规范》(国家气象局，1993)的基础上，编写印发了《河南省现代农业气象观测方法(试行)》及对应的观测薄、表，进一步修订、补充部分观测项目(如次生根)、观测方法、观测频次、数据标准等。根据新的观测内容，重新设计开发了"河南省主要作物产量预报观测资料收录工具"，包括小麦、玉米、大豆和水稻四种作物观测项目的录入和网络传输。

第五节 大气成分观测

一、郑州大气成分观测站建设

随着社会进步和快速发展，人们越来越关注大气中有害物质对人类生活质量的影响。因此，开展大气成分观测对采取有效措施提高大气环境质量和保障人民身心健康有重要意义。河南省气象科学研究所进行郑州市大气成分观测始于 20 世纪 80 年代初。1982—1988 年曾开展酸雨测定，当时从上海购置了大气采集机、气象色谱仪及全套化学分析设备和有关配件。观测点设在郑州市金水路与经一路交叉口原河南省气象台办公楼楼顶，每天 08,13,20 时测定三次。

2005 年 6 月，根据《国家计委关于审批中国气象局大气监测自动化系统工程一期工程项目建议书的请示》(计农经〔1999〕1084 号)、《印发国家计委关于中国气象局大气监测自动化系统工程一期工程可行性研究报告的请示的通知》(计农经〔2001〕809 号)、《关于修改大气监测自动化系统(一期)初步设计及总概算的批复》(气发〔2002〕196 号)等文件精神，中国气象局监测网络司和中国气象科学研究院来河南郑州联合考察后，决定建立郑州大气成分观测站。当年 9 月河南省气象局成立了郑州大气成分观测站建设领导小组、技术小组，由河南省气象科学研究所负责仪器的安装，观测室建立在河南省气象局综合业务大楼 15 层楼顶。河南省气象科学研究所于 2005 年 11 月正式成立了郑州大气成分观测站，由本所环境气象研究室承担该站的日常观测、信息传输任务。

按照中国气象局的统一部署，中国气象局于 2005 年 11 月和 2006 年 2 月，先后配发了 AE-31 黑碳仪(美国产)、GRIMM180 环境颗粒物监测仪(德国产)、Mini-Vol 便携式空气颗粒物采样仪(美国产)各 1 台及 CE-318 太阳光度计(法国产)1 套。此外，还配备了联想计算机等辅助设备。

二、大气成分观测

郑州大气成分观测站建成后，于 2006 年 1 月 1 日正式开始观测。主要观测项目有：

大气中 PM_{10} 的化学成分：用 Mini-Vol 便携式空气颗粒物采样仪测定。每周一、二、四、五进行采样，每隔一个月将样品邮寄给中国气象科学研究院大气成分观测与服务中心。

大气中黑碳气溶胶的质量浓度：用 AE-31 黑碳仪在线实时、自动观测仪器，每隔 5 分钟测定一次。

大气中 PM_{10}，$PM_{2.5}$，PM_1 的质量浓度：用 GRIMM180 环境颗粒物监测仪在线实时、自动观测仪器测定。此外，还同时对 31 个不同通道环境颗粒物的数浓度进行观测，每隔 5 分钟测定一次。

8 个通道太阳直接辐射、气温等物理量：用 CE-318 太阳光度计进行测量（日落后，该仪器自动停止观测）。

2006 年 1 月 1 日，便携式气溶胶采样仪试运行，进行大气颗粒物样品采集；1 月 10 日 00 时开始，进行大气成分观测资料的传输试验，观测站将大气成分观测资料按规定格式上传至中国气象局；2007 年 2 月 3—4 日，完成了 CE-318 自动跟踪扫描太阳光度计的安装调试后，于 2 月 6 日开始采集数据。

为了加强大气成分观测数据的质量控制，进一步提高观测数据质量，从 2007 年 9 月 1 日 00 时（UTC）开始进行大气成分观测站质量控制信息（即值班记录文件）及太阳光度计观测数据试传输，并于同年 10 月 1 日 00 时起，对上述两项资料开始正式传输。

郑州大气成分站的全部观测数据，除按时传输到中国气象科学研究院大气成分观测与服务中心外，还先后制作了“河南省酸雨监测月报”、“河南省紫外线监测公报”和“郑州大气成分信息专报”等业务服务产品。

三、业务培训和技术保障

大气成分观测是一项全新业务，河南省气象科学研究所科技人员并不熟悉，为保证大气成分观测业务正常运行，确保观测质量，从大气成分站建站以来，河南省气象科学研究所先后有 6 人次参加了相关观测业务技术培训班。如：2007 年 1 月于北京举办的“大气成分观测业务技术培训班”，2007 年 11 月和 2008 年 3 月于北京、2008 年 11 月于西安举办的“大气成分、沙尘暴观测技术培训班”等。通过上述专业培训，使大气成分观测的质量得到充分保证。

第六节　地面气象观测与农业气象观测

一、地面气象观测

地面气象观测于 1955 年 8 月 1 日开始，仅限于地面气象观测的常规项目：温度、湿度、风向、风速、云、能见度、天气现象、降水、地温、冻土等。1955 年 10 月减少了云状、云量以及与农业生产无大关系的天气现象观测；1957 年 2 月又减去了能见度及部分天气的起止时间观测。1957 年 8 月又增加了云量、蒸发量、冻土的观测，10 月增加了温、湿自记仪器的观测；2004 年 1 月 1 日增加了气压观测。2009 年 8 月 1 日，人工地面气象观测业务停止。

此外，自 1956 年 6 月份起，郑州农业气象试验站还做了田间小气候观测；1957 年 3 月份增加了裸地土壤蒸发观测，7—9 月份在棉花棵间增加了一套波波夫土壤蒸发器，以便与裸地土壤蒸发进行对比观测试验。

二、农业气象观测

农业气象观测的主要内容包括农作物观测、土壤水分观测和物候观测。1979 年 10 月到 1993 年 12 月是按《农业气象观测方法》进行观测，从 1994 年开始是按《农业气象观测规范》(国家气象局，1993)的要求进行观测。

(一)作物生长发育观测

观测的主要作物有小麦、玉米、棉花。根据 1955 年 4 月 21 日河南省农业厅、河南省气象局联合通知(〔55〕气业字 118 号)的要求，从 1955 年 10 月开始，观测作物为小麦，观测内容：作物发育期的观测、作物高度的测定、植株密度的观测、野草混杂度的观测、作物生长状况的评定、天气现象对作物造成伤害的记载(此六项为必须观测项目)；作物受病虫害的观测与作物产量的分析计算应在站内条件允许的情况下进行观测。1956 年 6 月增加了玉米生长发育观测，并配合棉花栽培密度做了田间小气候观测，1957 年 6 月份正式开始棉花密植定额的小气候研究。业务观测持续到 1967 年。

从 1979 年 10 月开始，恢复了小麦生长发育观测，棉花、玉米也分别从 1980 年 4 月和 1981 年 6 月开始恢复观测。观测项目除发育期观测、生育状况等观测外，玉米、棉花从 1994 年 6 月开始进行生长量的测定，而小麦则从 1994 年 9 月开始进行生长量的测定。另外，还进行作物产量结构分析，并进行农业气象灾害、病虫害的观测和调查。1999 年取消了棉花观测。

(二)土壤水分观测

最初从 1955 年 10 月起开始用仪器测定土壤湿度。1956 年春增加目测土壤湿度，5 月开始进行系统的地下水位测定。1980 年农业气象观测业务正常化后，土壤水分观测分为固定地段和作物地段分别进行观测。

1. 固定地段观测

测定深度为 1 米，分 0～10，10～20，…，90～100 厘米等 10 个层次，每个层次取 4 个重复，测定时间为每旬逢 8，采用烘干称重法测定土壤湿度，观测时间从 1960 年 12 月开始。

2. 作物地段观测

测定深度为 50 厘米，分 5 个层次，每层次和 1 米一样，且仍为 4 个重复，测定时间从作物播种到成熟，从第一个发育期到最后一个发育期的时间段内，和固定地段一样每旬逢 8 采用烘干称重法测定土壤湿度，观测时间从 1979 年 10 月开始。最早固定地段与小麦、玉米墒情观测是一个地段，从 2002 年开始墒情固定地段与作物地段分离。

另外，从 1995 年 9 月到 1998 年 7 月还同时进行了中子仪法墒情测定。2005 年 1 月增加了全年每旬逢 3 加测土壤湿度，深度为 50 厘米，分 5 个层次，2 个重复。2005 年 5 月，新增了土壤水分自动观测项目，使观测现代化水平上了一个新台阶。

(三)物候观测

从 1981 年 3 月开始观测，观测的木本植物有毛白杨、垂柳、刺槐、楝树，草本植物有车前、蒲公英，动物有豆雁、家燕、四声杜鹃、蚱蝉，气象水文现象有霜、雪、雷声、闪电、虹、严寒开始、土壤表面解冻和冻结、池塘湖泊水面解冻和结冰、河流解冻和结冰等。

第五章　气象服务、综合经营

早在20世纪80年代初，国家气象局在《气象现代化发展纲领》中就明确提出："气象服务是气象工作的出发点和归宿。"1998年全国气象局长会议文件再次明确："气象服务是气象工作立业之本。"随着社会主义市场经济的发展和改革的深化，气象服务的对象逐渐发展为决策气象服务、公众气象服务和专业气象服务三大类。决策气象服务是指为党政领导机关提供的气象服务，在涉及国家安全、社会稳定和宏观经济发展等重大问题上，气象信息已成为必不可少的现代管理决策的重要依据之一；公众气象服务是指通过广播、电视、报纸、电话等大众媒体手段为社会公众提供的气象服务；专业气象服务是指为特定用户专门提供的有专门用途的气象服务。不同的服务对象要求气象部门为他们提供有专业针对性的服务内容，将气象科技转化为现实生产力。各类气象科技服务（或技术咨询）也属专业气象服务的范畴。

此外，河南省气象科学研究所运用气象科研成果和科技手段，在贫困地区开展了卓有成效的气象科技扶贫，以及为了改善科研和职工的工作条件，增强自身活力而开展了几项综合经营，也都取得了良好的社会效益和经济效益。

第一节　决策气象服务

决策气象服务主要是根据天气、气候、农业气象方面的有关现状、动态、发展趋势等，为党政领导和各级部门判定决策提供相关资料和预报意见，为河南省的社会经济发展和防灾减灾服务。1995年，在湖北宜昌召开了全国第三次气象服务工作会议，会议明确提出"坚持在公益服务与有偿服务中，以公益服务为首位，在决策服务与公益性公众服务中，以决策服务为首位"，确定了决策气象服务的重要地位。

为加强决策气象服务，2006年河南省气象局设立决策服务中心，原先由各部门自行发布和呈送的决策服务材料，改由决策服务中心统一对外发布。河南省气象科学研究所则一直承担着包括农业气象情报、预报、灾害监测评估及重点天气对农业的影响等方面的决策服务材料的编写任务。

一、农业气象情报、预报服务

农业气象情报、预报服务为最基本的决策气象服务。农业气象情报主要包括农情、墒情、雨情、灾情信息及生产建议；农业气象预报主要包括作物产量预报、土壤墒情预报、病虫害发生气象等级预报、农作物适宜播种期与收获期预报、农用天气预报和森林火险气象等级预报等。其中，作物产量预报又主要为冬小麦、夏玉米、棉花、大豆产量预报及粮食总产量预报。农业气象情报、预报定期或不定期制作，并及时向中共河南省委、省政府和相关部门提供。

农业气象情报主要有定时定期提供的周、旬、月报。农业气象预报以定期为主、不定期为辅。冬小麦、玉米、棉花和大豆产量趋势预报和产量预报每年定时定期 2 次服务，粮食总产量预报，每年定时定期 1 次服务，根据需要也可以加发或订正；土壤墒情预报和灌溉决策建议，每旬(6—8 月除外)除向河南省政府及农业部门提供服务外，还通过网络服务于广大农民；夏收夏种、秋收秋种时节制作发布作物适宜播种期、收获期预报；在主要农事季节开展农用天气预报服务。

1989 年以来，河南省气象科学研究所及时、准确地提供各类农业气象情报、预报信息，对保障全省粮食安全发挥了重要作用，深受各级领导欢迎和好评。2007 年 5 月 16 日时任河南省委书记徐光春在河南省气象局上报的《关于我省 2007 年度冬小麦产量预报的报告》中做了“要抓紧做好麦收期间的各项工作，包括气象测报、后期田间管理以及机收调商服务工作，建议近日开一次电视电话会进行部署”的重要批示(见图 5-1)。

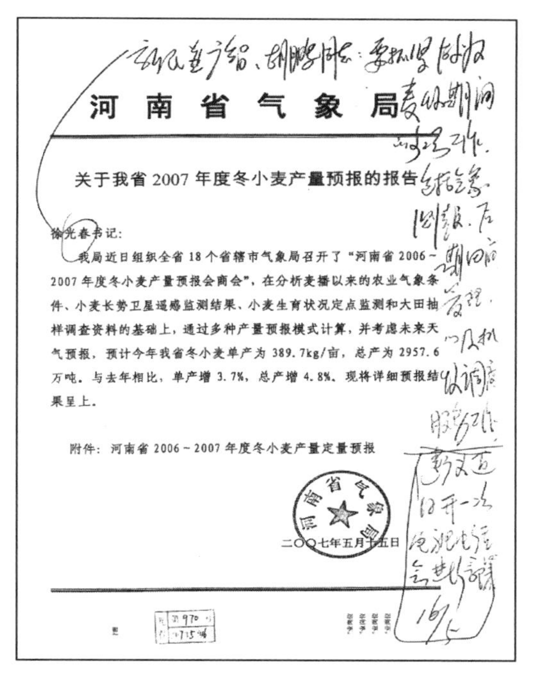
河南省气象局

关于我省 2007 年度冬小麦产量预报的报告

徐光春书记：

我局近日组织全省 18 个省辖市气象局召开了“河南省 2006～2007 年度冬小麦产量预报会商会”，在分析麦播以来的农业气象条件、小麦长势卫星遥感监测结果、小麦生育状况定点监测和大田抽样调查资料的基础上，通过多种产量预报模式计算，并考虑未来天气预报，预计今年我省冬小麦单产为 389.7kg/亩，总产为 2957.6 万吨。与去年相比，单产增 3.7%，总产增 4.8%。现将详细预报结果呈上。

附件：河南省 2006～2007 年度冬小麦产量定量预报

二○○七年五月十五日

图 5-1 时任河南省委书记徐光春在农业气象服务材料上的批示

二、主要农业气象灾害服务

农业气象灾害服务是决策气象服务的重中之重。河南省气象科学研究所针对全省干旱、洪涝、冻害、大风、冰雹等重大灾害性天气过程，适时开展监测、预测和评价服务。下面，列举近几年发生的一些典型气象灾害服务事例：

(一)干旱灾害服务

2008 年 11 月—2009 年 1 月，由于降水严重偏少，河南大部分地区出现了不同程度的旱情，多个地区出现了极度干旱，河南省气象局 2009 年 1 月 7 日发布了干旱橙色预警信号。干旱期间，河南省气象科学研究所利用卫星、地面观测等各种手段，积极开展农业干旱遥感监测，每 5 天发布一期干旱监测服务材料；2009 年 1 月 29 日 15 时，河南省气象局根据干旱监测结果和未来天气趋势预报，发布了干旱红色预警，要求有关部门和单位做好防御干旱的应急工作，同时各级气象部门要严阵以待，抓住一切有利时机，组织开展人工影响天气作业，缓解当前的旱情。由于气象部门反应快、反应早、行动迅速，为全省及早开展抗旱浇麦保苗工作提供了强有力的决策支持。为此，本所党支部被中共河南省委省直机关工作委员会评为“省直机关抗旱浇麦夺丰收先进党组织”。

(二)洪涝灾害服务

2007 年 7 月上旬以来，河南省淮河流域出现了自 1954 年以来的第二大全流域性洪涝灾害。7 月 9 日、18 日及 8 月 9 日，河南省气象科学研究所先后三次派出灾情调查组，行程近 5000 千米，到驻马店和信阳两市的重灾区进行作物受灾状况跟踪调查。同时，积极开展洪涝灾害的动态遥感监测，特别是利用 250 米分辨率的 EOS/MODIS 卫星遥感资料，结合野外调查的灾情数据，对玉米、大豆、花生、芝麻、水稻等作物的受灾状况进行识别，并进行定量分析，受到了河南省政府的肯定。

（三）大风灾害服务

2009 年 8 月 28—30 日，河南省出现了大范围的大风降雨天气。大风降雨造成部分地区玉米、水稻等不同程度倒伏，河南省气象科学研究所及时组织实地灾情调查，先后对开封、驻马店、漯河、商丘、周口、信阳等地作物受灾情况进行调查，并根据调查结果编写了《河南省气象局关于暴雨大风天气对我省农业影响的调查报告》上报河南省委、省政府，并提出了科学的补救措施，为及时、准确的灾情评估、产量预报订正和政府决策打下了坚实基础。大灾之年全省全年粮食总产达 539 亿千克，再创历史新高，其中农业气象服务保障发挥了重要作用。

（四）冻害灾害服务

2008 年 1 月中下旬，全省出现严重的积雪冰冻天气。河南省气象科学研究所积极利用 EOS/MODIS 卫星资料，开展积雪变化动态监测。积雪冰冻天气结束后，为了及时地对前期雨雪天气对农业的影响进行评估，河南省气象局于 2 月中旬派出灾情调查组分赴全省各地，同时组织 18 个市气象局全面调查受灾情况，根据遥感监测和调查结果，编制了《前期雨雪天气对我省农业的影响评估》报告，对全省作物受灾情况进行了分析，并提出了具体的生产建议。

2008 年 2 月 20 日，时任河南省委书记徐光春、省长李成玉分别在上报材料上做了批示，并被河南省政府《政务要闻》全文转发（见图 5-2）。

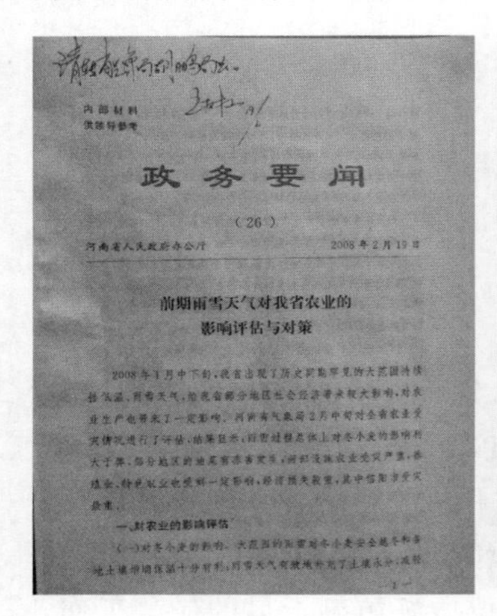

政务要闻

（26）

河南省人民政府办公厅　　2008 年 2 月 19 日

前期雨雪天气对我省农业的影响评估与对策

一、对农业的影响评估

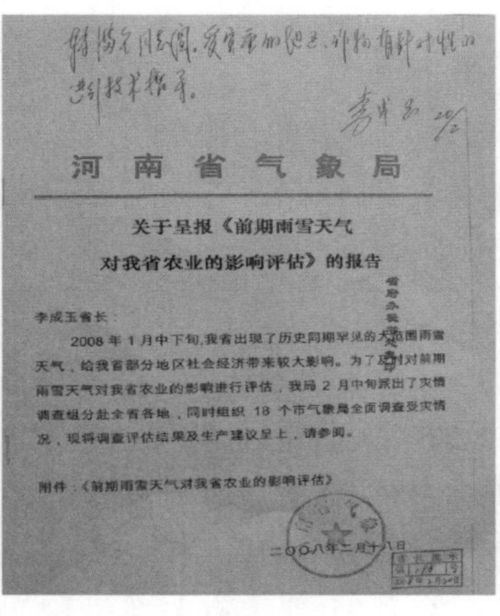

河南省气象局

关于呈报《前期雨雪天气对我省农业的影响评估》的报告

李成玉省长：

2008 年 1 月中下旬，我省出现了历史同期罕见的大范围雨雪天气，给我省部分地区社会经济带来较大影响。为了及时对前期雨雪天气对我省农业的影响进行评估，我局 2 月中旬派出了灾情调查组分赴全省各地，同时组织 18 个市气象局全面调查受灾情况，现将调查评估结果及生产建议呈上，请参阅。

附件：《前期雨雪天气对我省农业的影响评估》

二〇〇八年二月十八日

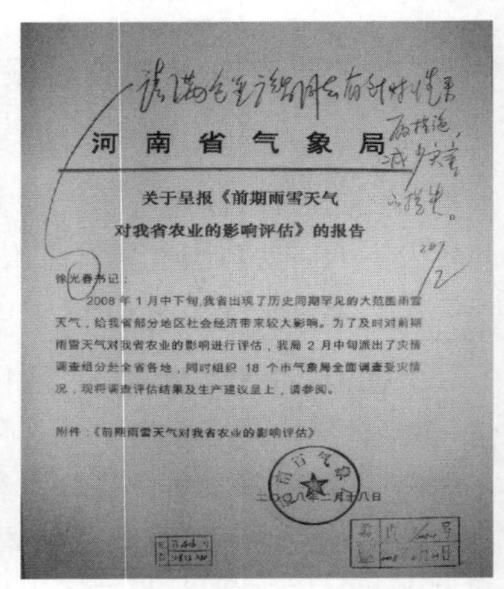

河南省气象局

关于呈报《前期雨雪天气对我省农业的影响评估》的报告

徐光春书记：

2008 年 1 月中下旬，我省出现了历史同期罕见的大范围雨雪天气，给我省部分地区社会经济带来较大影响。为了及时对前期雨雪天气对我省农业的影响进行评估，我局 2 月中旬派出了灾情调查组分赴全省各地，同时组织 18 个市气象局全面调查受灾情况，现将调查评估结果及生产建议呈上，请参阅。

附件：《前期雨雪天气对我省农业的影响评估》

二〇〇八年二月十八日

图 5-2　时任河南省委书记徐光春、省长李成玉在农业气象服务材料上的批示

三、关键农时季节和农事活动气象服务

针对河南省冬小麦、夏玉米等主要作物，在播种、收获等关键农时季节和“一喷三防”等关键农事活动，分析前期气象条件对农作物的影响，并结合未来天气形势，提出农事建议。

例如，2007 年“三夏”、“三秋”期间，河南省气象科学研究所根据农业生产需要，积极开展农业气象专题服务，累计编发病虫害、干热风、干旱、土壤墒情等不定期服务材料 100 多期，及时为中共河南省委、省政府及有关单位提供决策服务。同时，通过各种媒体对外进行服务，把

生产措施、建议直接向广大农民传播，为 2007 年全省粮食总产超 500 亿千克做出了积极的贡献。新华社河南分社也以《河南夏粮抗灾夺丰收农业气象服务立一功》为标题发表署名文章（见图 5-3），对本所的农业气象服务给予充分肯定。

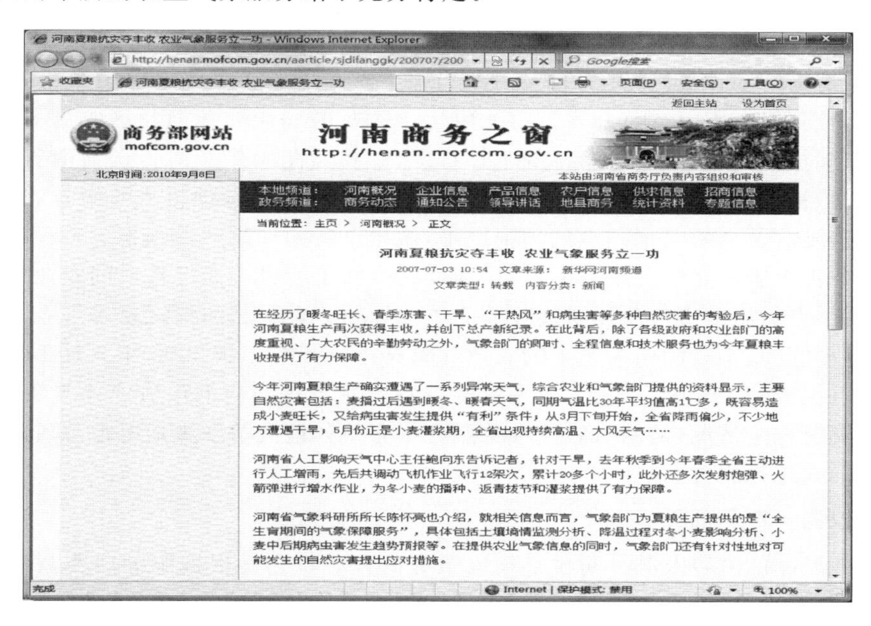

河南夏粮抗灾夺丰收 农业气象服务立一功

2007-07-03 10:54 文章来源：新华网河南频道

文章类型：转载 内容分类：新闻

在经历了暖冬旺长、春季冻害、干旱、“干热风”和病虫害等多种自然灾害的考验后，今年河南夏粮生产再次获得丰收，并创下总产新纪录。在此背后，除了各级政府和农业部门的高度重视、广大农民的辛勤劳动之外，气象部门的即时、全程信息和技术服务也为今年夏粮丰收提供了有力保障。

今年河南夏粮生产确实遭遇了一系列异常天气，综合农业和气象部门提供的资料显示，主要自然灾害包括：麦播过后遇到暖冬、暖春天气，同期气温比30年平均值高1℃多，既容易造成小麦旺长，又给病虫害发生提供“有利”条件；从3月下旬开始，全省降雨偏少，不少地方遭遇干旱；5月份正是小麦灌浆期，全省出现持续高温、大风天气……

河南省人工影响天气中心主任鲍向东告诉记者，针对干旱，去年秋季到今年春季全省主动进行人工增雨，先后共调动飞机作业飞行12架次，累计20多个小时，此外还多次发射炮弹、火箭弹进行增水作业，为冬小麦的播种、返青拔节和灌浆提供了有力保障。

河南省气象科研所所长陈怀亮也介绍，就相关信息而言，气象部门为夏粮生产提供的是“全生育期间的气象保障服务”，具体包括土壤墒情监测分析、降温过程对冬小麦影响分析、小麦中后期病虫害发生趋势预报等。在提供农业气象信息的同时，气象部门还有针对性地对可能发生的自然灾害提出应对措施。

图 5-3　2007 年 7 月 3 日新华社河南分社在网上发表赞扬农业气象服务文章

四、重大工程项目气象服务

改革开放以来，全国经济建设进入快速发展时期，能量需求量急剧增加。国内外市场上，化石燃料供不应求，物价不断上涨，我国的石油进口量已占石油消耗量的近一半，达到了严重的依赖程度。从国家战略和环保角度考虑，开发核能源作为新能源迫在眉睫。河南省为了开发核能新能源，拟在南阳、信阳、洛阳、平顶山等地建设核能发电厂，以解决河南省乃至全国电力资源紧缺的问题，并委托核电建设和设计单位对上述地区拟建核电工程进行了初步可行性研究。河南省气象科学研究所在核电工程初步可行性研究阶段，从气象角度对核电厂候选厂址的选择进行了专题分析研究。2005 年 8 月，受河南省发展和改革委员会委托，完成了河南南阳核电工程初步可行性研究阶段的气象专题分析；2009 年 6 月，受中国华电集团公司河南分公司洛阳电源项目筹备处委托，完成了河南华电洛阳核电工程初步可行性研究阶段的气象专题分析；2010 年 1 月，受深圳中广核工程设计有限公司核电新项目筹备组委托，完成了河南信阳核电工程初步可行性研究阶段的气象专题分析。主要内容包括：区域气候与气象要素分布特征，污染气象特征，极端气象特征，热带气旋、温带气旋、龙卷风、飑线、暴雨、寒潮、大风等极端气象事件调查分析，以及工程气象分析等。通过气象专题分析研究，为核电工程设计和安全防护提供了科学依据。

五、决策气象服务系统建设

决策气象服务系统建设是做好决策气象服务的重要保障条件，包括气象服务监测网、服务产品加工和服务产品传播手段的建设。

(一)气象服务监测网

气象服务监测网是获取第一手资料,进行气象服务的组织基础。20世纪80年代中期河南省气象科学研究所开始开展作物产量预报时,为充分掌握了解全省作物生长状况,定期做好作物产量预报工作,选择了多个具有广泛代表性的农业气象观测站作为固定监测点,组成作物产量监测网、情报网和预报网,并实行“三网”合一。20世纪90年代中期至今,作物产量固定监测点调整为濮阳、南阳、信阳、新乡、商丘、伊川、襄城、驻马店和黄河泛区农场9个。这些监测站点定期定时观测作物不同生育期的生长状况,并将监测结果及时传送河南省农业气象服务中心。同时,根据监测结果和未来天气变化制作本地作物产量预报。河南省农业气象服务中心依据各监测点及全省其他站点的预报结果,做出全省的作物产量预报。

农业气象灾害服务是气象服务的重点,为及时全面了解极端天气造成的农业气象灾害,早在20世纪80年代,河南省气象局就逐步建立了以郑州、信阳、黄河泛区农场等32个农业气象试验站和农业气象基本观测站为骨干的农业气象灾害监测网。从2005年7月1日起,农业气象灾害监测点扩充到119个,加密了监测密度。各监测点每旬向河南省农业气象服务中心传送一次本地灾情发生情况,河南省农业气象服务中心将各地灾情发生情况汇总后,以纸质传送和网络传送形式进行服务。

(二)气象服务产品加工

气象服务产品的内容及其针对性是气象服务的核心。它是根据服务需要,将监测的气象信息进行处理、分析、再加工和深加工后,得到的便于不同用户使用的气象信息以及具有针对性的生产建议。自开展农业气象情报、预报和卫星遥感以来,河南省气象科学研究所高度重视气象服务产品加工业务系统建设。如前所述,在农业气象情报业务建设方面,1993年经国家气象局同意着手建设河南省的“省级农业气象情报预报服务系统”,1995年通过验收;2002年又进一步开发了“河南省农业气象情报服务系统”软件;2009年根据业务服务发展需要,开始完善并开发新的省级和市县级现代农业气象服务平台,2010年投入使用。在卫星遥感业务建设方面,1998年开发了“河南省遥感监测服务系统”;2003年开发了“河南省遥感火点监测产品制作系统”;2004年由国家卫星气象中心引进了“极轨卫星遥感数据接收处理系统”和“极轨卫星遥感图像处理系统”;2009年完成“EOS/MODIS卫星遥感数据分析与应用系统”开发;2010年,基于FY-3A卫星资料,完成“黄淮平原农业干旱遥感监测与引黄灌溉需水量估算系统”开发。

(三)气象服务产品分发与传送

气象服务产品的分发与传送是气象服务的关键。它是根据服务用户需要,将加工好的气象服务产品及时传送到用户手中。近20多年来,气象服务产品的分发与传送技术手段有了突破性进展。目前,虽然纸质传递仍在采用,但是一个比较先进的基于网络的服务产品传递系统已经建立。2009年还开发建立了“河南省农业气象和遥感监测服务网”,农业气象情报、预报(作物产量预报除外)和卫星遥感监测等服务产品均通过该网站直接为广大用户开展气象服务。

第二节　公众气象服务

公众气象服务主要指通过报纸、电台、电视台、互联网、手机短信等各种媒体向公众提供的服务，是气象服务的重要内容之一。

从1978年至20世纪90年代初，农业气象服务主要是为领导了解、指挥生产，搞好农田管理，部署粮食调拨计划等提供科学依据的决策气象服务，以及为涉农单位提供公益性农业气象服务。随着社会主义市场经济的发展，农业气象信息在市场商品经济中的价值和重要性日益凸显，广大农民群众对农业气象知识和信息的渴求日益迫切，在这种新形势下，河南省气象科学研究所于20世纪90年代初开始向社会和广大公众提供农业气象服务。

十几年来，为提高公众服务质量和效果，河南省气象科学研究所不断丰富服务内容，改进服务形式和手段。服务内容由最初的雨情、墒情及生产建议等农业气象情报信息，逐步扩展为雨情、墒情、灾情(洪涝、干旱、病虫害等)、土壤墒情预报、病虫害预报、农用天气预报，以及防灾、抗灾措施建议等。服务手段从刚起步的邮寄资料，改进为目前的手机短信、电子邮件、网站等服务形式。

20世纪90年代初、中期，公众气象服务主要是通过广播电台、《河南农村报》等新闻媒体发布农业气象信息和生产建议。1999年3月，河南省农业气象服务中心与河南省电视台合办农业气象电视专题栏目《气象博士》，每周播出1期。主要内容有上周天气回顾、气象条件对农作物的影响、生产建议等，在季节交替时，还介绍一些气象知识等。2000年1月1日起，更名为《气象早报》。到2003年，因电视栏目改版，该专题栏目取消。

2001年，河南省气象局主办的《河南兴农网》开通，河南省农业气象服务中心将定期编发的农业气象旬(月)报放在网上，为广大农村用户及涉农单位进行服务。

2003年，河南省农业气象服务中心在《河南科技报》农村版开辟专栏，每月定期为广大农户提供天气与农事服务。主要根据天气、气候特点和农时、农事季节，针对气象条件对作物品种选择、作物栽培、适宜播种期、病虫害防治等的影响提出管理措施建议。

河南省气象科学研究所十分重视农事关键季节的公众气象服务，从2006年起，每年“三夏”、“三秋”前夕均制作适宜收获期、适宜播种期预报和农事建议，并参加河南省气象局召开的新闻发布会；还联合河南省农机局，利用气象短信服务平台，在麦收期间为跨区作业的农机手提供农用天气预报服务短信。

为了进一步改善公众气象服务的手段，扩大影响，2006年河南省气象科学研究所开发建立了“河南省农业气象和遥感监测服务网”(2009年改为“河南省现代农业气象业务服务产品网”)和“河南省乡镇自动雨量站WebGIS系统”(后改为“河南省WebGIS气象信息共享平台”)，直接为广大农户开展气象服务，颇受用户欢迎。

“河南省现代农业气象业务服务产品网”是河南省气象科学研究所对外提供农业气象信息的服务网站。外部用户可以通过该网站浏览河南省气象科学研究所发布的绝大部分农业气象和卫星遥感监测服务产品，授权用户还可以查询部分历史农业气象观测资料，如日照、降水、气温、土壤墒情等要素。

“河南省WebGIS气象信息共享平台”通过Web方式对内部和外部用户提供全省1000多个乡镇自动雨量站实时和历史雨量的统计查询，并以GIS方式进行显示，具有良好的交互性。随着系统的不断升级完善，目前该平台已成为乡镇自动雨量站、自动气象站、紫外线、土壤水分等多种气象要素综合的实时显示和查询平台。

第三节　专业气象服务

专业气象服务是指对气象服务有特定专门需求的用户开展的气象服务。随着各行各业生产能力的不断提高，气象条件的影响越来越显著，专业气象服务的对象也越来越广泛，服务的内容也必然更加具有专业针对性。利用市场机制可以促进气象资源合理配置，有效地提供个性化的专业气象服务，以使这些特定用户能更为有针对性地趋利避害，提高其经济效益。实践表明，专业气象服务是将气象科技转化为现实生产力的重要途径。

河南省气象科学研究所的专业气象服务始于1985年，根据国办发〔1985〕25号文件精神，部分专业气象服务属“成本补偿性收费”，即有偿气象服务，主要是面向农业、林业、交通、水利和环保等部门。

一、为农业服务

河南省气象科学研究所依托农业气象情报、预报、卫星遥感基本业务，针对农业部门指导农业生产和防灾减灾的特殊需要，对常规的农业气象情报、冬小麦苗情监测、土壤墒情/干旱监测、农业气象灾害监测评估等服务产品，进一步精细加工，为农业部门提供针对性更强的气象服务产品。除此之外，还专门针对农村用户的日常农事活动，提供包括晾晒、储藏、喷药、施肥、灌溉、播种、收获等气象等级预报的农用天气预报产品。主要是评价在降水、气温、湿度、风速、总云量等气象要素的影响下，对上述各种农事活动的影响程度。

二、为林业服务

早在20世纪90年代初，河南省气象台就利用极轨气象卫星资料开展森林火点监测，为河南省森林防火指挥部提供服务。1999年底，河南省气象科学研究所建立了自己的极轨气象卫星接收系统，用于开展卫星遥感监测应用业务服务。在每年的河南省森林防火关键期(12月至次年4月)，开展森林火点实时监测业务，专门为河南省森林防火指挥部等部门提供森林火点遥感监测信息，每年发布森林火点监测预报100多期，监测火点达数百个次。2002年，新增了秸秆焚烧火点监测服务，为环保和林业部门提供秸秆焚烧火点监测信息，服务于秸秆禁烧工作。

三、为水利服务

河南省气象科学研究所在全省布设有100多个土壤墒情监测站，定期观测上报土壤水分资料。目前，主要通过专门的服务网站、电子邮件为水利等部门提供土壤墒情、干旱监测等信息。

四、为环保服务

大气环境影响评价是河南省气象科学研究所重要的专业气象服务内容之一，始于1986年。20多年来与河南省环境保护研究所、黄河水利委员会等单位合作，先后开展了100多个建设项目的大气环境影响评价服务(详见下节:“气象科技服务”)。此外，提供的秸秆焚烧信息也是为环保服务的重要内容之一。

第四节 气象科技服务

随着各行各业生产能力的不断提高，气象服务的对象越来越广泛，不同的对象要求气象部门运用自身的技术优势，满足他们各有特色的不同服务需求。从气象服务的内容看，现代气象服务业主要包括三个方面：一是气象信息服务（包括气象情报信息服务及气象预报信息服务）；二是气象工程技术服务（例如，雷电灾害气象信息的发布、防雷检测和防雷工程的实施）；三是气象科技服务，即向用户提供有关气象科技方面综合性的咨询服务。

河南省气象科学研究所自 20 世纪 80 年代起，开始开展气象科技服务，取得了良好的效益。

一、大气环境影响评价

为了科学地控制污染物的排放，减少工业化进程对大气环境的影响，根据国家有关“项目建设前必须进行相关的可行性论证”的规定，河南省气象科学研究所从 1986 年起，就开始承担大气环境影响评价工作，并于 1991 年成立了污染气象研究室。该室的主要任务就是承担环境污染气象技术研究及开展大气环境影响评价和预测工作。20 多年来先后与河南省环境保护研究所、黄河水利委员会、河南省化工研究所、河南省冶金研究所等单位合作，完成国家级建设项目环境评价 50 多项，省级以下建设项目近 100 项。其中，从低空到地面气象参数的现场监测，到运用历史气象资料进行综合分析，最后做出污染区域的定量预测，并写出大气环境影响报告书，均由本所独立完成。省级以下建设项目包括平顶山矿区、河南新乡化学纤维厂、安阳彩色显像管玻壳有限公司、开封火电厂、焦作矸石厂等大中型厂矿企业，涉及电力、煤矿、冶金、化工等多个行业。

多项大气环境评价项目任务的完成，不仅使气象科技直接为经济建设服务做出了积极贡献，为当地人民生产、生活环境的改善提供了有效的保障，同时也在科技服务的实践中，锻炼培养了业务骨干，为进一步开展科技服务储备了一批年轻的科技人才。

二、农业科技服务

（一）温棚施用 CO_2 服务

河南省气象科学研究所还运用科研成果，为加快农业发展积极开展科技服务。例如，1993—1997 年，在开展温棚蔬菜 CO_2 试验研究的过程中，根据“边试验研究、边大面积应用和示范推广”的精神，组建了“河南省农用 CO_2 联合试验示范及应用协作网”，在全省 40 多个县市建立了试验、示范和应用推广基点，通过广播、电视等多种媒体，印发科普资料，召开现场会议、技术培训，以及举办科普讲座等多种形式，把温棚蔬菜施放 CO_2 的科学依据和施放技术，以通俗易懂的文字和语言，直接向广大农户广泛宣传。据各地试验示范基点实践表明，黄瓜、番茄、辣椒、芹菜等蔬菜温棚施用 CO_2 后一般能增产 30%以上，投入产出比达 1∶8～1∶15，增产效果十分显著，深受各级领导和广大菜农的欢迎。据不完全统计，塑料大棚推广面积达 8806.7 公顷，净增收 1000 万元。中国气象局于 1997 年 4 月在郑州召开了有北方 16 个省市参加的“全国农业气象适用技术现场会议”，重点推广 CO_2 施肥这项新技术，并组织与会代表实地参观了开封试验基地。在 20 世纪 90 年代，此项气象科技服务技术，先后在北方 10 多个省市推广应用，陕甘宁地区和其他一些贫困山区把该项目列为气象科技扶贫项目。根据河南省委、省政府提出的“白色工程”发展战略，河南省气象局连续三年把温棚蔬菜 CO_2 施肥的推广列为河南省政府和中国气象局目标管理的任务之一。河南省科学技术协会把此项气象科技服务评定为“金桥工程”，并授予河南省气象学会奖牌。

(二)农田优化灌溉服务

河南省气象科学研究所在气象为农田优化灌溉服务方面也做了大量工作，取得了显著成绩。从1989年起，在对冬小麦和夏玉米等作物水分胁迫和干旱进行了多年研究，基本摸清了它们的耗水规律、最佳耗水量、适宜水分指标和干旱指标，并研制了农田土壤水分预报模型和优化灌溉决策模型的基础上，大力推广优化灌溉技术。通过气象警报网、电视、广播、电话和文字形式传递给各级政府、农业部门、生产单位和广大农民用户，推广区分布在豫北、豫东和豫中的32个县市。根据1989—1993年产量分析结果，优化灌溉地段比传统灌溉地段穗粒数多1.2粒，千粒重提高2.6克，产量增加504千克/公顷，增产幅度为9.6%，减少灌溉次数1～2次；平均每公顷节约水资源945立方米，节约用电210度，降低生产成本195元，增收节支效益为519元/公顷；水分利用效率提高0.55千克/米^3，连续五年累计推广面积259.2万公顷，增产小麦12.8亿千克，节约水资源25亿立方米，增收节支效益13.5亿元。取得了十分显著的经济效益和社会效益，深受各级政府、生产单位和农民群众的欢迎。

(三)卫星遥感服务

利用“北方冬小麦气象卫星动态监测及估产系统”研究成果，从20世纪80年代后期，积极开展冬小麦长势监测与估产推广应用工作，特别是1989年12月本所成立农业遥感服务中心以后，积极利用会议、调查、培训班等多种形式，向地方领导和基层气象科技人员推广冬小麦遥感知识，将冬小麦长势遥感监测图提供给各级政府或基层气象部门。同时，农业遥感服务中心积极为基层气象部门开发适用的卫星遥感监测服务系统，特别是将全省乡镇边界进行数字化，极大地提高了县级气象部门开展卫星遥感服务的水平和能力。该系统推广至全省所有省辖市气象局和近百个县气象局，这些单位每年还从本所订购卫星遥感资料，使本所取得了可观的经济效益和社会效益。从2000年起，该项服务转为纯公益性服务，无偿向市、县气象部门提供。

第五节　气象科技扶贫

河南是贫困人口较多的省份。“八五”以来，河南省气象局在中国气象局和河南省委、省政府的领导下，把气象科技扶贫作为气象工作的一个重要组成部分，以解决贫困地区人民群众温饱、增加收入和脱贫致富为目标，应用农业气候区划和大别山区气候考察成果，积极开发当地气候资源，大力推广应用气象适用技术，围绕农业结构调整，积极发展种植、养殖业。在多年的气象扶贫工作中，坚持开发式扶贫方针，充分发挥气象科技和人才优势，集中优势力量，较好地完成了中国气象局鄂、豫、皖三省大别山区气象科技扶贫和河南省省直机关对口扶贫工作任务。

一、鄂、豫、皖三省大别山区气象科技扶贫

20世纪80年代后期，国家气象局根据党中央的扶贫精神，为集中优势兵力搞好大别山区

的气象科技扶贫工作，要求安徽、湖北、河南三省气象局，组织大别山区气象科技扶贫协作，开展大别山区气象科技扶贫工作。并于1988年11月正式成立鄂、豫、皖大别山区气象科技扶贫协作组。协作组由安徽省气象局主持，下设领导小组和技术小组。领导小组成员为各省气象局局长；技术小组由安徽省气象局总工王善型任组长，安徽省气象科学研究所王稳成、湖北省气象局倪国裕和许福基以及河南省气象局闫海庆、河南省气象科学研究所马效平等为成员。气象科技扶贫协作组还签订了协作议定书。

为了落实原国务委员宋健于1989年在河南南阳扶贫会议上要求的“解决山区群众吃粮难……”的批示精神，根据大别山区协作组的部署和分工，结合河南的实际情况广泛征求农业部门意见，河南省气象科技扶贫工作在大别山区腹地商城县、新县、信阳县等地，建立试验、示范基地，开展山区粮食、食用菌、板栗、庭园经济等试验、示范项目，并先后进行了引种夏玉米、水稻高产开发、小麦中低产田改造和“423”小麦品种区域试验及示范推广工作。

(一)开展水稻地池二段育秧高产栽培技术试验和推广

育秧是决定水稻能否高产的主要环节，为了大别山区水稻优质高产，1990年早春河南省气象科学研究所穆晓涛、师良述，以及信阳地区气象局周洪斌等技术人员，深入商城试验基地，开展水稻地池二段育秧试验。试验结果表明，地池二段育秧，具有高产、高效益、成本低、见效快、成熟期提前等优点，为当地水稻优质高产奠定了良好基础，增产15%～20%，得到商城县农业局好评，并在全县大面积推广应用。

(二)优质高产小麦品种试种

大别山区历来具有重稻轻麦思想，为了充分利用大别山区水热气候资源优势，挖掘小麦高产生产潜力，1990年早春河南省气象科学研究所马效平、葛仲甫、师良述，以及信阳地区气象局周洪斌、刘业斌进驻商城试验基地，开展当地山区优质高产“423”小麦品种的试种。通过田间科学管理，“423”小麦品种显示出适合大别山区的抗湿、抗病虫、穗大、粒饱的优势。当年5月中旬，信阳地区农村工作委员会在商城试验基地组织召开由各县农村工作委员会主任参加的小麦现场会。通过会议确定“423”小麦品种可以在大别山区推广种植。当年信阳全区8个县引种该品种，获得大面积的丰收。

(三)开展庭园经济项目试验

为充分利用大别山区水、草资源丰富的优势，河南省气象科学研究所主持开展庭园经济项目试验。1992年项目组在新县气象科技扶贫基地开展养牛、养鱼的庭园经济试验、示范，通过两年试验，养牛、养鱼都获得较好的效果。

(四)引种夏玉米

1990年，河南省气象科学研究所在商城县达权店、伏山、长竹园三个乡，引种8个杂交夏玉米品种，进行不同海拔高度的种植试验。采取不同播种方式、不同播期、不同品种配置、不同肥料对比处理，对夏玉米的生长发育和气象条件进行动态监测，对其产量与气象条件的关系进行分析，得出了高产栽培生产技术指标。引种的杂交夏玉米平均产量达6000千克/公顷，比当地其他秋杂粮增产5～8成，推广面积1000公顷。

(五)高寒山区引种马铃薯

为了优化种植结构，解决山区群众吃菜难问题，在商城县上石桥乡，开展引种马铃薯试验。

河南省气象局负责提供种子、化肥、农药和技术支持，先后引种马铃薯 66.7 公顷，平均产量达 22 500 千克/公顷。

二、信阳县邢集镇对口科技扶贫

1995 年为了落实国家“八七”扶贫攻坚计划和中共河南省委、省政府关于进一步加强对口扶贫工作的要求，河南省气象局根据中共河南省委、省政府有关科技扶贫指示精神，把鄂、豫、皖三省大别山区气象科技扶贫和省直机关对口扶贫任务相结合，集中优势力量搞好河南省气象科技扶贫工作，决定把河南商城县扶贫试验点撤销，在信阳县邢集镇建立综合性气象科技扶贫试验基地，组建驻村工作队，进驻扶贫村开展扶贫工作。当时仍以河南省气象科学研究所为主，抽派河南省气象科学研究所年轻干部付祥军挂职信阳县邢集镇，任科技副镇长，河南省气象局还抽出 2～3 名在职科技干部住村开展扶贫工作。同时，河南省气象科学研究所还派出 3～5 名、信阳气象局派出 2～3 名科技人员，在扶贫基地开展 3～4 项扶贫试验推广工作。

(一)引进“423”小麦良种，对邢集镇小麦低产田进行改造

信阳县邢集镇属淮南小麦低产区，种植品种单一，管理粗放，产量低。1995 年，科技扶贫人员把大别山商城县种植的优质“423”小麦品种引进到邢集镇试种。在试验过程中，辅以小型农机具，提供化肥、农药，还组织专人按照种植方案进行技术指导，加强小麦的田间管理。当年 5.33 公顷试验示范田平均产量达 4125 千克/公顷，比当地小麦品种增产 1125 千克/公顷。1997—1999 年，示范田又扩大到 66.7 公顷，平均产量仍达到 4125 千克/公顷。与此同时，还进行了“423”小麦品种晚播试验，播期分别为 11 月中旬、12 月上旬、12 月中旬，三种类型晚播小麦平均单产 3750 千克/公顷，比其他晚播品种增产 30%。经过连续几年的试验、示范，“423”小麦品种产量比较稳定、适应性强、品质较好，已成为受当地群众十分欢迎的小麦品种之一。

(二)开展板栗低产园的开发改造

1991 年河南信阳县邢集镇贷款 100 万元，种植 1000 公顷的板栗幼苗，移栽四年后仍没有挂果，当地群众怨声载道，干部束手无策。针对这种情况，科技扶贫人员想群众之所想，急群众之所急，于 1995 年提出改造板栗园的意见，得到镇政府的支持。在该镇先后举办 5 期板栗嫁接技术、幼树管理、病虫害防治培训班，培训 5000 人次，印发技术讲义 5000 份，并现场进行技术指导、解难答疑，协助嫁接板栗幼树 2000 公顷。通过技术改造实现了板栗的丰产丰收，从而使板栗成为该镇经济的主要支柱产业。

(三)开发“信阳毛尖”优质高产新技术

“信阳毛尖”是信阳地区的名牌茶叶产品，为了使“信阳毛尖”能够早出茶，出好茶，科技扶贫人员在试验田采用了温棚增施 CO_2 气肥新技术，使温棚茶叶采摘期较自然条件下平均提早了 30 天，平均每公顷增产 750～825 千克，而且其茶叶品质、色泽、口感明显优于棚外。

(四)引进袋料香菇生产技术，摸索花菇高产模式

为合理开发利用邢集镇丘陵地区栎木树枝条和木屑资源，发展乡镇企业，保护森林生态平衡，河南省气象局以下楼村为试点，采取公司加农户的形式，投资建立香菇袋料栽培示范场。在邢集镇举办袋料香菇生产培训班 2 期，培训 2000 人次，印发技术讲义 2000 份。还组织专人开展定点、定时、定株的气象条件监测与生育期观测试验，摸索出一套香菇生产及花菇高产栽

培气候模式，为当地农民脱贫致富，找到了一条新路子。

（五）引种夏玉米，改善种植结构

由于历史的原因，淮南地区没有种植夏玉米的习惯，基本以种植秋杂豆类为主，产量低、效益差。1997 年在邢集镇同时引种了三个不同品系的玉米品种，采用抗旱剂拌种，增施除草剂，专人负责技术指导，当年引种的夏玉米单产 5250～6000 千克/公顷，比秋杂豆类增加效益 2～4 倍。到 2000 年，邢集镇夏玉米种植面积扩至 1.3 万公顷，增加收入达 4000 万元。

（六）引进氨化秸秆技术，发展养殖业

为了充分开发利用当地丰富的秸秆资源，1998 年为对口扶贫村引进氨化秸秆技术，开展肉牛饲养示范，选定养殖示范户投资建池、购牛，推动了当地养殖业的发展。

（七）为对口扶贫乡村办实事

为了解决扶贫村旱地灌溉困难，河南省气象局投资 2.5 万元打了一眼机井；与信阳县科技扶贫办公室一起多方努力争取扶贫贷款 30 万元，在扶贫村兴建了一座中型面粉加工厂，不但解决了当地群众吃面难问题，还实现年利税 114 万元，增加了集体收入，减轻了农民负担，同时又解决了 12 名贫困户子女就业的难题；1999 年河南省气象局在邢集镇投资 2 万元，为烈属徐文友和伤残军人左希田，各建一幢 40 多平方米的砖瓦房。

三、宁陵县刘楼乡对口科技扶贫

（一）发展温棚反季节蔬菜

1999 年 8 月对口扶贫点从信阳县邢集镇转移到宁陵县刘楼乡。根据刘楼乡发展温棚反季节蔬菜高效农业的思路，科技扶贫人员以郭小集村和周庄村为试点开展试验示范，发展温棚反季节蔬菜。为解决农民缺乏蔬菜栽培管理技术的问题，先后从河南省农业大学、河南省农业科学院和郑州蔬菜研究所聘请专家教授，在该乡举办大棚反季节蔬菜生产管理培训班 20 多次，培训 3 万人次，印发技术材料 5 万余份，引进蔬菜品种 8 个。全乡反季节蔬菜从 1998 年的 6.7 公顷，发展到 2001 年的 400 公顷，累计创产值 4000 万元，使刘楼乡成为豫东较大的大棚反季节蔬菜生产基地，仅此一项全乡年人均增收近千元。

为了使刘楼乡大棚农产品卖得出、卖得好，及时为对口扶贫乡购置安装了多媒体计算机，并帮助建立了网站和主页，培训了技术人员，实现了网上发布购售信息。同时，又在《河南电视台都市频道》的天气预报栏目里免费为该乡发布大棚蔬菜广告信息，打出刘楼乡蔬菜品牌，拓展了市场空间和农民增收渠道。

（二）引种旱稻，调整种植结构

2000 年在扶贫村进行了 0.47 公顷旱稻的引种试验，由于措施得力，引种的旱稻获得了 5850 千克/公顷的好收成，比秋杂粮增加效益 2～3 倍，增加纯收入 3000 元/公顷以上，对调整当地种植结构、发展优质高效农业、提高农业产量和种植效益具有重要意义，也为发展节水型农业开辟了一条新的途径。

（三）引种高淀粉红薯，增加农民收入

针对当地红薯品种不对路，销售十分困难的实际问题，通过调查、论证，决定为当地引种高淀粉红薯。为扶贫村提供种苗、化肥、农药，编写栽培管理措施资料，加强技术支持，使当年引种的高淀粉红薯获得了 6 万千克/公顷的好收成，比秋杂粮增加效益 3 倍多，增加纯收入 4500 元/公顷。

(四)引种马铃薯，增加蔬菜品种

为了降低温棚反季节蔬菜的种植风险，优化种植结构，增加蔬菜品种，2001 年年初为对口扶贫村投资引种优质马铃薯 1.3 公顷，并到对口扶贫乡有重点有针对性地举办了“春季马铃薯催芽及栽培管理措施”讲座，还为农民整编了马铃薯栽培措施及管理技术资料，帮助解决生产中遇到的实际问题。当年春季马铃薯平均产量 3 万千克/公顷，仅此一项农民可增收 6000 元/公顷。

(五)扶贫支教，支持改善生产条件

根据河南省委、省政府的布置，河南省气象局积极开展扶贫支教活动。广大干部职工积极响应，踊跃捐助。在短短三天内，就收到各种捐助品 4000 余件，其中计算机 2 台、办公桌 12 张、文具 1468 件、书籍 1396 册、衣物 1133 件。同时，为对口扶贫点刘楼乡郭小集村架设大田灌溉有电线路近 400 米，改善了当地的农业生产条件。

四、洛宁县陈吴乡西寨子村对口科技扶贫

2001 年，根据河南省委、省政府的指示，河南省气象局对口扶贫点从宁陵县刘楼乡转移到洛宁县陈吴乡西寨子村。科技人员深入西寨子村，对自然资源进行实地调查、分析，确定了充分开发利用滩地的新思路，以发展种植、养殖业为突破口，规划了滩地开发利用三年三期工程，引导农民脱贫致富。第一年，引种优质牧草 20 公顷发展村民养牛、养猪；第二年，开发滩地竹园 3.3 公顷，引种药材种植示范 3.3 公顷；第三年，发展滩地竹园 6.7 公顷，引种药材种植示范 6.7 公顷，开展滩地林木育苗 2 公顷试验。

据统计，从 1993 年起在信阳、宁陵、洛宁科技扶贫工作中，先后开展了 26 个科技扶贫项目，累计投入资金近 100 万元，有 300 余人参加扶贫工作，有 50 余人驻村服务。经过几年不懈的努力，使当地农民的科技意识增强，科技水平有了较大的提高，生产条件得到了一定的改善，农民收入有了较大幅度的增加。如：信阳县对口扶贫村农民收入从 1995 年的 800 余元增加到 1998 年的 1800 元，超过了脱贫指标。1988—2004 年气象科技扶贫累计社会经济效益达 8 亿多元，粮食增产 9000 万千克以上。

在多年的气象科技扶贫工作中，相关科技人员为贫困地区整体脱贫，付出了艰辛努力，做出了重大贡献，并多次受到表彰。

第六节　综 合 经 营

一、发展概况

20 世纪 60 年代中期至 70 年代中期“文化大革命”10 年间，气象事业发展受到严重干扰，一些重要观测项目中断，一些台站观测资料严重缺测，气象业务服务处于不正常状态，拉大了与国际上本已缩小的差距。党的十一届三中全会以后，气象事业迎来了大发展的极好机遇。为了加速气象事业大发展，1982 年国家气象局制定了《气象现代化建设纲要》，提出了到 20 世

纪末中国气象现代化建设的奋斗目标和战略重点。现代化建设需要人才和资金支持,但当时国家财力还很不足,如果仅仅依靠国家财政拨款这个主渠道发展气象事业是不够的。而且当时随着科学技术和经济的发展,各行各业对气象部门的要求也越来越高,开展专业有偿服务和综合经营已是世界各国气象部门发展的一种趋势。于是,1984 年 12 月全国气象局长会议提出"在大力加强社会公众服务的同时,积极推行有偿服务"。气象部门大力推行有偿服务和开展综合经营,是增强自身活力的一个重要方面。1985 年 3 月 29 日,国务院国办发〔1985〕25 号文批准了国家气象局关于气象部门开展有偿专业服务和综合经营的报告。之后,有偿专业服务和综合经营在全国各级气象部门相继开展起来。

河南省气象科学研究所紧紧抓住这次机遇,积极探索,大胆试验,把未来的气象科研事业比喻为"一机两翼",狠抓发展。"一机"是指科学研究和农业气象基本业务,一定得抓好;"两翼"是指有偿专业服务和综合经营,不可缺少,也得抓好。三者全抓好了,河南省气象科学研究所才能快速发展。在这种思想指导下,1991 年底开始思考如何开展综合经营问题,而且考虑上的第一个项目是轻印刷。1992 年初为使轻印刷经营项目合法化,决定成立劳动服务性质的科雨技术公司,下设科雨电脑部和轻印刷部。以后,又由本所职工集资先后成立了期货贸易研究咨询中心和郑州巨星科技开发公司。多年来,这些公司(中心)增加了单位收益,对河南省气象科学研究所的发展起了重要作用。

二、经营情况

(一)科雨技术公司

1992 年 2 月成立科雨技术公司,下设科雨电脑部和轻印刷部。其中,科雨电脑部主要是计算机销售与维修服务,经营形式为承包合同制,1995 年经营终止;轻印刷部主要开展打字、复印、印刷服务,初期和后期经营形式为承包合同制,中期实行责任目标管理。1999 年 12 月河南省气象局机构改革,将轻印刷部设备无偿调配到河南省气象局后勤服务中心,轻印刷经营终止。

1997 年 4 月,河南省气象科学研究所与河南省气象局行政管理处共同投资,在科雨技术公司名下开办"不是第一家"红焖羊肉店,经营饮食服务业,2006 年底经营终止。该店也曾为本所带来可观的经济效益,为本所度过经费极度紧张的难关起到了重要作用。

(二)期货贸易研究咨询中心

1993 年 2 月,为拓宽农业气象服务领域,充分利用本所科研、技术、人才优势更好地为社会服务,成立了期货贸易研究咨询中心,并抽出 3 名专职人员与上海物贸商品经纪公司合作,在郑州共同开展粮食期货贸易研究和服务工作,1996 年底期货研究与服务终止。在此期间,曾编辑多期《气象与期货贸易》简报,并分发至郑州商品交易所及一些规模较大的期货贸易公司。该简报根据中长期天气预报,对小麦、玉米、棉花等主要作物期货贸易与天气气候的关系进行分析,并提出做好期货贸易的具体建议。

(三)郑州巨星科技开发公司

为进一步扩大经营服务,1994 年 5 月以污染气象研究室为主体成立了郑州巨星科技开发公司,主要负责产品销售、维修及新产品研制开发与技术服务。公司经营实行责任目标管理,最初几年仅仅是经营收款机,没有特色。1997 年针对气象部门需求,依靠本所技术人员组织研制开发“121”气象语音咨询系统，取得成功，公司经营出现转机。从1997年至今，先后研制开发了Gstar-Ⅰ数字“121”气象语音咨询系统、Gstar-Ⅰ宽波段太阳紫外线监测仪和DZN2型自动土壤水分观测仪。这些产品在省内外推广应用，有的还出口到国外，不仅本所得到了丰厚的收益，应用单位也获得了较高的经济效益。

1.“121”气象语音咨询系统

开展气象公众服务，电话是重要途径之一。20世纪70年代前，这种方式比较落后，需要人工操作，费工费时。进入80年代以后，天气预报自动答询系统问世，该系统主要是将天气预报信息制成录音带装入答询机内，只要有电话咨询天气，答询机便自动启动。到了90年代，随着计算机硬件、软件技术的提高，利用计算机语音系统代替电话进行气象咨询服务成为可能，也是一种发展趋势。计算机储存量大，大量的气象信息可一次性存入，便于用户咨询。河南省气象科学研究所针对气象台站开展气象服务的需要，紧紧抓住这个机遇，于1997年9月向河南省气象局贷款，由中国人民解放军信息工程学院*有关技术人员协助，开始研制开发数字“121”气象语音咨询系统，年底生产出样机。以后，依靠本所技术力量对样机几次升级改进。到2001年，共生产“121”气象语音咨询系统近30套，并全部在省内外安装使用。

2. 宽波段太阳紫外线监测仪

随着生活质量的提高，人们对气象服务的要求也越来越高。为满足人们特别是城市居民为防止太阳紫外线照射产生的危害而要求开展紫外线预报服务的需要，2001年底本所立项研制开发宽波段太阳紫外线监测仪。至2003年，完全依靠本所自己生产的紫外线监测仪，先后在河南省内18个气象台站和河南省气象局专业气象台安装使用，为气象台站开展紫外线预报业务提供了科学依据。

3. 自动土壤水分观测仪

土壤水分储存量及其变化规律的监测是农业气象、生态环境及水文环境监测的基础性工作之一。掌握墒情及土壤水分变化规律，对指导农业生产具有重要意义。当时，土壤水分监测方法主要是人工钻土法和中子仪测量。人工钻土法精度较高，但费工费时，劳动强度大，效率低，数据不连续；中子仪测量省工省时，劳动强度小，效率高，但观测数据也不连续。正是根据气象台站的迫切需要，本所应用气象技术开发人员于2006年查阅和研究了国内外大量有关资料，决心探索研究新的土壤水分监测仪器，于2007年与中国电子科技集团公司第27研究所开始合作，共同研制开发DZN2型自动土壤水分观测仪（见图5-4），并获得中华人民共和国实用新型专利（专利号：ZL 200720090099.4）。2009年8月25日，经样机测试、对比试验、资料审查和专家评审，中国气象局综合观测司批准（气测函〔2009〕206号）该仪器设计定型，并正式命名为DZN2型自动土壤水分观测仪（见图5-4）。

DZN2型自动土壤水分观测仪利用FDR（Frequency Domain Reflectometry）原理，根据探测器发出的电磁波在不同介电常数物质中的频率变化，计算出被测物含水量。监测具有连续性、数据精度高、仪器安装简便、不破坏土层结构且无放射性等特点，可自由测量不同深度土壤含水量，对指导农业生产具有重要意义。同时，该仪器可组网运行，利用互联网或局域网，可实时查看、下载各站的资料，具有很大的灵活性。

2009年，该仪器被中国仪器仪表学会评为优秀产品；2010年参加东盟博览会，获得优秀参

* 现“中国人民解放军信息工程大学”，下同

展项目奖。到 2010 年底，该仪器已在河南、河北、陕西、安徽、山西、甘肃、贵州、四川、重庆、新疆和内蒙古等地布设近 700 套，并出口到古巴。

图 5-4　DZN2 型自动土壤水分观测仪

第六章　科研队伍与保障条件建设

第一节　科研队伍建设

河南省气象科学研究所自成立以来，高度重视科研队伍建设，把加强科研队伍建设作为保障科研工作顺利开展的重要条件之一。几十年来，经过不断努力，建立了一支结构合理、规模适度、造诣有素的科研队伍。

河南省气象科学研究所的发展几经变革，1974 年恢复时，只有 7 名职工。改革开放后，国民经济进入快速发展时期，为满足气象服务需要，根据河南省气象局事业结构调整框架，本所承担的任务不断增加，科研队伍也相应发展壮大。1981 年全所 32 人，1992 年达 62 人，为有史以来最多。从 1996 年起，由于退休人员开始增多，新人员又得不到及时补充，科研队伍逐年减少。1999 年天气、气候和科技情报三大科研与服务任务相继撤销，全所职工减少到 31 人。2004 年起，随着农业气象研究和业务工作的进一步加强，以及不断接受新任务，全所职工每年有所增加。到 2010 年，全所在职职工达 45 人，其中：博士 4 人，硕士 15 人，大学本科 25 人，其他 1 人；正研级高级工程师 2 人，高级工程师 17 人，工程师 16 人，助理工程师 7 人，其他 3 人。1981—2010 年职工基本情况见表 6-1。

近 30 年来，科研队伍整体素质显著提高。大学本科及以上学历人员比例，由 1981 年的 31.3%提高到 2010 年的 97.8%；研究生人员比例，由 1982 年的 2.8%提高到 2010 年的 42.2%；高级工程师及以上人员比例，由 1985 年的 4.3%提高到 2010 年的 40.2%。

科研队伍建设，主要是从自身培养、人才引进和人才管理三个方面提高科研队伍的整体水平。

在人才培养方面，采取脱产（半脱产）、函授、短期培训三种形式，组织职工参加以知识更新和补缺为主要内容的继续再教育，提高科研队伍的知识结构和学历结构。1981—1995 年共有 38 人参加再教育，其中：高等教育 22 人，中等教育 3 人，进修培训 13 人（见表 6-2）。1996—2010 年共有 23 人参加再教育，其中：2 人获得博士研究生学历、学位，5 人获得硕士研究生学历、学位，2 人获得硕士研究生学位，12 人获得函授大学本科学位（其中：学习大气科学 7 人，经济管理 3 人，英语 1 人，法律 1 人），2 人获得中等专业学历（见表 6-3）。此外，仅在 2003—2006 年期间，还有 20 人次参加了气象基础知识、大气成分观测、遥感技术应用等不同类型的短期培训。

在人才引进方面，主要是从大中专院校应届毕业生中引进，随着教育水平的不断提高和气象事业发展的需要，人才引进的层次也越来越高。20 世纪 50—70 年代，教育事业发展较慢，又遭到“文化大革命”严重干扰，致使各类人才严重匮乏，人才引进没有太多的选择性。80—90 年代，全国教育事业进入快速发展时期，人才供需矛盾得到缓解，引进的人才绝大多数具有大学本科及以上学历。进入 21 世纪，各高等院校培养的研究生越来越多，人才引进标准也相应提高。为引进高层次急需人才，河南省气象局制定了人才引进相关优惠政策。利用该政策，从 1982 年起先后从应届毕业生中引进硕士 16 人、博士 2 人。其中：1982，1985，1990，1999，2001，2004，2005，2007，2008 和 2010 年引进硕士各 1 人，2006 和 2009 年引进硕士各 3 人；2007 和 2008 年引进博士各 1 人。此外，从本部门基层台站引进业务骨干 4 人(其中 2007 年引进硕士 1 人)。

在人才管理方面，对科技人员实行聘任、考核和奖惩制度。1990 年开始对全所各类人员实行目标管理分级考核制度，考核结果作为晋升、聘任的主要依据。1993 年开始对科技人员实行聘任制，分级聘任、分年聘任、择优上岗。1990 年，为鼓励科技人员努力完成年度目标任务，还制定了相关奖惩办法，根据年终考核结果进行奖惩。以后对奖惩办法曾几次修改和完善。2005 年修改完善的奖励办法包括目标考核奖、创收效益奖、科技开发奖、科技成果与业务奖和科技工作奖五项。20 多年来，由于坚持不懈地实行聘任制、考核制和奖惩制，广大科技人员积极进取、奋发向上的精神得到充分发挥，有力地促进了科研队伍的发展和提高。

表 6-1 1981—2010 年职工基本情况统计表

年份	总数	技术职称							学历					
		研究员	副研究员	正研级高级工程师	高级工程师	工程师	助理工程师	其他	博士研究生	硕士研究生	大学本科	大学专科	中等专业	其他
1981	32					3*					10	9	10	3
1982	36		2*			1*				1	10	10	11	4
1983	37		2*							1	10	11	12	3
1984	43		2*								14	11	15	3
1985	46		2*			16	12	16		1	14	11	17	3
1986	55		2			13	13	27		1	20	10	16	8
1987	56		2		1	10	12	31		1	20	12	15	8
1988	55	1*	2*											
1989	54	1*	2*											
1990	58	2	1		4	23	12	16		2	20	10	19	7
1991	56	2			5	21	12	16		1	23	9	18	5
1992	62	2			5	28	16	11		1	27	10	20	4
1993	62	2			6	27	20	7		1	27	8	19	7
1994	61	2		1	6	26	18	8		1	27	10	16	7
1995	62	2		1	9	27	14	9		1	28	10	15	8
1996	56	2		1	8	29	11	5		2	24	11	12	7
1997	49				10	22	11	6		3	23	9	9	5
1998	46				8	21	11	6		2	22	9	8	5
1999	31				5	21	1	4		4	14	5	5	3
2000	31				5	22	1	3		4	12	6	6	3
2001	30				7	17	3	3		5	13	4	5	3

续表

年份	总数	技术职称							学历					
		研究员	副研究员	正研级高级工程师	高级工程师	工程师	助理工程师	其他	博士研究生	硕士研究生	大学本科	大学专科	中等专业	其他
2002	32				9	17	2	4		5	15	4	5	3
2003	34				8	17	3	6		5	16	4	6	3
2004	38				12	16	6	4		6	18	4	7	3
2005	37			1	12	13	9	2		7	16	5	6	3
2006	39			1	12	12	11	3		10	16	4	6	3
2007	39			1	12	15	9	2	2	9	23	2	1	2
2008	39			2	15	13	7	2	4	12	20	1	0	2
2009	44			2	16	15	8	3	4	14	25	0	0	1
2010	45			2	17	16	7	3	4	15	25	0	0	1

注：1981—1985年、1988年、1989年数据（带 * 数据除外）取自《河南省气象事业统计资料》，其中1981—1984年未统计技术职称，1988和1989年未统计技术职称和学历，带“ * ”号数据不是取自《河南省气象事业统计资料》，而取自他处（如当事人提供）；其余年份资料根据本所职工花名册统计

表6-2　1981—1995年职工再教育统计表

年份	高等教育	中等教育	进修培训	合计
1981			2	2
1982				
1983				
1984				
1985				
1986			2	2
1987	5			5
1988	3		2	5
1989				
1990	3		1	4
1991				
1992	1		4	5
1993	4	1	2	7
1994	3			3
1995	3	2		5
合计	22	3	13	38

注：数据取自《河南省气象事业统计资料》

表 6-3　1996—2010 年职工再教育统计表

年份	博士研究生	硕士研究生	大学本科	大学专科	中等专业	备注
1996		1			1	*:函授学位,无学历。
1997		2	3			
1998						
1999		1	1			
2000			1		1	
2001						
2002						
2003						
2004						
2005		1				
2006						
2007	1		2			
2008	1	2*	3			
2009			2			
2010						
合计	2	7	12		2	

注:由本所保存的资料统计

第二节　科研保障条件建设

科研保障条件建设,是科学研究的基础。几十年来,河南省气象科学研究所为保障科研工作健康发展,不断改善科研环境和工作条件。现拥有一批农业气象研究的先进仪器和设备(见表 6-4),建成了国内先进的农田水分试验场和农业气象重点开放实验室。

表 6-4　2010 年实验室拥有的主要仪器设备统计

序号	名称	型号	数量(台、套、个)	生产厂家
1	植物冠层分析仪	AccuPAR	1	美国 Decagon 公司
2	CO_2/H_2O 分析仪(含数据采集器)	LI-840	2	美国 LI-COR 公司
3	稳态气孔计	LI-1400	1	美国 LI-COR 公司
		LI-1600	2	美国 LI-COR 公司
4	红外温度计	RAYST60XBAP	1	美国 Raytek 公司
5	土壤养分分析仪	TFC	1	北京强盛分析仪器制造中心
6	生物显微镜	XSP-2C	1	上海成光仪器有限公司
7	酸度计	PHS-25	1	上海伟业仪器厂
8	植物培养箱	HP-1500GS-D	1	武汉瑞华仪器设备有限责任公司
9	超净工作台	SW-CJ-1FD	1	苏州净化设备有限公司
10	通风橱		1	武汉瑞华仪器设备有限责任公司
11	1/10000 电子天平	AL104,110g/0.0001g	1	梅特勒-托利多仪器(上海)有限公司

续表

序号	名称	型号	数量（台、套、个）	生产厂家
12	1/100电子天平	LP1000 2B,1000g/0.01g	2	江苏常熟市百灵天平仪器有限公司
13	物理天平	MD-2610	2	江苏常熟市衡器厂
14	干燥箱	101-3	2	上海市实验仪器总厂
15	涡度通量观测系统	热量/CO_2	1	北京天正通公司
16	农田梯度观测系统	气5层(温/湿/风) 土壤4层(温/湿)	1	北京天正通公司
17	差分式全球定位仪	DGPS2000	1	北京合众思壮公司
18	极轨卫星/MODIS卫星资料接收处理系统	DVBS	1	北京星地通公司
19	数字化仪	A0幅	1	Calcomp公司
20	大型喷墨绘图仪	EPSON PS5500	1	EPSON公司
21	便携式光合作用测量系统	LI-6400	2	美国LI-COR公司
22	便携式叶面积仪	LI-3000	1	美国LI-COR公司
23	植物冠层分析仪	LI-2000	2	美国LI-COR公司
24	土壤入渗仪	EM50数采、 Drain Gauge探头	1	美国Decagon公司
25	便携式渗透计	Mini-Disk infiltrometer	1	美国Decagon公司
26	便携式地物光谱辐射计	SVC GER1500	1	北京东方佳气科技有限公司
27	多光谱冠层指数测量仪	ADC	1	理加联合科技有限公司
28	土壤检测仪	TFC-智能普及型	1	北京强盛分析仪器制造中心
29	糖度计	PAL-1	2	南京莱步科技实业有限公司
30	分光光度计	UV-1800	1	日本岛津
31	便携式叶绿素仪	SPAD502	2	日本Minolta公司
32	自动滴灌测控系统		1	南京沧浪科技有限公司
33	新一代极轨气象卫星接收处理系统	MODIS/FY3	1	华云星地通公司
34	Delta-T动态气孔计	AP4	1	英国Delta-T公司
35	自动土壤水分观测仪	DZN2	21	河南省气象科学研究所、中国电子科技集团公司第27研究所
36	便携式土壤水分速测仪	Gstar-S406	2	河南省气象科学研究所、中国电子科技集团公司第27研究所
37	手持式激光叶面积仪	CI-203	1	美国CID公司
38	便携式GPS	GARMIN	1	美国GARMIN公司
39	台式叶面积仪	LI-3100C	1	美国LI-COR公司
40	大口径闪烁仪	LAS	1	荷兰瓦赫宁根大学
41	称重式蒸渗仪	QYZS-201	1	西安清远仪器公司
42	高速冷冻离心机	H2050R	1	湖南湘仪实验仪器开发公司
43	无塔供水设备	10立方米	1	开封市开丰无塔供水设备有限公司
44	RR-9200小气候自动测定系统	RR-9200	3	北京鑫源时杰科技发展公司
45	红外测温仪	Raytekst60	3	美国Raytek公司

河南省气象科学研究所实验室始建于1960年，主要用于农业气象试验站开展农业气象观测和试验研究。最初配置有托盘天平、烘箱、土壤水分特性常数测定仪器、生理测定仪器和一些基础的化学分析仪器等。此后随着业务和科研的发展，为了模拟作物适宜生长环境和灾害环境，建造了当时比较先进的自动化玻璃温室，可以自动调节光照、温度、湿度等要素，配置了大型人工气候箱，并从日本进口了先进的农业气象综合测定装置、蒸发测定装置等，开展小麦、水稻、大豆等试验研究和农田蒸散、蒸发研究。

从1983年起，与中国气象科学研究院合作承担了国家气象局重点项目——“华北平原作物水分胁迫与干旱研究”。该项目是中美大气合作项目——“中国华北平原与北美大平原气候和农业比较”的一部分。为了圆满地完成研究任务，几经勘察，1983年7月决定在巩县建立农田水分试验基地，8月开始建造大型活动式防雨篷，面积约200平方米，可沿着两边的轨道移动遮雨；9月玉米收获后开始建设试验测坑小区，四周均建有1.5米深的隔离层，以阻止小区间土壤水分水平方向上的相互影响；10月份购置安装了两台水力式蒸发器。1986年安装了从日本进口的蒸发测定装置和农业气象综合测定装置。1988－1990年期间还从美国引进了稳态气孔计、大型叶面积仪和中子水分仪等，并建立了农田水分实验室，为土壤水分试验分析研究提供了较好的基础条件。

1989年试验基地由巩县搬迁至郑州市南郊的郑州市气象局院内，占地面积近1公顷，并扩大了试验小区面积，建有19个试验小区，每个小区面积33平方米，小区间设有可用水表计量水量的出水口，可根据试验要求进行定量灌溉；19个小区设57个重复，各重复间设1.3米深的隔断。试验田间开凿有深约80米的机井一眼，建储水量为5立方米的小型水塔一个，为各种农作物在不同发育期、开展不同土壤湿度条件的试验研究，提供了非常便利的条件。试验田中安装了农业综合测定装置、蒸发测定装置，可以进行温湿度、辐射、日照、风、降水量等气象要素和太阳直接辐射、有效辐射、冠层温湿度、风速、地热通量等连续测定。试验基地还建有一幢面积约600平方米的两层实验楼，以及为之配套的其他实验设施。实验楼内建有化学分析实验室和仪器分析实验室，面积约140平方米，配置了稳态气孔计、叶面积仪、中子仪、土壤养分速测仪和化学分析等仪器，可以进行作物生理、生态和生化测定。

2007年，河南省气象科学研究所和郑州市气象局又共同投资，在原来农田水分实验室的基础上，组建生态与农业气象实验室。期间装修了实验楼，改造了工作室、实验室和仪器室，更新了实验台、仪器柜、药品柜等，安装了梯度观测系统、涡度通量观测系统，配置了AccuPAR植物冠层分析仪、LI-840 CO_2/H_2O分析仪、电子分析天平、土壤肥力测定仪、智能人工气候箱、超净工作台、土壤分析仪等仪器设备。

2008年10月，根据中国气象局在《气象科技创新体系建设实施方案（2008—2012）》（征求意见稿）中明确提出的“在省科研所农业气象优势研究领域基础上，筛选、组建1～2个农业气象部门重点实验室”的指示精神，河南省气象局向中国气象局行文，申请以河南省气象局作为依托单位、建立中国气象局郑州农业气象重点开放实验室（豫气函〔2008〕87号）；2009年6月，中国气象局下发《关于同意建设中国气象局农业气象保障与应用技术重点开放实验室的批复》的文件（气发〔2009〕259号），并同意陈怀亮任实验室主任，由依托单位聘任。标志着“中国气象局农业气象保障与应用技术重点开放实验室”正式进入为期1年的建设期，并批复初期建设资金65万元。

2009年7月23日，中国气象局与河南省人民政府签署共同推进气象为河南农业发展服务合作协议，其中包含共同建设农业气象保障与应用技术重点开放实验室等合作事项。为此，河南省科学技术厅同意建设河南省农业气象保障与应用技术重点实验室。2009 年 12 月 22 日，河南省科学技术厅组织专家组，对河南省气象局申报的“河南省农业气象保障与应用技术重点开放实验室”进行了验收认定；2009 年 12 月 31 日，河南省科学技术厅正式同意河南省农业气象保障与应用技术重点开放实验室为省重点实验室，纳入省级重点实验室序列进行管理，批准开放运行(豫科政〔2009〕14 号)。2010 年 9 月 15 日，中国气象局科技与气候变化司组织专家组，对河南省气象局申报的“中国气象局农业气象保障与应用技术重点开放实验室”进行建设验收。该实验室顺利通过验收，正式进入中国气象局部门重点实验室管理序列。至此，省部合作共建的农业气象保障与应用技术重点实验室正式建成并对外开放运行。

在中国气象局/河南省农业气象保障与应用技术重点开放实验室建设过程中，河南省气象科学研究所积极参与、创新工作，完成了大量方案编制、文件与报告起草、设备采购和具体建设等任务，为重点实验室的顺利建成和开放运行做出了重要贡献。河南省气象局申报的《共建农业气象重点实验室并提高为农服务科技内涵》一文，荣获 2010 年度全国气象部门创新工作奖。

从 2009 年开始正式建设至 2010 年，结合河南省气象局投资，装修实验室 4 间、专家工作室 4 间，扩建实验室 2 间、学术报告厅 1 个(70 平方米)、职工食堂 1 个(70 平方米)；对自动灌溉系统进行了升级改造，新建自动灌溉控制室 2 间(20 平方米)，农机、农具设备存放室 2 间(30 平方米)，增建无塔供水设备 1 个(10 立方米)，试验示范田面积增加到约 1.1 公顷。

新建了土壤水分观测仪标定实验室，配置了传感器、采集器、土壤水分专用标定箱、石英砂、亚克力标定设备等仪器设备。目前实验室能够提供一整套的 FDR 土壤水分传感器的室内标定、室外标定设备以及标定方法和标准。

围绕农业干旱、冻害、干热风等监测预警研究，为加强农田环境监测和实验测试分析能力建设，中国气象局先后投入 100 多万元，配置了 LI-6400 便携式光合作用测量系统，可以通过控制叶片周围的 CO_2 浓度、水汽浓度、温度、相对湿度、光照强度和叶室温度等环境条件，测量植物叶片的气体交换、荧光参数和呼吸参数等；配置了 LI-2000 冠层分析仪和 LI-3000 便携式叶面积仪，可以测量叶面积指数、空隙比等冠层结构参数，可以简单、快速、准确、非破坏性地测定各种植物的叶面积；配置了 SVC GER1500 便携式地物光谱辐射计和 ADC 多光谱冠层指数测量仪，可用于农作物水分和营养成分的损失及土壤污染等探测，精确进行水分灌溉决策与最佳产量的环境控制；配置的 UV-1800 分光光度计可以测定各种物质在紫外区、可见光区和近红外区的吸收光谱，进行各种物质的定性及定量分析；配置的土壤入渗仪，用于长期监测土壤中和具有渗透作用的物质中水的渗漏；升级了农田梯度观测系统，结合原来安装的涡度相关系统可以进行作物边界层、大气扩散、能量收支平衡研究等。

重点实验室和农田水分试验基地建立以来，为河南省气象科学研究所“八五”至“十一五”期间承担的重大试验研究项目的完成，发挥了巨大作用。

同时建有极轨气象卫星接收系统、MODIS 卫星资料接收处理系统、差分式全球定位仪 DGPS2000 定位导航设备、CALCOMP-II 型数字化仪、ArcGIS 和 ArcIMS 等 GIS 软件、ENVI 遥感软件，进行遥感监测技术研究。

此外，还配置了从美国进口的 LI-188 型数字万能光度计、LI-1776 型太阳监测仪和 CO_2 气体分析仪等先进仪器，以开展“小麦气候生态”、“温棚蔬菜 CO_2 施肥技术”等研究。

第七章 论文、论著

河南省气象科学研究所成立以来，科技人员在科学研究的基础上，撰写了大量的论文、论著。据收集到的资料统计，撰写和参加编写论著 19 部；在国外刊物、论文集上发表论文 63 篇；在国内刊物上，1990 年以前发表论文 104 篇(不分核心期刊、非核心期刊)，1990 年以后在核心期刊(以 2009 年核心期刊为依据)上发表论文 132 篇。

一、论著

1. 符长锋(撰稿人之一).《中国短期天气预报手册：第一分册(下)——东亚大型天气过程》(草稿)，“江淮切变线”的编著者．中国人民解放军空军司令部气象部翻印，1960 年．

2. 朱自玺(撰稿人之一).《农业气候资源分析和利用》．福建科学技术出版社，1981 年．

3. 史定珊，谢晋英，关文雅．《小麦干热风防御技术》．河南科学技术出版社，1984 年．

4. 汪永钦(撰稿人之一).《小麦生态与生产技术》，第二章“麦田生态系统和生态因子分析”的主要编著者．河南科学技术出版社，1986 年．

5. 余优森，杨珍林，张廷珠，于玲，吴询平，关文雅，郭兴章，简慰民，等．《小麦干热风》．气象出版社，1988 年．

6. 汪永钦，王绍中，关文雅，史定珊(撰稿人之一).《河南小麦栽培学》，参加其中第二章“小麦生态条件及其分析”的编写．河南科学技术出版社，1988 年．

7. 朱自玺，安顺请，吴乃元(“华北平原作物水分胁迫与干旱研究”课题组).《作物水分胁迫与干旱研究》．河南科学技术出版社，1991 年 10 月．此书被北方 10 省(直辖市、自治区)优秀科技图书评选委员会评为 1991 年度北方 10 省(直辖市、自治区)优秀图书二等奖．

8. 朱自玺(编委及撰稿人之一).《中国的气候和农业》，其英文版《Climatology and Agriculture in China》．气象出版社，1991 年．同时向国内外发行．

9. 汪永钦(编委及审稿人之一).《农业小气候文集》．中国气象学会农业气象学委员会编．气象出版社，1991 年．

10. 毛留喜，关文雅(撰稿人之一).《河南玉米》，参加第二章“夏玉米气候资源及生态类型区划”编写．中国农业科学技术出版社，1994 年．

11. 汪永钦(撰稿人之一).《中国农业小气候研究进展》．撰写“现代国外农业气象学的主要进展及农业小气候试验研究的某些动向”．气象出版社，1993 年．

12. 王永其，关文雅(撰稿人之一).《河南旱地小麦高产理论与技术》．中国农业科学技术出版社，1999 年．

13. 陈怀亮，张雪芬(主编).《玉米生产农业气象服务指南》．气象出版社，1999 年．

14. 朱自玺，汪永钦(撰稿人之一).《我与新中国气象事业》．气象出版社，2002 年．

15. Zhu Zixi. “Yellow River” of “Encyclopedia of Water Science”，DOI：10. 1081/E-EWS

120010134,Marcel Dekker,Inc. ,270 Madison Avenue,New York 10016,U. S. A. ,Nov. 18,2003.(朱自玺,撰稿人之一.《水科学百科全书》.美国纽约出版.英文,电子版,撰写其中的“黄河”).

16. 董官臣,陈怀亮(主编).《气象水文耦合暴雨洪水预警技术研究》.气象出版社,2007年.

17. 陈怀亮.《黄淮海地区植被覆盖变化及其对气候与水资源影响研究》.气象出版社,2008年.

18. 赵国强,邓天宏,方文松,刘荣花,成林,李树岩(撰稿人之一).《河南小麦栽培学(新编)》.中国农业科学技术出版社,2010年.

19. 陈兴业,冶林茂,张硌.《土壤水分植物生理与肥料学》.海洋出版社,2010年.

二、论文

(一)国外刊物、论文集

1. 国外刊物

(1)Zhu Zixi,Stewart B A,Fu Xiangjun. Double Cropping Wheat and Corn in a Sub-Humid Region of China. *Field Crop Research*,1994,**36**:175-183. Elsevier. Printed in the Netherlands.

(2)Xue Q,Zhu Zixi,Musick J T, *et al*. Root growth and water uptake in winter wheat under deficit irrigation. *Plant and Soil*, 2003, **257**: 151-161. Kluwer Academic Publishers. Printed in the Netherlands.

(3)Xue Qingwu,Zhu Zixi,Musick J T,*et al*. Physiological mechanisms contributing to the increased water-use efficiency in winter wheat under deficit irrigation. *Journal of Plant Physiology*,2006,**163**:154-164.

(4)Xue Changying,Yang Xiaoguang,Bouman B A M, *et al*. Optimizing yield, water requirements,and water productivity of aerobic rice for the North China Plain. *Irrigation Science*,2008, **26**:459-474.(被SCI/EI收录).

(5)Xue Changying,Yang Xiaoguang,Bouman B A M, *et al*. Effects of irrigation and nitrogen on the performance of aerobic rice in Northern China. *Journal of Integrative Plant Biology*,2008, **50**(12):1589-1600.(被SCI收录).

2. 国际会议论文集

(1)Zhu Zixi,Niu Xianzeng,Hou Jianxin. Dynamic analysis of water budget in winter wheat field. Proceedings of the International Symposium on Agricultural Meteorology. Beijing,China,China Meteorological Press. 1987:23-24.

(2)Wang Yongqin,Wang Xinli,Liu Ronghua,*et al*. A study on the features of solar energy distribution in wheat colony in the middle-low yield productivity of Huang-Huai Plain of Henan Province of China. Proceedings of the International Symposium on Agriculture Meteorology. Beijing, China, China Meteorological Press. 1987:20-22.

(3)Wang Yongqin,Wang Xinli,Liu Ronghua. The relations of the growth of winter wheat and the formation of its yield productivity to meteorological conditions and their dynamic simulation. Proceedings of the 11th International Congress of Biometeorology. Purdue Univ. , U. S. A. 1987:175-178.

(4) Wang Yongqin. Recent developments in agrometeorological research on groundnut crop and agrometeorological aspects of groundnuts production in ASIA. Presented at the Meeting of Agrometeorological Working Group of RA-Ⅱ, WMO, New Delhi, India, Jan, WMO/TD-NO. 236. WMO, Geneva. 1988.

(5) Fu Changfeng, Cao Hongxin. Diagnostic analysis of entropy change of extratropical cyclones over the Yellow River. Proceedings of Palmen Memorial Symposium on Extratropical Cyclones. 1988:165-171.

(6) Wang Yongqin. The popularity application of microcomputer in agricultural meteorology work of China. Presented at "The International Symposium of the Meteorology Exerting the Influences on Integrated Developments and the Frame of Society and Economy in Portuguese Countries". Mabote, Mozambique. 1990.

(7) Zhu Zixi, Niu Xianzeng. Study on stress of water and water consumption of winter wheat, challenges in dryland agriculture—A global perspective. Proceedings of the International Conference on Dryland Farming. Published in U. S. A. 1990.

(8) Zhu Zixi, Stewart B A, Fu Xiangjun. Variation of soil water in field of double cropping wheat and corn. The 84th Annual Meeting of the American Society of Agronomy, Crop Science Society of America, Soil Science Society of America. Minneapolis, U. S. A. 1992.

(9) Stewart B A, Zhu Zixi, Jones R. Optimizing rainwater use. International Conference on Water Use. India. 1993.

(10) Zhou Keqian, Wang Yongqin. A tentative proposal for transforming carbon dioxide (CO_2) into resources. Proceedings of the International Symposium on Climate Change, Natural Disasters and Agricultural Strategies. Beijing. 1993:231-232.

(11) Wang Yongqin, Chen Yunhua. A study on the relationship between the dynamic in the tillering and spike-forming of winter wheat and the ecoclimatic conditions in Huanghuai Plain. Proceedings of the 13th International Congress of Biometeorology. Calgary, Canada. 1993.

(12) Zhu Zixi. Cotton Climatology. Agricultural Meteorology, CAgM Report No. 52, WMO/TD-No. 524. 1993.

(13) Wang Yongqin. On the Agrometeorological Disasters (AgMDs) of Henan Province and Its Prevention measures. Presented at "International Symposium on Disturbed Climate, Vegetation and Foods (DCVF)". Oct, 1992, Tsukuba, Ibaraki, Japan, *Journal of Agricultural Meteorology (Japan)*, 1993, **48**(5):755-758.

(14) Xue Q, Musick J T, Zhu Zixi. Water deficit effects on soil and plant water relations of winter wheat. The 86th Annual Meeting of the American Society of Agronomy, Crop Science Society of America, Soil Science Society of America. Seattle, Washington, U. S. A. 1994.

(15) Zhu Zixi, Xue Q, Musick J T. Water deficit effects on winter wheat growth and yield. The 86th Annual Meeting of the American Society of Agronomy, Crop Science Society

of America, Soil Science Society of America. Seattle, Washington, U. S. A. 1994.

(16) Wang Yongqin, Liu Ronghua. On the relationship between the seed qualities of winter wheat and climatic in the middle regions of China under global climate change and some counter-measures. Presented at "International Symposium on Food Production and Environment Improvement under Global Climate Change" (FPEI'96) Yamaguchi, Japan. 1996.

(17) Zhu Zixi, Zhao Guoqiang, Deng Tianhong. Water-saving techniques in agriculture, Training Workshop on Sustainable Agroecosystems and Environmental Issues. West Texas A & M University, U. S. A. 1999.

(18) Chen Huailiang, Xu Xiangde, Zou Chunhui. Study of a GIS-supported remote sensing method and a model for monitoring soil moisture at depth. Proceedings of SPIE, 2003, **5153**: 147-152.

(19) Liu Ronghua, Zhu Zixi, Fang Wensong. Study on drought indices and loss assessment of winter wheat in North China. Proceedings of SPIE—Atmospheric and Environmental Remote Sensing Data Proceeding and Utilization: Numerical Atmospheric Prediction and Environmental Monitoring, Optics Photonics Conference, Co-located with the SPIE Annual Meeting: Celebrating 50 Years of Excellence. 1-4 August 2005, San Diego Convention Center, San Diego, California, USA, The International Society for Optical Engineering, 2005, Vol. 5890, Proc. of SPIE 58901E-1-Proc. of SPIE 58901E-8. (被 EI 收录).

(20) Liu Ronghua, Chen Huailiang, Zhu Zixi, *et al*. Application of large aperture scintillometer on drought monitoring, Proceedings of SPIE—Atmospheric and Environmental Remote Sensing Data Proceeding and Utilization: Numerical Atmospheric Prediction and Environmental Monitoring, Optics Photonics Conference, Co-located with the SPIE Annual Meeting: Celebrating 50 Years of Excellence. 1-4 August 2005, San Diego Convention Center, San Diego, California, USA, The International Society for Optical Engineering, 2005, Vol. 5890, Proc. of SPIE 58901F-1-Proc. of SPIE 58901F-8. (被 EI 收录).

(21) Chen Huailiang, Zhang Xuefen, Liu Weichang, *et al*. Soil moisture prediction based on retrievals from satellite sensings and a regional climate model. Proceedings of SPIE, 2005, Vol. 5884, 58840E. (被 EI 收录).

(22) Chen Huailiang, Zou Chunhui, Liu Yujie, *et al*. Variations of NDVI and the relations with climate in Huang-huai-hai region of China from 1981—2001. Proceedings of SPIE, 2005, Vol. 5884, 58841I. (被 EI 收录).

(23) Chen Huailiang, Du Zixuan, Zhang Xuefen, *et al*. Change analysis on land sandy desertification and vegetation cover in Zhengzhou city of China in the last 10 years. Proceedings of SPIE, 2006, Vol. 6298, 629820.

(24) Zhu Zixi, Liu Ronghua, Zhao Guoqiang, *et al*. Risk assessment model of drought for winter wheat and its application in Henan Province. Proceedings of SPIE—*Remote Sensing and Modeling of Ecosystems for Sustainability* Ⅲ, 13—17 August 2006, San Diego, California, USA, the International Society for Optical Engineering, 2006, Vol. 6298, Proc. of SPIE 62981Z-1-Proc. of SPIE 62981Z-8. (被 EI 收录).

(25) Liu Ronghua, Shen Shuanghe, Zhu Zixi, *et al*. Effect of water on yield of winter wheat at different growth phases. Proceedings of SPIE—*Remote Sensing and Modeling of Ecosystems for Sustainability* Ⅲ, 13—17 August 2006, San Diego, California, USA, the International Society for Optical Engineering, 2006, Vol. 6298, Proc. of SPIE Vol. 6298 62981Y-1-Proc. of SPIE Vol. 6298 62981Y-8. (被 EI 收录).

(26) Liu Ronghua, Shen Shuanghe, Zhu Zixi, *et al*. Risk assessment model of drought-caused winter wheat yield loss and its application in Henan Province. Proceedings of SPIE—*Atmospheric and Environmental Remote Sensing Data Proceeding and Utilization* Ⅱ: Perspective on Calibration/Validation Initiatives and Strategies, 13—17 August 2006, San Diego, California, USA, the International Society for Optical Engineering, 2006, Vol. 6301. Proc. of SPIE Vol. 6301 63010U-1-Proc. of SPIE Vol. 6301 63010U-9. (被 EI 收录).

(27) Zhang Xuefen, Zheng Youfei, Hu Peng, *et al*. On the laws of variation in climate yield potentials and its availability in Henan Province of China with their availability. Proceedings of SPIE, 2006, Vol. 6298. (被 EI 收录).

(28) Liu Ronghua, Hu Peng, Zhao Guoqiang, *et al*. Spatial distribution and temporal variation of ultraviolet radiation in Henan Province and the affecting factors. Proceedings of SPIE. 2007, Vol. 6679. (被 EI 收录).

(29) Liu Ronghua, Zhu Zixi, Fang Wensong, *et al*. Techniques for comprehensive risk assessment of climatic drought in winter wheat production in Northern China. Proceedings of SPIE, 2007, Vol. 6684. (被 EI 收录).

(30) Fang Wensong, Liu Ronghua, Zhu Zixi, *et al*. Model of root system for winter wheat and water uptake. Proceedings of SPIE, 2008, Vol. 7083. (被 EI 收录).

(31) Li Shuyan, Cheng Lin, Liu Ronghua. Simulations of IPCC SRES effect upon winter wheat growing in the Chinese Huang-huai Valley. Proceedings of SPIE, 2008, Vol. 7083. (被 EI 收录).

(32) Chen Huailiang, Liu Zhongyang, Jiang Qingxia, *et al*. Vegetation cover change monitoring and analyzing in Huanghe-Huaihe-Haihe zone based on multi-source information fusion, ISPRS 会议论文集, 2008.

(33) Zhang Hongwei, Chen Huailiang, Li Shuanghe, *et al*. The application of modified perpendicular drought index (MPDI) method in drought remote sensing monitoring. Proceedings of SPIE, 2008, Vol. 7083, doi: 10. 1117/12. 800044. (被 EI 收录).

(34) Zhang Hongwei, Chen Huailiang, Shen Shuanghe, *et al*. Drought remote sensing monitoring based on the modified perpendicular drought index method. Proceedings of SPIE, 2008, Vol. 7110. (被 EI 收录).

(35) Liu Zhongyang, Chen Huailiang, Du Zixuan, *et al*. Response characteristic analysis of climate change of vegetation activity in Huanghe-Huaihe-Haihe zone based on NOAA NDVI dataset. Proceedings of ISPRS, 2008.

(36) Chen Huailiang, Zhang Hongwei, Shen Shuanghe, *et al*. A real-time drought monitoring method: Cropland soil moisture index (CSMI) and application. Proceedings of SPIE,

2009, Vol. 7472, 747221.

(37)Chen Huailiang, Zhang Hongwei. Construction and validation of a new model for cropland soil moisture index based on MODIS data. Proceedings of SPIE, 2009, Vol. 7454, 745418.

(38)Chen Huailiang, Zhang Hongwei, Liu Ronghua, *et al*. Agricultural drought monitoring, forecasting and loss assessment in China. Proceedings of SPIE, 2009, Vol. 7472, 74721P. (被 EI 收录).

(39)Zhang Hongwei, Chen Huailiang, Shen Shuanghe. The application of unified surface water capacity method in drought remote sensing monitoring (ER7472-62), Proceedings of SPIE, 2009, Vol. 7472, 74721M; doi:10. 1117/12. 829735. SPIE 国际光学工程学会.

(40) Zhang Hongwei, Chen Huailiang, Sun Rui, *et al*. The application of Normalized Multi-Band Drought Index (NMDI) method in cropland drought monitoring(ER7472-66), Proceedings of SPIE, 2009, Vol. 7472, 74721Q; doi:10. 1117/12. 830557. SPIE 国际光学工程学会.

(41)Ye Linmao, Wu Zhigang, Yu Zhonghe. Design of wideband solar ultraviolet radiation intensity monitoring and control system. Proceedings of SPIE, 2009, 7410, 74100I, Proceedings of SPIE, 2009, 271001.

(42)Chen Huailiang, Zhang Hongwei, Liu Ronghua, *et al*. Agricultural drought monitoring, forecasting and loss assessment in China. Proceedings of SPIE, 2009, Vol. 7472.

(43)Fang Wensong, Liu Ronghua, Zhu Zixi, *et al*. Study on soil water indexes of growth and development for winter wheat. Proceedings of SPIE, 2009, Vol. 7454. (被 EI 收录).

(44)Li Shuyan, Liu Ronghua, Cheng Lin. Validation of crop model for simulating summer maize in the Huang-Huai Plain of China and its application on analyzing drought effects. Proceedings of SPIE, 2009, Vol. 7454. (被 EI 收录).

(45) Zou Chunhui, Chen Huailiang, Yin Qing. Design and implementation for satellite remote sensing forest fire-points automatic monitoring system. Proceedings of SPIE, 2009, Vol. 7454. (被 EI 收录).

(46)Yu Weidong, Zhang Xuefen. A research on assessing method of frost damage in winter wheat in Huanghuai area. Proceedings of SPIE, 2009, Vol. 7454. (被 EI 收录).

(47)Chen Huailiang, Du Zixuan, Zhou Ziping, *et al*. Characteristics of vegetation coverage variations and numerical simulation on its impact on regional climate in Huanghe-Huaihe-Haihe zone. Proceedings of SPIE, 2010, Vol. 7824. (被 EI 收录).

(48)Chen Huailiang, Zhang Hongwei, Liu Zhongyang. The analysis and application of satellite-airborne-in situ observation synchronized test data in Henan Province. Proceedings of SPIE, 2010, Vol. 7824. (被 EI 收录).

(49)Zhang Hongwei, Chen Huailiang, Zou Chunhui, *et al*. The review of dynamic monitoring technology for crop growth. Proceedings of SPIE, 2010, Vol. 7824. (被 EI 收录).

(50) Zhang Hongwei, Chen Huailiang. The analysis of winter wheat dynamic growth based on the data of MODIS coupled with in-situ observation. Proceedings of SPIE, 2010, Vol. 7824ZM. (被 EI 收录).

(51)Li Junling,Cheng Huailiang,Liu Zhongyang,*et al*. Integrated GIS/AHP-based flood disaster risk assessment and zonation:A case study of Henan Province,China. *Proceedings of SPIE*, 2010,Vol. 782423.(被 EI 收录).

(52)Liu Zhongyang,Chen Huailiang,Du Zixian,*et al*. Study on the assessment of flood disaster on summer maize. *Proceedings of SPIE*, 2010,Vol. 78242N.(被 EI 收录).

(53)Guo Peng,Bo Yanchen. Research on the merging of multi-source remotely sensed SST products. *Proceedings of SPIE*,2010,VOL. 7825oO.(被 EI 收录).

(54) Liu Zhongyang, Du Zixian, Chen Huai Liang, *et al*. Study on the Land Use and Cover Classification of Zhengzhou Based on Decision Tree. ICRS2010 of IEEE,2010,Vol. 1.(被 EI 收录).

(55)Li Junling,Zou Chunhui,Zhang Gang, *et al*. Quantitative Study of Soil Erosion in Henan Province based on GIS. ICRS2010 of IEEE,2010,Vol. 1.(被 EI 收录).

(56)Du Zixuan,Chen Huailiang,Liu Zhongyang,*et al*. The Change of Green Wave and Brown Wave of the Vegetation in Huanghe-Huaihe-Haihe Zone and Its Responds to Climate Changes. ICRS2010 of IEEE,2010,Vol. 1.(被 EI 收录).

(57)Xue Longqin,Wang Zuhan. The Study and Implementation of Meteorologic Automatic Observation Information Sharing Platform Based on WebGIS. BMEI 2010 of IEEE.(被 EI 收录).

(58)Li Shuyan,Liu Ronghua,Cheng Lin. Simulation and Research on Water Condition of Summer Maize Support by CERES-Maize Model. CMBB 2010.(被 EI 收录).

(二)国内刊物

1.1990 年以前(含 1990 年)的论文

——天气方面:

(1)符长锋.1958 年盛夏伊洛沁河地区的暴雨.天气月刊,1959,(6):13-16.

(2)符长锋,陈世银.单站能量在寒潮预报中的试用.气象,1980,**6**(2):1-2.

(3)符长锋,席国耀.关于天气阶段性问题.河南气象,1980,(4):1-7.

(4)符长锋.用能量锋的进退划分梅雨期.气象,1981,**7**(6):10-12.

(5)符长锋.能量天气分析方法在我省的应用.河南气象,1982,(1):11-14.

(6)符长锋.关于梅雨问题.浙江气象科技情报,1983,(2):3-8.

(7)陈万隆,符长锋.台风暴雨的统计特征与可能最大暴雨估算.气象科学,1984,(1):36-39.

(8)符长锋.河南省暴雨落区短期预报试验程序有关物理量的计算方案.河南气象,1984,(4):7-17.

(9)符长锋,徐熙承,李开秀,等.用 MOS 方法做夏季中期降水预报的尝试.河南气象,1985,(2):12-15.

(10)符长锋,廉德华.湿位势倾向方程诊断与暴雨落区预报.河南气象,1985,(6):16-21.

(11)符长锋,廉德华.河南省区域性暴雨影响系统普查.河南气象,1985,(6):12-15.

(12)符长锋.台风系统 24 小时最大暴雨量的预报.气象,1985,**11**(9):12-15.

(13)胡鹏,符长锋．在IBM-PC/X7上使用FORTRAN-77中几个值得注意的问题．河南气象,1986,(3):37-38.

(14)胡鹏．夏季中期降水MOS预报方程的建立．河南气象,1987,(1):3-6

(15)冶林茂,韩付安．开封夏季大—暴雨预报专家系统．河南气象,1987,(5):26-29.

(16)符长锋,廉德华．区域性暴雨落区甚短期预报的诊断分析方法．气象,1987,**13**(5):14-18.

(17)季书庚,田震,李刚,等．河南省暴雨落区诊断分析预报业务系统．河南气象,1988,(4):4-5,33.

(18)李俊亭．豫北夏季降水的统计分析．河南气象,1988,(4):19-20.

(19)卢莹．近海区域地面风场日变化的数值模拟．气象,1988,**14**(6):10-15.

(20)周天增,王隆德．豫南小网格地面温度场分析．河南气象,1989,(2):16-21.

(21)符长锋,冶林茂,季书庚．河南省夏季MOS定量降水预报业务系统．河南气象,1989,(4):9-12.

(22)李俊亭,郭建喜,周毓荃．开封边界层的一些气象特征．河南气象,1990,(1):12-16.

(23)符长锋．大范围灾害性和持续异常天气研讨会纪要．河南气象,1990,(4):19,46.

(24)林敬凡,胡秀英．河南省地形对风的影响．气象,1990,**16**(5):30-35.

(25)林敬凡．河南省各种暴雨日变化特征及其物理成因．河南科技,1990,(增刊):12-14.

——气候方面:

(1)王良启．气候因子的重要性及其取舍．河南气象,1982,(3):27-29.

(2)王良启．农业气候定量分析的一种简易方法．河南气象,1983,(1):26-31.

(3)王良启,郝齐芬．用一月、七月平均气温的平均值代替年均温是不适合的．河南气象,1983,(2):33-34.

(4)李俊亭,郭建喜．河南雨凇天气的主要特征及成因分析．河南气象,1986,(1):21-23.

(5)金宇,张丽华．河南省太阳能资源的计算及分布．河南气象,1987,(2):31-35.

(6)周天增,马效平,王良启,等．我国东部亚热带地区太阳总辐射推算方法探讨．河南气象,1987,(4):27-29.

(7)苗长明,张季梅．厄尔尼诺与河南的气温和降水．河南气象,1988,(1):5-11.

(8)阎巧云,郝瑞普．郑州市区低层空气中SO_2浓度的变化与混合层厚度的关系．河南气象,1988,(2):22-24.

(9)苗长明．用车贝雪夫多项式对赤道东太平洋温度进行客观分析的初步试验．河南气象,1988,(5):3-7.

(10)王良启．河南省气候生产潜力的分布特征．河南气象,1988,(6).

(11)阎巧云．酸雨的形成机理．河南气象,1989,(2):30.

(12)马效平,周天增,陆昌源．对河南草山草坡农业气候资源特征及其合理利用的简要分析．河南气象,1988,(3):26-27.

(13)王良启．年降水偏差对气候生产力的影响．河南气象,1990,(2):21-22.

(14)苗长明．南方涛动与赤道太平洋海温相互作用的季节变化及时滞性．新疆气象,1990,(9):6-9.

——农业气象方面：

(1)汪永钦．河南省棉花主要生育期农业气候特点的分析．气象科技资料，1974，(8)：30-32.

(2)河南省气象局农气站，郑州市郊革委农林组(注：张全荣为作者之一)．红薯育苗不用煤．气象，1976，(4)：17-19.

(3)汪永钦．河南省小麦干热风发生规律及防御措施研究总结．河南气象，1978，(1)：23-26.

(4)朱自玺，张全荣，周月玲．小麦、玉米、大豆三茬套种的光分布特点及光能利用的初步分析．河南气象，1979，(4)：13-21.

(5)朱自玺．带状种植的小气候特点及其对小麦生长发育的影响．河南农林科技，1980，(10)：1-4.

(6)余优森，杨珍林，关文雅，等．北方小麦干热风气候区划．气象，1981，**7**(5)：11-15.

(7)朱自玺．热量条件和熟制的判别分析．气象，1981，**7**(11)：21-22.

(8)汪永钦．介绍一种农田蒸散力的计算方法．气象，1982，**8**(1)：25-28.

(9)朱自玺，艾敬贤，周月玲．河南作物耗水量和降水指标分析．农业气象科学，1982，**2**(1)：75-79.

(10)朱自玺，艾敬贤，周月玲．作物耗水模式和降水指标的确定．气象，1982，**8**(12)：18-20.

(11)关文雅．河南省小麦农业气候生态区划．河南气象，1982，(3)：30-38.

(12)朱自玺．我省夏玉米高产安全播期下限的热量条件分析．河南农林科技，1982，(4)：10-12.

(13)汪永钦．应用遥感技术进行产量预报简介．河南气象，1983，(1)：23-26.

(14)朱自玺，艾敬贤，周月玲．不同熟制的降水综合评判及区划．气象，1983，**9**(1)：26-29，23.

(15)侯建新，蔡润芬．干热风危害小麦生理机制试验总结．河南气象，1983，(2)：22-27.

(16)史定珊，关文雅．河南省1982—1983年冬小麦生育期间农业气象条件评价．河南气象，1983，(4)：35-38.

(17)汪永钦，韩慧君．合理利用农业气候资源，提高农业生态系统功能．河南科技，1984，(9)：11-13，6.

(18)汪永钦，董中强，吴增祺．试论我省冬小麦主要气候生态特征．河南气象，1985，(10)：35-41.

(19)张全荣，李冰．干旱之年玉米为何高产．河南气象，1984.

(20)侯建新．小麦干热风气象指标的研究．河南气象，1984，(1)：35-36，26.

(21)张全荣．郑州地区1983—1984年度冬小麦生育期间农业气候评价．河南气象，1984，(2)：29-31.

(22)董中强，吴增祺，汪永钦．河南省小麦生育期间降水特点的分析．河南农学院学报，1984，(3)：45-55.

(23)张林，关文雅，郭兴章，等．小麦干热风伤害机理的研究．作物学报，1984，**10**(2)：105-112.

(24)张全荣,翟秀梅．不同颜色地膜对棉花产量的影响．河南气象,1985,(2):33-35.

(25)骆继宾,亓来福,朱自玺,等．我国农业气象代表团对保加利亚人民共和国农业气象工作的考察报告．气象科技动态,1985,(11):2-12.

(26)朱自玺,姚丹荫,骆继宾,等．我国农业气象代表团对德意志民主共和国农业气象工作的考察报告．气象科技动态,1985,(11):12-17.

(27)翟秀梅,张全荣．1984年冬季气候特点及其对农业生产的影响．河南农林科技,1985,(12):15-16.

(28)朱自玺,艾敬贤,周月玲,等．河南省种植制度气候分析及区划．耕作与栽培,1986,(1-2):76-81.

(29)关文雅,毛留喜．河南省防御小麦干热风经济效益估算．农业气象,1986,(2):50-52.

(30)汪永钦,袁建中,王信理．试论河南省黄淮平原中、低产地区夏大豆气候生态适应性的某些特征．农业气象,1986,(4):18-22.

(31)史定珊,关文雅,毛留喜,等．NOAA 气象卫星遥感技术在冬小麦产量监测预测中的应用．河南气象,1986,(6):10-15.

(32)史定珊,关文雅,毛留喜．系统工程在冬小麦产量预报中的应用．气象,1986,(11):31-34.

(33)史定珊,关文雅,毛留喜,等．冬小麦产量动态模拟模式研究．科学通报,1987,(1):64-68.

(34)朱自玺,牛现增．冬小麦主要生育阶段水分指标的生态分析．气象科学研究院院刊,1987,**2**(1):81-87.

(35)史定珊,关文雅,毛留喜．河南省地(市)、县级小麦多时效气象预报模式．河南气象,1987,(1):17-22.

(36)朱自玺,牛现增,付湘军．冬小麦耗水量和耗水规律的分析．气象,1987,**13**(2):29-32.

(37)朱自玺,侯建新,牛现增,等．夏玉米耗水量和耗水规律分析．华北农学报,1987,**2**(3):52-60.

(38)朱自玺．农业气象试验站科研选题原则．中国气象,1988,(5):12-13.

(39)朱自玺,牛现增,侯建新．麦田水量平衡的动态分析．中国农业气象,1988,**9**(2):1-3.

(40)朱自玺,牛现增,侯建新．冬小麦水分动态分析和干旱预报．气象学报,1988,**46**(2):202-209.

(41)朱自玺,侯建新．夏玉米土壤水分指标研究．气象,1988,**14**(9):13-16.

(42)郑剑非,朱自玺．国际旱地农业学术讨论会在美召开．国外农学:农业气象,1988,(4).

(43)汪永钦．近年来国内外花生气象研究的一些进展．国外农学:农业气象,1989,(2):23-30.

(44)汪永钦．赴美国进行农业气象专业考察的一些收获与体会．气象科技,1989,(1):93-96,98.

(45)汪永钦．WMO第二(亚洲)区协第九次会议有关农业气象活动的决议及评述．国外农学:农业气象,1989,(1):40-42.

(46)关文雅,史定珊．我省小麦生育后期青枯的气候规律分析及区划．河南农业科学,1989,(2):1-5.

(47)艾敬贤．一种水稻物候期预报方法．河南气象,1989,(3):26-27.

(48)艾敬贤．水稻豫粳2号光温特性初步研究．河南农业科学,1989,(3):6-7.

(49)关文雅．喷洒磷酸二氢钾防御小麦干热风．河南科技:上半月,1989,(5):9-10.

(50)朱自玺．国际旱地农业学术讨论会暨美国旱地农业考察报告．气象科技动态,1989,(1):30-32.

(51)郑剑非,朱自玺．国际旱地农业会议．世界农业,1989,(6):53-54.

(52)陈怀亮,张红卫．逐步回归双重分析在农业气象产量预报中的应用．河南气象,1990,(1):22-23.

(53)汪永钦．趋利避害,发展我省小麦生产．河南气象,1990,(1):16-18.

(54)关文雅．河南省小麦丰、歉典型年气候模型．河南气象,1990,(2):19-20.

(55)河南省小麦气候生态研究协作组(注:本文汪永钦执笔)．充分利用气象资源,促进我省小麦生产．河南农业科学,1990,(1):10-12.

(56)汪永钦．亚洲地区花生的农业气候分析和区划．国外农学:农业气象,1990,(2):1-5.

(57)汪永钦,刘荣花,蔡虹,等．论河南省旱作麦区气候生产潜力．河南师范大学学报,1990,(3):57-63.

(58)汪永钦．因地制宜,积极推广应用小麦气候生态研究系列成果．河南气象,1990,(4):27-28,31.

(59)汪永钦,杨海鹰,刘荣花,等．试论冬小麦籽粒品质与气候条件的关系．中国农业气象,1990,**11**(2):1-7.

(60)谈红宝,Hipps L S,杨海鹰．风对柔软茎植物冠层光谱反射率的影响．南京气象学院学报,1990,**13**(2):213-219.

——其他方面:

(1)苗长明．dBASE-Ⅱ与BASIC语言信息传输时的记录结构问题．河南气象,1987,(5):30-32.

(2)冶林茂,田震,韩富安．甚高频电话通信用于探空资料自动处理系统．气象,1988,**14**(11):47-48.

(3)林敬凡．地、市气象科研及其管理．河南气象,1990,(4):32-34.

(4)苗长明．也谈高架点源地面污染物最大浓度的估算问题．河南气象,1990,(4):26-27.

(5)阎巧云．郑州市区酸雨概况．河南气象,1990,(4):28.

2.1990年以后在核心期刊上发表的论文

——天气方面:

(1)符长锋．台风暴雨大气熵变场诊断和对比分析．应用气象学报,1991,**2**(4):408-415.

(2)符长锋,黄嘉佑．MOS预报中降水量的正态化处理．气象,1992,**18**(6):26-30.

(3)符长锋,郭建喜,吴万素,等．河南汛期降水的客观区划和天气气候特征．河南大学学报,1992,(4):75-82.

(4)林敬凡．河南夜间多暴雨及其成因．气象,1993,**19**(12):36-40.

(5)赵佩章,符长锋．《大气中的耗散结构与对流运动》一文商榷．大气科学,1993,**17**(2):249-250.

(6)黄嘉佑,符长锋．黄河中下游地区夏季逐候降水量的低频振荡特征．大气科学,1993,**17**(3):379-383.

(7)黄嘉佑,符长锋．黄河三花间地区汛期逐日降水 MOS 预报的因子选择试验．气象学报,1993,**51**(2):232-236.

(8)符长锋,沙斌泉．登陆热带气旋持续性的诊断分析．大气科学研究与应用,1993,(2):16-27.

(9)符长锋,李任承,吴万素．广义相当位温及其在天气预报中的应用．空军气象学院学报,1994,**15**(3):213-220.

(10)符长锋,吴万素．熵的演化与暴雨形成和落区的探讨．气象,1995,**21**(3):11-16.

(11)符长锋,高治定,卢莹．黄河三花间致洪暴雨的天气和气候分析．空军气象学院学报,1995,**16**(2):129-138.

(12)符长锋,卢莹,李朝兴,等．一次台风倒槽暴洪天气过程的三维等熵分析．空军气象学院学报,1995,**16**(3):223-232.

(13)符长锋,李国杰．我国的致洪暴雨研究．空军气象学院学报,1995,**16**(4).

(14)符长锋,李朝兴,卢莹,等．气象和水文结合的洪水预报方法的研制与应用．空军气象学院学报,1996:17,3.

(15)王魁山．郑州城市下垫面对边界层风的影响．气象,1998,**24**(7):10-13.

(16)吴富山,王魁山,符长锋．河南省汛期降水的天气季节特征．气象学报,1999,**57**(3):367-374.

(17)董官臣,冶林茂,符长锋．面雨量在天气预报工作中的应用．气象,2000,**126**(3):9-13.

(18)张胜军,陈怀亮,翁永辉．黄河三门峡水库—小浪底水库间夏季降水量年际变化及水汽形势分析．气象科技,2005,**33**(增刊):108-113.

(19)邓国,陈怀亮,周玉淑．集合预报技术在暴雨灾害风险分析中的应用．自然灾害学报,2006,**15**(1):115-122.

(20)符长锋,李任承,赵振东,等．广义相当位温及其扩展应用．气象,2006,**32**(3):11-17.

——气候方面:

(1)林敬凡,熊杰伟,鲁心正．气候条件对烤烟质量的影响．气象,1995,**21**(1):44-47.

(2)张雪芬,陈东,付祥健,等．河南省近 40 年太阳辐射变化规律及成因探讨．气象,1999,**25**(3):21-25.

(3)秦世广．黑碳气溶胶及其在气候变化研究中的意义．气象,2001,**27**(11):3-7.

(4)刘忠阳,王勇,丁园圆,等．郑州近 54 年降水变化的多时间尺度分析．气象科技,2005,**33**(增刊):123-126.

(5)杜子璇,李宁,顾卫,等．二连浩特地区土壤湿度变化特征及其与沙尘暴关系的初步研究．干旱区地理,2005,**28**(4):501-505.

(6)余卫东,柳俊高,常军,等．1957—2005年河南省降水和温度极端事件变化．气候变化研究进展,2008,**4**(2):78-83.

(7)余卫东,汤新海．气温日变化过程的模拟与订正．中国农业气象,2009,**30**(1):35-40.

——农业气象方面:

(1)陈怀亮,祝新建．获嘉县小麦产量的灰色预测预报模型．中国农业气象,1991,**12**(1):44-46.

(2)安顺清,朱自玺,吴乃元,等．黄淮海中部地区作物水分胁迫和干旱研究结果．中国农业科学,1991,**24**(2):13-18.

(3)陈怀亮,祝新建．冬小麦产量灰色预测预报模型．中国农业气象,1992,**13**(1):39.

(4)汪永钦．现代国外农业气象学的主要进展及农业小气候试验研究的某些动向．中国农业气象,1993,**14**(2):43-45,42.

(5)陈怀亮．气象灾害对河南省夏玉米产量的影响及对策．中国农业气象,1993,**14**(6):27-29.

(6)陶炳炎,张建华,汪永钦．稻麦农业气象决策气象服务系统．应用气象学报,1994,**5**(1):34-40.

(7)朱自玺,赵国强,邓天宏．冬小麦优化灌溉模型及应用．华北农学报,1995,**10**(4):26-33.

(8)陈怀亮．河南省棉花产量的灰色-马尔柯夫预测模型．气象,1995,**21**(9):34-35.

(9)朱自玺．美国农业气象和蒸散研究．气象,1996,**22**(6):3-9.

(10)朱自玺．论农业持续发展和水资源合理利用．河南社会科学,1996,(增刊):81-85.

(11)陈万隆,简慰民,邓天宏,等．人工栽培竹荪的气候条件和小气候调控措施．中国农业气象,1996,**17**(2):29-32.

(12)陈怀亮,张雪芬,毛留喜．基于产量阶段的河南省夏玉米灰色-马尔柯夫预测模型．中国农业气象,1996,**17**(6):45-48.

(13)汪永钦,刘荣花,王良启．日光温室蔬菜栽培中人工增施CO_2技术．应用气象学报,1997,**8**(4):460-468.

(14)赵国强,朱自玺,邓天宏,等．CO_2固体气肥发生剂在温棚蔬菜栽培中的应用．气象,1997,**23**(10):53-57.

(15)朱自玺,方文松,赵国强,等．棉花耗水量和土壤水分指标研究．气象,1997,**23**(12):9-14.

(16)陈怀亮,冯定原,毛留喜,等．CERES—玉米模拟模式的数值试验及应用．南京气象学院学报,1997,**20**(4):522-528.

(17)邓天宏,朱自玺,方文松,等．土壤水分对棉花蕾铃脱落和纤维品质的影响．中国农业气象,1998,**19**(3):8-13.

(18)朱自玺,赵国强,邓天宏,等．棉花耗水规律和灌溉随机控制．应用气象学报．1998,**9**(4):417-424.

(19)陈怀亮,关文雅,邹春辉,等．GIS支持下的复杂地形区冬小麦长势遥感监测方法．

气象,1998,**24**(8):21-25.

(20)赵国强,朱自玺,邓天宏,等. 多功能防旱剂效果分析. 气象,1998,**24**(9):55-57.

(21)陈怀亮,冯定原,邹春辉. 麦田土壤水分 NOAA/AVHRR 遥感监测方法研究. 遥感技术与应用,1998,**13**(4):27-35.

(22)王春林,汪永钦,杜明哲. 苗情诊断专家系统(SDES)的设计与实现. 大气科学研究与应用,1998,**15**(2):32-39.

(23)张雪芬,陈怀亮,邹春辉. GIS 支持下的小麦区域化苗情遥感监测应用研究. 南京气象学院学报,1999,**22**(1):116-120.

(24)赵国强,朱自玺,邓天宏,等. 水分和氮肥对小麦产量的影响及调控技术. 应用气象学报,1999,**10**(3):314-320.

(25)陈怀亮,冯定原,邹春辉,等. 用遥感资料估算深层土壤水分的方法和模型. 应用气象学报,1999,**10**(2):232-237.

(26)陈怀亮,毛留喜,冯定原. 遥感监测土壤水分的理论、方法及研究进展. 遥感技术与应用,1999,**14**(2):55-65.

(27)陈怀亮,王良宇,杜明哲,等. 产量阶段的划分及应用. 中国农业气象,1999,**20**(2):16-20.

(28)张雪芬,高伟力,陈东. 河南省高效农业耕作制生产力特征资源利用研究. 南京气象学院学报,1999,**22**(2):225-231.

(29)陈怀亮,冯定原,邹春辉. 用 NOAA/AVHRR 资料遥感土壤水分时风速的影响. 南京气象学院学报,1999,**22**(2):219-224.

(30)陈怀亮,冯定原,邹春辉. 河南省干旱遥感监测信息系统. 气象,1999,**25**(6):50-53.

(31)朱自玺,方文松,赵国强,等. 麦秸和残茬覆盖对夏玉米农田小气候的影响. 干旱地区农业研究,2000,**18**(2):19-24.

(32)朱自玺,赵国强,邓天宏,等. 秸秆覆盖麦田水分动态及水分利用效率研究. 生态农业研究,2000,**8**(1):34-37.

(33)朱自玺,邓天宏,赵国强,等. 小麦秸秆和残茬覆盖对夏玉米耗水量及产量的影响. 气象,2000,**26**(4):3-7.

(34)朱自玺,赵国强,邓天宏,等. 覆盖麦田的小气候特征. 应用气象学报,2000,**11**(增刊):112-118.

(35)朱自玺,赵国强,方文松,等. 不同土壤水分和不同覆盖条件下麦田水分动态和增产机理研究. 应用气象学报,2000,**11**(增刊):137-143.

(36)赵国强,朱自玺,方文松,等. 多功能防旱剂的应用研究. 应用气象学报,2000,**11**(增刊):186-191.

(37)汪永钦. 机遇与挑战——论现代农业气象学在我国近年来的进展与未来的展望. 中国农业气象,2000,**21**(4):52-53.

(38)陈怀亮,邹春辉,付祥建,等. 河南省小麦干热风发生规律分析. 自然资源学报,2001,**16**(1):59-64.

(39)朱自玺,赵国强,方文松,等. 干旱综合防御技术对冬小麦生长和产量的影响. 气象,2002,**28**(7):9-12.

(40)朱自玺,赵国强,邓天宏,等．小麦干旱综合应变防御技术的保墒节水效应．中国农业气象,2002,**23**(4):30-33.

(41)朱自玺,刘荣花,方文松,等．华北平原冬小麦干旱评估指标研究．自然灾害学报,2003,**12**(1):145-151.

(42)刘荣花,朱自玺,方文松,等．华北平原冬小麦干旱区划初探．自然灾害学报,2003,**12**(1):140-144.

(43)朱自玺,邓天宏,方文松,等．华北地区降低农业干旱风险的综合防御技术．自然灾害学报,2003,**12**(2):198-204.

(44)付祥军,邓天宏,朱自玺,等．不同土壤类型深层和浅层土壤湿度转换模型．自然灾害学报,2003,**12**(2):226-229.

(45)刘荣花,朱自玺,方文松,等．华北平原冬小麦干旱风险和灾损评估．自然灾害学报,2003,**12**(2):170-174.

(46)刘荣花,汪永钦,王良启,等．气候变化对河南省黄淮平原冬小麦生长发育的影响．自然灾害学报,2003,**12**(2):244-248.

(47)陈怀亮,王良宇,张雪芬．农业气象观测记录报表资料管理系统设计方法．中国农业气象,2004,**25**(3):63-66.

(48)邓天宏,付祥军,申双和,等．0～50 与 0～100 cm 土层土壤湿度的转换关系研究．干旱地区农业研究,2005,**23**(4):64-68.

(49)刘荣花,朱自玺,邓天宏,等．河南省墒情预报业务服务系统．气象,2005,**31**(8):77-80.

(50)邓天宏,方文松,付祥军,等．冬小麦夏玉米土壤水分预报及优化灌溉模型．气象科技,2005,**33**(1):68-72.

(51)方文松,邓天宏,刘荣花,等．河南省不同土壤类型墒情变化规律．气象科技,2005,**33**(2):182-184.

(52)陈怀亮,胡鹏,张雪芬,等．农业气候资源多时间尺度分析——以郑州市小麦、玉米为例．自然资源学报,2005,**20**(6):814-821.

(53)张雪芬,陈怀亮,任振和,等．黄淮平原不同土壤类型不同作物的土壤墒情指标研究．气象科技,2005,**33**(增刊):136-144.

(54)陈怀亮,徐祥德,刘玉洁,等．基于遥感和区域气候模式的土壤水分预报方法研究．中国沙漠,2005,**25**(增刊):261-265.

(55)陈怀亮,张雪芬,邹春辉,等．河南省小麦青枯发生规律的 EOF 分析．气象科技,2005,**33**(增刊):131-135.

(56)陈怀亮,徐祥德,刘玉洁．土地利用与土地覆盖变化的遥感监测及环境影响研究综述．气象科技,2005,**33**(4):289-294.

(57)陈怀亮,邹春辉,邓伟．植被温度条件指数在土壤墒情遥感监测中的应用．气象科技,2005,**33**(增刊):148-150.

(58)厉玉昇,翁永辉,陈怀亮,等．黄淮平原农业干旱预警系统研究．气象科技,2005,**33**(增刊):151-155.

(59)刘伟昌,张雪芬,王世涛,等．棉花生育期关键气象因子及单产丰歉评估指标．气象科技,2005,**33**(增刊):141-144.

(60)张雪芬,王良宇,厉玉昇,等.河南省农业气象周报运行系统设计与实现.中国农业气象,2005,**26**(1):45-48.

(61)张雪芬,余卫东,王春乙,等.WOFOST模型在冬小麦晚霜冻害评估中的应用.自然灾害学报,2006,**15**(6):337-341.

(62)刘荣花,朱自玺,方文松,等.华北平原冬小麦干旱灾损风险区划.生态学杂志,2006,**25**(9):1068-1072.

(63)陈怀亮,邓伟,张雪芬,等.河南小麦生产农业气象灾害风险分析及区划.自然灾害学报,2006,**15**(1):135-143.

(64)张雪芬,陈怀亮,郑有飞,等.冬小麦冻害遥感监测应用研究.南京气象学院学报,2006,**29**(1):94-100.

(65)方文松,朱自玺,刘荣花,等.夏玉米水分一产量反应系数研究.干旱地区农业研究,2007,**25**(2):111-114.

(66)刘荣花,王友贺,朱自玺,等.河南省冬小麦气候干旱风险评估.干旱地区农业研究,2007,**25**(6):1-4.

(67)方文松,陈怀亮,刘荣花,等.河南雨养农业区土壤水分与气候变化的关系.中国农业气象,2007,**28**(3):250-253.

(68)李树岩,陈怀亮,方文松,等.河南省近20年土壤湿度的时空变化特征分析.干旱地区农业研究,2007,**26**(6):10-15.

(69)余卫东,赵国强,陈怀亮.气候变化对河南省主要农作物生育期的影响.中国农业气象,2007,**28**(1):9-12.

(70)陈怀亮,张弘,李有.农作物病虫害发生发展气象条件及预报方法研究综述.中国农业气象,2007,**28**(2):212-216.

(71)刘伟昌,陈怀亮,赵国强,等.河南省玉米生长发育对气候变化的响应.中国农业气象,2007,(增刊):32-36.

(72)刘荣花,朱自玺,方文松,等.冬小麦根系分布规律.生态学杂志,2008,**27**(11):2023-2027.

(73)刘荣花,方文松,朱自玺,等.黄淮平原冬小麦底墒水分布规律.生态学杂志,2008,**27**(12):2105-2110.

(74)厉玉昇,申双和,冶林茂,等.C++与Surfer Automation在气象绘图中的应用.计算机应用与软件,2008,**25**(4):279-280.

(75)厉玉昇,申双和,冶林茂,等.基于C/S架构的紫外线网络监控系统.计算机应用与软件,2008,**25**(7):154-155.

(76)余卫东,杨君健,朱晓东.河南省不同强度降水变化及对水旱灾害的影响.安徽农业科学,2008,**36**(25):11010-11012.

(77)余卫东,柳俊高,常军,等.1957—2005年河南省降水和温度极端事件变化.气候变化研究进展,2008,**4**(2):78-83.

(78)刘伟昌,陈怀亮,王君,等.小麦条锈病气象等级预测方法研究.安徽农业科学,2008,**36**(27):11830-11832.

(79)薛昌颖,杨晓光,邓伟,等. 应用ORYZA2000模型制定北京地区旱稻优化灌溉制度. 农业工程学报,2008,**24**(4):76-82.

(80)李彤霄,赵国强,李有. 河南省气候变化及其对冬小麦越冬期的影响. 中国农业气象,2009,**30**(1):143-146.

(81)李香颜,陈怀亮. 洪水灾害卫星遥感监测与评估研究综述. 中国农业气象,2009,**30**(1):102-108.

(82)张红卫,陈怀亮,申双和. 基于EOS MODIS数据的土壤水分遥感监测方法. 科技导报,2009,**27**(12):85-92.

(83)刘伟昌,张雪芬,余卫东,等. 长江中下游水稻高温热害时空分布规律研究. 安徽农业科学,2009,**37**(14):6454-6457.

(84)王友贺,朱自玺,刘荣花,等. 黄淮地区农业干旱风险综合防御技术推广应用. 干旱地区农业研究,2009,**27**(2):5-9.

(85)李树岩,刘荣花,成林,等. 河南省农业综合抗旱能力分析与区划. 生态学杂志,2009,**28**(8):1555-1560.

(86)成林,李树岩,刘荣花,等. 限量灌溉下冬小麦水分利用效率模拟. 生态学杂志,2009,**28**(10):2147-2152.

(87)方文松,朱自玺,刘荣花,等. 秸秆覆盖农田的小气候特征和增产机理研究. 干旱地区农业研究,2009,**27**(6):123-128.

(88)方文松,刘荣花,朱自玺,等. 黄淮平原冬小麦灌溉需水量的影响因素与不同年型特征. 生态学杂志,2009,**28**(11):2177-2182.

(89)陈怀亮,徐祥德,杜子璇,等. 黄淮海地区植被活动对气候变化的响应特征. 应用气象学报,2009,**20**(5):513-520.

(90)刘忠阳,陈怀亮,刘玉洁,等. 基于多源信息融合的黄淮海地区植被覆盖变化遥感监测研究. 中国沙漠,2010,**30**(1):146-153.

(91)方文松,刘荣花,邓天宏. 冬小麦生长发育的适宜土壤含水量. 中国农业气象,2010,**31**(增1):73-76.

(92)余卫东,陈怀亮. 河南省优质小麦精细化农业气候区划研究. 中国农学通报,2010,**26**(11):381-385.

(93)陈怀亮,刘玉洁,杜子璇,等. 基于卫星遥感数据的黄淮海地区植被覆盖时空变化特征. 生态学杂志,2010,**29**(5):991-999.

(94)冶林茂,薛昌颖,杨海鹰,等. 过程降水入渗土壤深度的推算方法. 中国农业气象,2010,**31**(增1):66-69.

(95)王连喜,陈怀亮,李琪. 植物物候与气候研究进展. 生态学报,2010,**30**(2):447-454.

(96)薛昌颖,杨晓光,陈怀亮,等. 基于ORYZA2000模型的北京地区旱稻适宜播种期分析. 生态学报,2010,**30**(24):6972-6979.

(97)薛昌颖,刘荣花,吴骞. 气候变暖对信阳地区水稻生育期的影响. 中国农业气象,2010,**31**(3):353-357.

(98)李军玲,张金屯. 太行山中段植物群落草本植物优势种种间联结性分析. 草业科学,2010,**27**(9):119-123.

(99)郑有飞,田宏伟,陈怀亮,等．河南省夏收秸秆焚烧污染物排放量的估算与分析．农业环境科学学报,2010,**29**(8):1590-1594.

(100)田宏伟,郑有飞,陈怀亮,等．郑州地区气溶胶光学厚度反演与分析．气象科技,2010,**38**(4):515-520.

——其他方面:

(1)陈怀亮,邹春辉,周毓荃．河南省人工影响天气决策指挥地理信息平台．中国图象图形学报,2001,**6**(8):32-35.

(2)陈怀亮,邹春辉,周毓荃．人影决策指挥地理信息平台的建立和应用．南京气象学院学报,2002,**25**(2):265-270.

(3)杨东贞,徐祥德,陈怀亮,等．密云水库区域大气-土-水污染过程复合相关源．中国科学(D辑),2005,**35**(增刊):195-205.(SCI收录)

(4)冶林茂,吴志刚,杨海鹰．电容式土壤水分传感器设计与应用研究．地球科学进展,2007,**22**(特刊):179-185.

(5) 杜子璇,李宁,刘忠阳,等．层次分析法在下垫面因子影响沙尘暴危险度研究中的应用．干旱区地理,2007,**30**(2):184-188.

(三)译文(译著)

1. 汪永钦．冬小麦越冬抗寒性的变化．河南省农林科学院情报所:国外农林科技参考资料,1975,(7):21-27.

2. 汪永钦．人类活动对气候的影响．河南气象,1978,(2):24-25.

3. 汪永钦．整株青贮玉米的干物质产量、品质和全株含水量、籽粒含水量之间的关系．河南省农林科学院情报所:农林科技译丛,1978,5.

4. 朱自玺．霜冻的防御．译自[美]马瑟 J R《气候学基础及其应用》．河南气象,1980,(1):25-27.

5. 朱自玺．春季温度高低对冬小麦营养生长期长短和产量的影响．译自 FCA,1980,33.2.1053,麦类文摘,1981,3.

6. 朱自玺．世界小麦产区气候要素的季节相关性．译自 FCA,1980,33.3,1901,麦类文摘,1981,3.

7. 朱自玺．印度季风环流和小麦、水稻产量模式．译自 FCA,1980,33.3,1900,麦类文摘,1981,3.

8. 朱自玺．四种行向栽培条件下小麦的水分状况和产量．译自 FCA,1980,33.3,1903,麦类文摘,1981,3.

9. 朱自玺．用风洞测定热风对小麦影响的初报．译自 FCA,1981,34.3,1662,麦类文摘,1981,5.

10. 朱自玺．不同钠和钾的积累与小麦耐钠性的关系．译自 FCA,1981,34.4,2546,麦类文摘,1982,1.

11. 朱自玺．昼长变化与冬小麦叶片的出现．译自 FCA,1981,34.3,1653,麦类文摘,1982,1.

12. 朱自玺．光周期和春化处理对 30 个小麦品种发育速度和每穗小穗数的影响．译自 FCA,1981,34.3,1651,麦类文摘,1982,1.

13. 汪永钦．带状间作的防风作用．中国农业科学院．国外农学:农业气象,1982,(2):44-46.

14. 樊风皋．对流层中部长波和天气尺度波的增衰机制．河南气象,1983,(2):38-52.

15. 符长锋,席国耀．论温带气旋系统涡动有效位能的释放．气象科技报告,1984.

16. 吴忠祥．气象与海洋．气象科技报告,1984,(12):48-55.

17. 符长锋,屠国梁．大气及其热力结构．河南气象,1985,(2):47-48;(3):46-47.

18. 符长锋,屠国梁．台风．河南气象,1985,(4):42-43.

19. 符长锋．人造卫星．河南气象,1986,(2):41.

20. 符长锋．自动图像传送和扫描射线探测仪．河南气象,1987,(1):39.

21. 符长锋．卫星红外析谱仪——气象观测中一项重大成就．河南气象,1987,(2):43.

22. 符长锋．人工影响天气．河南气象,1987,(3):40.

23. 符长锋,尹学绵．人工影响天气．河南气象,1987,(4):41-42.

24. 符长锋,黄嘉佑．气候跃变分析．气象科技,1987,(6):49-54,封4.

25. 符长锋．东亚季风降水气候学．暴雨研究试验译文选．海洋出版社,1991.

26. 周克前,汪永钦．气候变化与世界农业．北京:气象出版社,1994.

(四)科普、电视片

1. 朱自玺．"作物-水分和干旱研究"电视专题片．河南电视台录制．1988年6月下旬在河南电视台播出．

2. 朱自玺．"冬小麦-水分-气候模式和土壤水分预报"电视专题片．河南省科技馆录制,1990年7月．

3. 汪永钦,周克前,米格智,等．"CO_2施肥——温棚增产的技术"(上、下)(1997—1998)电视专题片．荣获1998年第五届全国优秀气象科普作品二等奖．

4. 张海峰．云天探秘．北京:气象出版社,2007.

第八章　国际交流与合作

第一节　科研(技术)合作

一、技术援外

1. 1979 年 8 月—1981 年 12 月，中央气象局应世界气象组织(WMO)的要求，选派汪永钦作为农业气象专家赴马达加斯加民主共和国讲学，并进行技术援助。

2. 1989 年 9 月—1990 年 2 月，国家气象局应莫桑比克国家气象局的要求，选派河南省气象局汪永钦和南京气象学院张正元赴莫桑比克进行技术培训，帮助开展农业气象业务和组建两个农业气象试验站。

二、国际合作研究

1. 1984—1988 年，世界气象组织(WMO)任命汪永钦为世界气象组织亚洲区协(WMO-RA-Ⅱ)农业气象工作组成员兼花生气候报告员。

2. 1989—1993 年，世界气象组织(WMO)任命朱自玺为世界气象组织亚洲区协(WMO-RA-Ⅱ)农业气象工作组成员及棉花气候报告员，研究报告“Cotton Climatology”于 1993 年在尼泊尔加德满都举行的亚洲二区协工作会议上交流，并刊登在《Agricultural Meteorology》(CAgM Report No. 52，WMO/TD-No. 524，1993. 1)上。

3. 1991 年 9 月—1993 年 8 月，朱自玺受国家教育委员会派遣，以高级访问学者的身份赴美，在美国农业部 USDA-ARS Conservation & Production Research Laboratory(Bushland，TX)实验室从事合作研究。重点从事“高粱蒸散模式”和“冬小麦根吸水模式”的试验研究。由于成功的合作和所取得的成绩，1993 年 7 月 16 日实验室主任 B. A. Stewart 向朱自玺颁发荣誉证书：“授予朱自玺教授为 USDA-ARS Bushland 实验室荣誉成员称号”。在美期间，朱自玺共发表论文 5 篇，还与美方协商，并经中国气象局同意，建立了河南省气象科学研究所与该实验室的科研合作关系，开展人员互访、技术交流与项目合作。美方同意接收本所两名年轻科技人员赴该实验室进修，费用由美方提供。

4. 按照上述协议，1994 年 6 月，本所牛现增赴美国 USDA-ARS Conservation&Production Research Laboratory(TX)进修，并参与合作研究。

5. 1994 年 6 月—1997 年 9 月，根据河南省气象科学研究所与美国农业部 USDA-ARS Conservation & Production Research Laboratory(Bushland，TX)实验室协议，进行残茬覆盖夏玉米节水合作研究，试验种子为美国和河南当家品种，并进行对比分析。试验地段设置在郑州市南郊河南省气象科学研究所农田水分试验基地。

6.1998 年 4—6 月，胡鹏以访问学者身份赴美国艾奥瓦州立大学进行大气环境污染防治与保护方面的科研合作。

7.2000—2002 年，陈怀亮、张雪芬、杨光仙等参加中国与荷兰政府合作项目“建立中国荒漠化和粮食保障的能量与水平衡监测系统”。主要通过对能量与水平衡的监测，进行农作物估产和荒漠化监测。在河南、四川、湖南、吉林和青海省建立了五个“大口径闪烁仪”(简称 LAS)数据采集系统。项目的中方主持单位是国家林业局调查规划设计院和中国荒漠化监测中心，荷方主持单位是荷兰环境分析与遥感公司。河南省气象科学研究所配合国家卫星气象中心于 1999 年 12 月完成了河南郑州“LAS”站的选址与安装调试，并负责数据采集及相关资料的分析。

8.2002—2005 年，陈怀亮被选为世界气象组织(WMO)农业气象学委员会(CAgM)第 13 届大会“DATABASE MANAGEMENT, VALIDATION AND APPLICATION OF MODELS AND RESEARCH METHODS AT THE ECO-REGIONAL LEVEL”专家组成员，参与相关活动，并在 2005 年博茨瓦纳哈博罗内会议上提交了“Eco-regional research at the national and regional levels that may serve as models for broader application”报告。

9.2006—2010 年，陈怀亮被选为 WMO CAgM 第 14 届大会“Support Systems for Agrometeorological Services”执行协调组成员，参与相关活动，并在 2009 年印度新德里会议上提交了“Development Status of Asian(RA-Ⅱ)Agrometeorological Service Support System”报告。

第二节 接待外宾、出国考察与学习培训

一、接待外宾

1.1957 年 10 月，苏联农业气象专家维·瓦·西聂里希柯夫来河南考察指导农业气象工作。10 月 14 日郑州农业气象试验站向苏联农业气象专家详细汇报了试验站的历史、工作概况、主要任务及 1957 和 1958 年的工作项目。10 月 18 日，苏联专家做报告，介绍了苏联的农业气象工作。

2.1976 年 7 月 9—11 日，由阿斯兰·米奇(气象专家)和约尔果·瑟那蒂(农艺师)两人组成的阿尔巴尼亚气象考察组对河南省的新乡七里营农业气象试验站和河南省气象局农业气象试验站进行了以气象为农业服务为内容的考察。河南省气象局副局长李惠民接见了考察组，谭令娴、汪永钦和韩慧君分别向外宾介绍了河南省气象为农业服务的开展情况，以及小麦干热风和棉花小气候的主要研究成果。

3.1976 年 11 月 12—13 日，联合国开发计划署、世界气象组织气象为农业服务考察团(马来西亚、斯里兰卡、缅甸、尼泊尔、巴基斯坦及世界气象组织官员)一行 11 人，在中央气象局外事处处长吴昀等陪同下，对河南省气象为农业服务的情况进行了考察。

4.1978 年 7 月 11—16 日，埃及气象局农业气象处高级气象学家埃马拉、农业航空灭蝗总局农业航空负责人埃勒穆吉一行 2 人，由中央气象局有关人员陪同，在河南省进行了考察。考察期间，河南省气象局农业气象试验站的谭令娴、汪永钦分别介绍了“小麦干热风问题的研究”、“棉花生育时期气象条件的分析研究”，新乡地区气象台农业气象试验站介绍了“气象为农

业服务情况”。

5. 1978 年 10 月 9—11 日，非洲九国“气象为农业服务”考察团对河南省进行了考察。考察团在河南期间，河南省气象局农业气象试验站的谭令娴、汪永钦分别介绍了小麦干热风及棉花主要生育时期的气候特点，新乡地区气象台农业气象试验站的谢晋英、韩慧君介绍了小麦干热风预报方法及棉花保蕾保铃问题研究的情况。

6. 1982 年 12 月，国家气象局外事司韩琪陪同美国地理杂志社记者，来河南考察寒潮对农业的影响及防御措施。河南省气象局农业气象试验站朱自玺和河南省气象台季书庚负责接待，并介绍了寒潮发生规律、对农业的危害及防御措施等。

7. 1983 年 5 月 18—20 日，美国、加拿大农业气象代表团一行 10 人，来河南省参观访问。这次来华是根据中美大气科技合作议定书项目“中国华北平原和北美大平原气候和农业比较研究”的协调会议精神安排的。由河南省气象局副总工程师谭令娴、河南省气象科学研究所副所长汪永钦、朱自玺陪同，参观了河南省气象局农业气象试验站实验室、人工气候箱、自动化温室及其他仪器设备，并参观了全国农业生产力定位试验田，朱自玺做了比较详细的介绍。汪永钦、朱自玺还分别就小麦干热风、河南省降水资源和种植制度的研究情况，向代表团做了报告。最后，双方还就农业气象学术和科研成果方面的情况进行了座谈和交流。

8. 1985 年 4 月，应中国气象科学研究院邀请，朱自玺赴北京参加接待美国气象代表团活动，并介绍了中美合作项目——“华北平原水分胁迫和干旱研究”进展情况。

9. 1985 年 9 月 12—16 日，应国家气象局邀请，埃及、肯尼亚、刚果、埃塞俄比亚、赞比亚、象牙海岸、多哥、卢旺达等 8 个国家的高级气象专家代表团和联合国世界气象组织（WMO）官员一行 14 人，到河南参观访问。河南省副省长胡廷积接见了代表团全体成员，河南省气象局局长闫秀璋及副局长张存智、副局长何有荣参加了接见和宴请。代表团在谭令娴副总工程师陪同下，参观了河南省气象局农业气象试验站和河南省气象科学研究所巩县农田水分试验基地。谭令娴、汪永钦介绍了干热风研究成果，朱自玺介绍了巩县农田水分试验基地的试验设计、研究内容和取得的成果，并就气象如何为农业服务的问题进行了座谈。代表团成员称赞道：“没有想到中国的农业气象搞得这么好。”

10. 1986 年 10 月 16—18 日，应国家气象局邀请，由阿尔及利亚国家气象局副总局长 Alhmane Zehar、国家气象局副局长 Ferhat Qunnar，突尼斯国家气象局局长 Hamadi Trabesi，以及世界气象组织（WMO）官员 Hassen Saidi 一行 4 人组成的非洲国家气象代表团，来河南进行农业气象考察。河南省气象局副局长张存智、何有荣接待了代表团全体成员。考察团重点参观了河南省气象局农业气象试验站和巩县农田水分试验基地。河南省气象科学研究所汪永钦和朱自玺，向外宾介绍了农业气象试验站当前进行的研究项目、进展情况和仪器设备；朱自玺陪同代表团赴巩县农田水分试验基地进行现场参观，介绍了试验设计、仪器设备和试验设施，并就作物—水分关系的研究情况，做了比较详细的介绍。最后，代表团和河南省气象科学研究所农业气象专家进行了座谈、交流，代表团对河南的农业气象研究留下了深刻的印象，并给予了高度赞扬。

11. 1986 年 11 月，日本 EKO 公司英弘精机产业株式会社一行 3 人，应邀来河南省气象局农业气象试验站，安装农业气象综合测定装置和蒸发测定装置，朱自玺和赵国强接待并组织安装工作。

12. 1986 年 11 月，应国家气象局外事司和中国气象科学研究院邀请，朱自玺去北京参加接待以澳大利亚国家气象局局长为团长的澳大利亚代表团，介绍了作物—水分关系、适宜水分指标和干旱指标、不同土壤水分状况和干旱对作物生长发育及产量的影响等。

13. 1993 年正在美国进行合作研究的朱自玺，为加强河南省气象科学研究所与美国 USDA-ARS Conservation& Production Research Laboratory 实验室的技术交流与合作，经请示中国气象局和河南省气象局，并和实验室主任 B. A. Stewart 协商，邀请 B. A. Stewart 博士、J. L. Steiner 博士及 Jane Ann Stewart 来河南访问。考察组于 1993 年 4 月 25 日到达北京，4 月 27 日考察组到达郑州，5 月 3 日离开。在郑州访问期间，参观了河南省气象科学研究所郑州农田水分试验基地、农田水分实验室和郑州市气象局观测场，并举行了座谈，分别由贺发根、牛现增、赵国强等介绍了河南省气象科学研究所基本情况、优化灌溉和作物-水分关系的研究情况。考察组还参观了中国农业科学院农田灌溉研究所，中国科学院封丘生态试验站，新乡、濮阳等地的优化灌溉技术应用试验基地，以及黄、淮、海开发基地等。由河南省气象局和河南省科学技术协会联合在河南省科学技术馆举办了报告会，分别由 B. A. Stewart 博士和 J. L. Steiner 博士做了水土保持与旱地农业、农田蒸散和灌溉的学术报告。

14. 1997 年 5 月，朱自玺应河南省农业厅邀请，参加接待美国 West Texas A & M University 代表团 B. A. Stewart、C. A. Robinson 博士一行，代表团考察了河南省节水农业和旱地农业情况，并就河南省和美国得克萨斯州气候和农业概况进行了交流。

15. 1998 年 7 月 29 日，美国爱荷华州立大学杨炳麟教授等 5 人来河南省气象科学研究所进行友好访问。河南省气象科学研究所副所长胡鹏介绍了本所污染气象研究和开展大气环境影响评价的情况。杨炳麟教授介绍了爱荷华州立大学开展的大气污染控制方面的研究情况。

16. 2000 年 5 月 17—22 日，为促进河南省持续农业的进一步发展，解决"节水灌溉和干旱防御技术"中存在的技术问题，朱自玺向河南省引进国外智力办公室申请，并经国家外国专家局批准，河南省气象科学研究所邀请美国 USDA-ARS Bushland 实验室 Paul W. Unger 博士、R. N. Clark 博士，美国 West Texas A & M 大学 B. A. Stewart 博士、W. A. Colette 博士来河南郑州访问。访问期间，首先由朱自玺、赵国强、付祥军分别就郑州与 Bushland(TX，USA)的气候及农业的对比、农业节水技术、多功能防旱剂和冬小麦优化灌溉模型研究，向外宾进行了介绍。双方就节水农业、干旱防御技术等进行了座谈和交流。由河南省气象科学研究所所长董官臣和研究员朱自玺陪同，参观了郑州国家气候基准站和河南省气象科学研究所农田水分试验基地，并参观了干旱综合防御技术示范田。还参观了中国农业科学院农田灌溉研究所、中国科学院封丘生态试验站以及新郑万亩节水农业示范田。应河南省科学技术协会的要求，在河南省科技馆学术报告大厅举行了学术报告会，B. A. Stewart 博士、Paul W. Unger 博士和 R. N. Clark 博士分别就持续农业、旱地农业水土保持、节水灌溉问题做了报告。

17. 2008 年 10 月 9—12 日，荷兰气象专家国际农业气象学会主席 Stigter 教授一行，来河南省考察农业气象服务工作，并做了题为"世界各国农业气象服务情况"的学术报告。随后，参观了河南省农业气象实验室、田间观测试验基地，并先后在郑州市气象局和洛阳市气象局进行了农业气象服务座谈。

18. 2009 年 11 月 28—29 日，国际水稻研究所李涛博士受河南省气象科学研究所邀请，来本所进行参观交流。28 日上午，李涛博士为本所相关科研业务人员做了以作物模型与气候变化为主题的专题学术报告，重点介绍了气候变化对农业生产的可能影响、目前作物模型的发展以及在气候变化研究中的应用；并与本所人员就气候变化和作物模型研究进行了广泛的讨论和交流，使大家受益匪浅。28 日下午，所长陈怀亮及相关人员陪同李涛博士参观了中国气象局农业气象保障与应用技术重点开放实验室。

19. 2010 年 7 月 23—25 日，根据 2009 年 9 月中国气象局与古巴气象局达成的“中国—古巴气象灾害监测与气候资源开发利用合作”项目，古巴气象局技术人员 Nikel 女士一行对河南省气象科学研究所和中国电子科技集团公司第 27 研究所进行了访问，本所将 DZN2 自动土壤水分观测仪的原理和方法进行了详细的讲解。

二、出国考察

1. 1979—1981 年，汪永钦在马达加斯加民主共和国工作期间，与英国专家 Jim Williams 博士及马达加斯加农业气象工程师一起，进行了农业气候考察，并提交了考察技术报告。

2. 1982 年 12 月，汪永钦应法国专家 Bourdette 的邀请，在巴黎参观考察了法国国家气象局预报中心及大型电子计算机、自动化温室等先进设备。

3. 1985 年 8 月 31 日—9 月 5 日，根据中国国家科学技术委员会和保加利亚国家科学技术委员会合作协定，中国以国家气象局副局长骆继宾为团长，以朱自玺、亓来福、姚丹荫为成员的中国农业气象代表团一行 4 人，对保加利亚人民共和国进行了考察访问。访问期间，参观了保加利亚国家气象台、农业气象试验站和农田水分试验场，并与农业气象专家就农业气象研究和服务情况，进行了座谈和交流。

4. 1985 年 9 月 6—12 日，根据中华人民共和国和德意志民主共和国互派专家代表团访问的协议，中国农业气象代表团骆继宾、朱自玺、亓来福、姚丹荫一行 4 人，对德意志民主共和国进行了考察访问。访问期间，参观了德意志民主共和国国家气象台、观象台、研究所和农业气象试验研究基地，并就农业气象研究、农田节水灌溉设施和计算机软件问题与有关农业气象专家进行了座谈和交流。

5. 1987 年 9 月，汪永钦赴美国出席“第 11 届国际生物气象学术会议”，之后还先后对美国马里兰大学气象系和该大学农学院生理生态实验室、普度大学农业气象试验站和试验田、美国中西部农业天气服务中心、堪萨斯州立大学(Kansas State University)水分蒸散实验室及农学系植物生理实验室、加利福尼亚州立大学戴维斯分校土壤大气水资源系及奇科(Chico)杏园近地层湍流梯度试验点等进行了参观考察。

6. 1988 年 1 月，汪永钦在印度新德里出席世界气象组织(WMO)亚洲区协(RA-Ⅱ)农业气象工作组会议之后，赴全印农业研究所、国家植物园和国家气象局等科研、业务单位参观考察，并与该国农业气象及农业专家进行了座谈和交流。

7. 1988 年 8 月 10—14 日，朱自玺对北美大平原南部进行了考察，重点考察了 West Texas A & M University、Texas Tech 等大学，USDA-ARS Bushland 实验室，以及 Texas State Agricultural Experiment Station 等研究单位，并就相关问题进行了交流。

8. 1988 年 8 月 20—24 日，朱自玺对北美大平原北部进行了考察，重点考察了 Colorado、Kansas、Oklahoma State University 和三个州的农业试验站及部分农场，并就北美大平原作物种植制度、节水农业、水分利用效率等问题，进行了交流。

9. 1990 年 1—2 月，汪永钦在莫桑比克进行技术援助过程中，考察了该国 Benfica 和 Boaneden等地自然生态条件和农业生产情况，并与该国农业研究中心(INIA)等研究单位的科技人员进行了座谈。

10. 1992年10月，汪永钦赴日本出席“Disturbed Climate Vegetation and Foods”国际学术会议时，参观考察了日本千叶大学环境调节工学研究室和绿地学研究室、电力中央研究所、筑波大学生物科学系、农林水产省农业环境技术研究所等研究单位和高等院校，并与吉野正敏、古在丰树、及川武久、高倉直、今久等教授进行了座谈和交流。

11. 1993年5月，朱自玺同美国USDA-ARS Bushland实验室的J. L. Steiner博士一起，赴美国Kansa State University进行访问。重点参观了该大学农学系的农田水分研究、蒸散实验室、生理实验室和温室试验等，并分别和J. M. Ham，M. B. Kirkham及G. H. Liang教授，进行了座谈和交流。

12. 1999年6月9—22日，朱自玺在参加了美国“国际持续农业生态系统和环境问题研讨会”之后，对美国大平原中部得克萨斯、科罗拉多、堪萨斯、俄克拉荷马等五个州的大型农场、牧场、科研单位和Colorado、Kansas、Oklahoma State University进行了考察，并做了技术交流。

13. 1999年7月10—15日，朱自玺对美国Kansas State University进行了考察，重点参观了该校农学系ET实验室及其关于CO_2、水汽和能量通量的研究，并进行了交流。

三、国外学习培训

1. 1987年6月，吴忠祥经国家教育委员会出国人员北京集训部批准，赴美国密苏里大学气象系进修。

2. 1991年12月—1992年1月，朱自玺在美国进行合作研究期间，参加了由USDA-ARS Bushland实验室和West Texas College大学共同组织的“Quattro Pro计算机软件”学习班，并取得结业证书。

3. 1993年5月，朱自玺参加USDA-ARS Conservation&Production Research Bushland实验室组织的“中子仪使用资格”培训班，并取得资格证书。

4. 1996年1—3月，胡鹏赴日本JICA培训环境管理。

5. 1999年6月9—25日，朱自玺在美国得克萨斯A&M大学(West Texas A&M University)，参加“国际持续农业生态系统和环境问题继续教育”学习班，并取得结业证书。

6. 2003年1月27日—2月20日，陈怀亮赴以色列参加“气象和水文数据库管理课程”培训班。

7. 2010年3月28日—8月1日，陈怀亮赴加拿大参加中国气象局组织的干部培训。

第三节 学术会议交流

1. 1987年8月24—28日，朱自玺参加在北京举行的国际农业气象学术交流会，在会上朱自玺做了题为“Dynamic Analysis of Water Budget in Winter Wheat Field”(“麦田水分平衡动态分析”)的报告。

2. 1987年8月24—28日，汪永钦参加在北京举行的国际农业气象学术交流会，在会上汪永钦做了题为“A Study on the Features of Solar Energy Distribution in Wheat Colony in the Middle-low Yield Productivity of Huang-Huai Plain of Henan Province of China”(《中国河南省黄淮海平原中低产地区冬小麦群体光能分布特征的研究》)的报告。

3. 1987年9月18—22日，朱自玺参加在杨凌召开的国际旱地农业学术交流会，在会上朱自玺做了题为“Dynamic Analysis of Soil Moisture and Drought Prediction in Winter Wheat Field”(《冬小麦水分动态分析和干旱预报》)的报告。

4. 1987 年 9 月 15—18 日，汪永钦赴美国出席美国气象学会在印第安纳州拉菲特普度大学召开的“国际生物气象第 11 届学术会议”，在会上做了题为“The Relations of the Growth of Winter Wheat and the Formation of Its Yield Productivity to Meteorological Conditions and Their Dynamic Simulation”(《冬小麦生长发育和产量形成与气象条件的关系及其动态模拟的研究》)的报告。

5. 1988 年 1 月，汪永钦赴印度新德里出席世界气象组织(WMO)亚洲区协(RA-Ⅱ)农业气象工作组会议，在会上做了题为“Recent Developments in Agrometeorological Research on Groundnut Crop and Agrometeorological Aspects of Groundnuts Production in ASIA”(《近年来花生气象研究的进展及亚洲花生生产中的农业气象问题》)的报告。

6. 1988 年 8 月 10—24 日，朱自玺赴美国 Amarillo/Bushland(TX)参加国际旱地农业学术研讨会。会上朱自玺做了题为“Study on Stress of Water and Water Consumption of Winter Wheat ”(《冬小麦水分胁迫和耗水量研究》)的报告。

7. 1988 年 8 月，符长锋赴芬兰赫尔辛基参加“世界温带气旋主题学术会议”，并在会上交流了“Diagnostic analysis of entropy change of extratropical cyclones over the Yellow River”(《黄河温带气旋熵变化诊断分析》)论文。

8. 1988 年 9 月，汪永钦出席在北京举行的世界气象组织(WMO)亚洲区协(RA-Ⅱ)第 9 次会议，在会上做了题为“A Brief Report on the Climatic Problems of Groundnuts Production in Asia”(《亚洲地区花生生产中的气候问题简报》)的发言。

9. 1990 年 1 月，汪永钦赴莫桑比克出席在马普托举行的“气象学在葡萄牙语国家中的综合发展及其对社会和经济结构的影响国际学术会议”，在会上做了题为“The Popularity Application of Microcomputer in Agricultural Meteorology Work of China”(《微机在中国农业气象工作中普遍应用》)的报告。

10. 1992 年 10 月 13—17 日，汪永钦赴日本参加“气候扰动、植被和粮食”国际学术讨论会(DCVF)，在会上做了题为“On the Agrometeorological Disasters(AGMDs) of Henan Province and its Prevention Measures”(“河南省农业气象灾害及其防御对策”)的报告。

11. 1992 年 11 月 1—6 日，朱自玺参加了在美国明尼苏达州 Minneapolis 举行的美国第 84 届农学会、作物学会和土壤学会年会，在会上做了题为“Variation of Soil Water in Field of Double Cropping Wheat and Corn”(《小麦玉米一年二熟土壤水分变化规律》)的报告。

12. 1993 年 4 月，世界气象组织(WMO)在尼泊尔首都加德满都，召开亚洲区协(RA-Ⅱ)农业气象工作组会议，朱自玺作为亚洲区协(RA-Ⅱ)农业气象工作组成员及棉花气候报告员，被 WMO 邀请出席，并做棉花气候的报告。因当时朱自玺正在美国进行合作研究，不能赴会。经国家气象局同意，由气候司周朝东持朱自玺完成的“Cotton Climatology”(《棉花气候》)论文，代替朱自玺参加会议，并做题为《棉花气候》的报告。

13. 1993 年 5 月，朱自玺和美国 B. A. Stewart、R. Jones 合作完成的论文“Optimum Use of Rain Water”(《降水的最佳利用》)，参加在印度新德里举行的“国际水分利用学术会议”交流。

14. 1993 年 9 月，汪永钦、陈运华完成的论文“A Study of Relationship Between the Dynamic in the Tillering and Spike-Forming of Winter Wheat and the Ecoclimatic Conditions in

Huanghuai Plain of China”(《中国黄淮平原冬小麦分蘖成穗动态变化规律及其气候生态条件关系的研究》),参加在加拿大 Calgary 举行的“国际生物气象第13届学术会议”交流。

15. 1994年11月,朱自玺、Xue Q 和 J. T. Musick 合作完成的论文“Water Deficit Effects on Winter Wheat Growth and Yield”(《水分亏缺对冬小麦生长和产量的影响》),参加在美国华盛顿州西雅图举行的美国第86届农学会、作物学会和土壤学会年会交流,并做报告。

16. 1994年11月,朱自玺、Xue Q 和 J. T. Musick 合作完成的论文“Water Deficit Effects on Soil and Plant Water Relations of Winter Wheat”(《水分亏缺对冬小麦土壤和植株关系的影响》),参加在美国华盛顿州西雅图举行的美国第86届农学会、作物学会和土壤学会年会交流,并做报告。

17. 1995年7月,汪永钦参加在北京举行的“国际环境与生物气象学术会议”(ISEB'95),并做了题为“An Approach to Some Technical Problems in the Environment of Carbon Dioxide(CO_2) in Greenhouse Vegetables”(《温室蔬菜栽培中人工增施 CO_2 若干技术问题的探讨》)的报告。

18. 1996年7月,汪永钦应日本农业气象学会邀请参加了在日本山口县宇部市举行的“全球气候变化下粮食生产与环境改善”国际学术会议(FPEI),并在会上做了题为“On the Relationship Between the Seed Qualities of Winter Wheat and Climatic in the Middle Regions of China under Global Climate Change and Some Counter-measures”(《在全球气候变化下,中国中部地区冬小麦籽粒品质与气候条件的关系及其对策》)的报告。

19. 1999年6月9—22日,朱自玺应美国西得克萨斯 A & M 大学 B. A. Stewart 教授的邀请,赴美国西得克萨斯 A & M 大学(Canyon,Texas)参加“国际持续农业生态系统和环境问题研讨会”,在会上做了题为“Water-saving Techniques in Sustainable Agriculture”(《持续农业与节水技术研究》)的报告。

20. 2003年8月,陈怀亮赴美国参加在美国圣地亚哥举行的第48届 SPIE 年会,提交了题为“Study of a GIS-supported remote sensing method and a model for monitoring soil moisture at depth”(《GIS 支持下的深层土壤水分遥感监测方法与模型研究》)的论文。

21. 2005年8月1—4日,陈怀亮参加在美国圣地亚哥举行的第50届 SPIE 年会,在大会上做了题为“Soil Moisture Prediction Based on Retrievals from Satellite Sensings and a Regional Climate Model”(《基于卫星遥感和区域气候模式的土壤水分预报》)的报告。

22. 2005年8月1—4日,陈怀亮参加在美国圣地亚哥举行的第50届 SPIE 年会,提交了题为“Variations of NDVI and the relations with climate in Huang-huai-hai region of China from 1981—2001”(《1981—2001年中国黄淮海区域 NDVI 变化与气候的关系》)的论文。

23. 2005年8月1—4日,刘荣花参加在美国圣地亚哥举行的第50届 SPIE 年会,提交了由刘荣花、朱自玺、方文松等完成的“Study on drought indices and loss assessment of winter wheat in North China”(《华北地区冬小麦干旱指标和灾损评估研究》)的论文。

24. 2005年8月1—4日,张雪芬参加在美国圣地亚哥举行的第50届 SPIE 年会,提交了题为“Study on monitoring freezing disasters in winter wheat by remote sensing and variation techniques”(《冬小麦冻害遥感监测技术研究》)的论文。

25. 2005年11月12—25日,陈怀亮赴位于南部非洲的博茨瓦纳共和国参加世界气象组织(WMO)、联合国粮食及农业组织(FAO)等组织为南部非洲发展联盟(SADC)成员国举办的

"GIS 和遥感在农业气象中的应用专题研讨会"和 WMO 农业气象委员会(CAgM)举办的"关于模式的数据库管理、有效性、应用及研究方法"专家组会议。在会上,陈怀亮做了题为"The Methods and Model of Drought Monitoring by Meteorological Satellites in China"(《用气象卫星进行干旱遥感监测的方法和模型及其在中国的应用》)的学术报告。

26. 2006 年 8 月 13—17 日,朱自玺、刘荣花、赵国强等完成的论文"Risk assessment model of drought for winter wheat and its application in Henan Province"(《冬小麦干旱风险评估模型及其在河南的应用》),参加在美国圣地亚哥举行的第 51 届 SPIE 年会交流。

27. 2006 年 8 月 13—17 日,陈怀亮、杜子璇、张雪芬等完成的论文"Change analysis on land sandy desertification and vegetation cover in Zhengzhou city of China in the last 10 years"(《近 10 年来郑州市土地沙化和森林覆被变化研究》),参加在美国圣地亚哥举行的第 51 届 SPIE 年会交流。

28. 2006 年 8 月 13—17 日,刘荣花、申双和、朱自玺等完成的论文"Effect of water on yield of winter wheat at different growth phases"(《冬小麦不同生育阶段水分对产量的影响》),参加在美国圣地亚哥举行的第 51 届 SPIE 年会交流。

29. 2006 年 8 月 13—17 日,刘荣花、申双和、朱自玺等完成的论文"Risk assessment model of drought-caused winter wheat yield loss and its application in Henan Province"(《冬小麦干旱灾损评估模型及其在河南的应用》),参加在美国圣地亚哥举行的第 51 届 SPIE 年会交流。

30. 2006 年 8 月 13—17 日,张雪芬、任振和、陈怀亮等完成的论文"On the laws of variation in climate yield potentials in Henan Province with their availability"(《河南省气候生产潜力变化规律及其应用》),参加在美国圣地亚哥举行的第 51 届 SPIE 年会交流。

31. 2006 年 8 月 13—17 日,胡鹏、何金海、杜子璇等完成的论文"Variation of NDVI and the relationship with the change of climate in Zhengzhou of China(《郑州市植被指数对气候变化的响应特征》),参加在美国圣地亚哥举行的第 51 届 SPIE 年会交流。

32. 2007 年 8 月 28—29 日,李彰俊、孙照勃、陈怀亮完成的论文"Response characteristic analysis of climate change of vegetation activity in Huang-Huai-Hai area based on NOAA NDVI dataset"(《基于 NOAA NDVI 数据集的黄淮海地区植被活动对气候变化的响应特征分析》),参加在美国圣地亚哥举行的第 52 届 SPIE 年会交流。

33. 2007 年 8 月 28—29 日,刘荣花参加在美国圣地亚哥举行的第 52 届 SPIE 年会,提交了题为"Spatial distribution and temporal variation of ultraviolet radiation in Henan Province and the affecting factors"(《河南省紫外线辐射时空分布及影响因子研究》)的论文。

34. 2007 年 8 月 28—29 日,刘荣花参加在美国圣地亚哥举行的第 52 届 SPIE 年会,提交了题为"Techniques for comprehensive risk assessment of climatic drought in winter wheat production in Northern China"(《华北地区冬小麦干旱综合风险评估技术研究》)的论文。

35. 2007 年 10 月 28 日—11 月 2 日,冶林茂赴美国马里兰州贝斯特威尔市参加第 2 届 FDR、TDR、电阻方法土壤水分测量学术研讨会。提交了"The precision analyses of three kinds of auto-measurement for soil moisture in Henan "(《河南省 3 种土壤水分自动监测仪测量精度分析研究》)的论文。

36. 2008 年 11 月 10—14 日,国际农业磋商组织挑战计划第 2 届水-粮食论坛(the CPWF International Forum on Water and Food)在非洲埃塞俄比亚首都亚的斯亚贝巴举行,薛昌颖参加了此次会议，并在会上做了题为“Optimizing yield, water requirements, and water productivity of aerobic rice for the North China Plain”(《华北地区旱稻产量、需水量和水分生产力优化研究》)的报告。

37. 2009 年 8 月 2—6 日，陈怀亮、张红卫完成的论文“Construction and validation of a new model for cropland soil moisture index based on MODIS data”(《基于 MODIS 数据的一种新的农田土壤水分指数模型构建及效果分析》)，参加在美国圣地亚哥举行的第 54 届 SPIE 年会交流。

38. 2009 年 8 月 31 日—9 月 3 日，陈怀亮、张红卫、申双和等完成的论文“A real-time drought monitoring method—Cropland Soil Moisture Index (CSMI) and application”(《一种实时干旱监测方法——作物层土壤湿度指数(CSMI)及应用》)，参加在德国柏林举行的“SPIE Europe Remote Sensing 2009(ERS2009)”会议交流。

39. 2009 年 8 月 31 日—9 月 3 日，陈怀亮、张红卫、刘荣花等完成的论文“Agricultural draught monitoring, forecasting and loss assessment in China”(《中国农业干旱的监测、预警及灾损评估》)，参加在德国柏林举行的“SPIE Europe Remote Sensing 2009(ERS2009)”会议交流。

40. 2009 年 8 月 31 日—9 月 3 日，张红卫、陈怀亮、孙睿等完成的论文“The application of unified surface water capacity method in drought remote sensing monitoring”(《表层土壤水分含量指数 SWCI 在干旱遥感监测中的应用》)，参加在德国柏林举行的“SPIE Europe Remote Sensing 2009(ERS2009)”会议交流。

41. 2009 年 9 月，陈怀亮、张红卫在北京参加了第六届数字地球国际会议，交流了由张红卫、陈怀亮、申双和完成的论文“The application of Normalized Multi-band Drought Index (NMDI) method in cropland drought monitoring (ER7472-66)”(《归一化多波段干旱监测指数在农田干旱监测中的应用》)。

第九章　科研与行政管理

第一节　科 研 管 理

一、科研课题管理

为加强和规范科研工作，1982 年以来，中国气象局、河南省气象局和河南省气象科学研究所先后制定或修改完善了一批科研工作管理办法，有力地促进了全所科研工作的开展。其中科研课题管理，主要突出在以下几个方面：

(一)科研课题申报

根据河南省气象局制定的课题管理办法，河南省气象科学研究所在本所原制定的办法基础上，2006 年 9 月 12 日重新修改制定了《河南省气象科学研究所课题管理办法》，进一步规范了课题申报有关事宜：

1. 申报课题人员应根据课题主管部门发布的课题指南，按照研究意义、自身条件和有关要求选题申报。

2. 课题申报者原则上应具有副研究员以上技术职称或硕士以上学位。

3. 申请科研课题，须按照要求填写课题申报书，经所在科室初审推荐、所内组织同行专家评审，择优推荐申报。

4. 所领导对课题申报书进行审查并签署意见后，所办公室盖章上报课题管理部门。

5. 课题批准后，其计划任务书或合同书，交所办公室存档一份。办公室负责按合同书要求进行督促检查。

(二)课题论证和审批

课题主管部门对所申报的课题，按评价标准组织同行专家进行可行性论证，根据专家意见进行综合审定，再报主管领导批准后正式立项，下达年度科研计划，并通知课题承担单位和课题主持人。

(三)课题评估和验收

为监督课题开展，并按期完成预定目标，课题主管部门对所管理的各项科研课题实行评估、验收制度。课题执行中，至少组织一次同行专家对课题阶段性成果进行评估；课题执行到期时，再组织同行专家成立验收小组，对课题最终成果进行验收。评估和验收的主要依据是课题计划任务书或合同书规定的考核指标或阶段性目标，评价课题主要研究内容和考核目标的完成情况并做出结论。

(四)实行课题组长(主持人)负责制

课题管理实行课题组长(主持人)负责制。1985 年 6 月 14 日国家气象局下发的《气象科学技术研究体制改革方案》(〔85〕国气科字第 047 号)要求“扩大课题组自主权,实行课题组长负责制。课题组长对课题研究负有技术、经济责任;在合同和计划内,有人员选用权和经费支配权”。1986 年 3 月,河南省气象科学研究所根据国家气象局下发的该方案,制定了《河南省气象科学研究所体制改革方案》,确定试行科研负责制,即科研课题对外实行有偿合同制,对内实行承包责任制。各项科研任务由课题组通过本所与科研管理部门或使用部门签订有偿合同,明确双方承担的责任、义务、完成指标、进度、条件保证及完成研究任务必需的经费。科研课题实行五定,即定任务、定人员、定要求、定时间、定经费。课题组对任务的完成负全部责任。

二、科技成果管理

(一)科技成果登记

为全面了解河南省科技成果转化情况,加强对科技成果的管理、宣传和推广工作,使其尽快转化为生产力,根据国家科学技术委员会〔84〕国科管字 141 号文件精神,结合本省情况,河南省科学技术委员会决定建立河南省科技成果登记制度,并于 1986 年 1 月下发了《河南省科技成果登记试行办法》(豫科管字〔1986〕第 02 号)。河南省气象局于 1986 年 3 月 20 日转发了该办法。该办法对科技成果登记的范围,申请登记应报送的材料,以及登记条件、办法及程序等一一做了明确规定。凡未进行省级成果登记的科技项目,一律不得申报省级科学技术进步奖励。

(二)科技成果归档

为保证科研成果资料妥善保管,便于后人研究参考,河南省气象局科技管理部门 1997 年规定,课题结题后,课题主持人应将课题研究有关资料全部移交河南省气象档案馆归档保存。凡未归档的科研成果,一律不得申请鉴定、奖励。2006 年 9 月 12 日河南省气象科学研究所对课题成果归档做了更具体的要求(气科所发〔2006〕5 号):

1. 课题成果档案主要是指课题在研发过程中形成的具有长期保存价值的文字材料、图表、数据、源程序等文件、资料。

2. 需要报奖的课题成果,档案资料需按河南省气象局有关文件的要求办理归档手续。

3. 归档资料主要包括:课题申报书、计划任务书(合同书)、实施方案、科研实验的主要原始记录、基础资料、软件、实验报告、测试报告、技术报告或学术论文、技术成果鉴定证书等。

(三)科技成果鉴定

为正确评价科学技术成果的水平,健全科技成果鉴定制度,进一步加强科技成果鉴定工作,保证鉴定质量,促进成果的应用和推广,国家科学技术委员会于 1987 年制定了《中华人民共和国国家科学技术委员会科学技术成果鉴定办法》(〔87〕国科发成字 0781 号),1989 年河南省科学技术委员会制定了《实施“国家科委科技成果鉴定办法”的意见》(豫科管字〔1989〕4 号),1989 年 4 月 19 日河南省气象局转发了河南省科学技术委员会关于《实施“国家科委科技成果鉴定办法”的意见》。1993 年 9 月 30 日河南省气象局又将科技成果鉴定有关规定写入《河南省气象局科学技术研究课题管理暂行规定》(豫气科字〔1993〕4 号),要求课题完成后,课题承担单位和课题主持人应向课题主管部门提出书面申请,由课题主管部门组织同行专家对科研成果进行科学鉴定。专家鉴定小组应对科研成果的技术水平、应用推广前景等做出客观、公正的评价意见。申请鉴定的科研成果，是指应用基础性研究成果、实用技术研究成果、软科学研究成果、推广应用研究成果；申请成果鉴定的，须报送《课题申报书》、《技术成果鉴定证书》、《技术研究报告》、《研究工作报告》、成果使用报告、效益证明材料、课题经费决算表、技术资料、数据材料及查新报告等。科技成果鉴定的形式分为检测鉴定、验收鉴定、通信鉴定、会议鉴定和视同鉴定。同时，对鉴定委员会（或小组）成员的组成、要求及对哪些问题必须提出鉴定意见等均做了明确规定。

（四）科技成果奖励

1978 年全国科学技术大会在北京召开之后，为激发广大科技工作者的积极性和创造性，提高科技创新能力，推动全国科学事业的发展，奖励在科学技术进步工作中做出突出贡献的单位和个人，国家及地方各级政府和各行业系统先后恢复建立了科技成果奖励制度，相继制定出台了科学技术进步奖、发明奖等奖励办法。科学技术进步奖分为国家、省（部）、市地（厅局）三级奖励，每级奖励又分为一等奖、二等奖、三等奖三个等级（有的设特等奖和四等奖）。改革开放 30 多年来，随着社会的发展和科技的进步，国家及地方制定的科技成果奖励办法不断趋于规范和完善。

河南省气象系统实行科学技术进步奖励始于 1980 年，当时设“河南省气象局优秀科技成果奖”，后改称为“河南省气象科学技术进步奖”。2001 年和 2004 年，依照中国气象局制定的气象科技工作奖励办法有关精神，结合河南实际，又先后修改完善了《河南省气象局科学技术奖励办法》（豫气科发〔2001〕2 号、豫气发〔2004〕23 号）。新办法扩大了奖励范围，增加了“河南省气象局科学技术创新奖”和“河南省气象局科学技术开发工作奖”，并将原“河南省气象科学技术进步奖”改称为“河南省气象局科学研究与技术开发奖”。科学技术创新奖是授予在气象科学技术研究领域取得突破，或在气象科学技术发展中有重要建树，或在气象科学技术创新、科技成果转化和高新技术产业化中做出突出贡献、创造出显著效益的气象科技工作者；科学技术开发工作奖是授予在气象科研与技术开发工作中取得显著业绩，或在科研与业务、产业相结合以及科技成果转化等方面取得明显进展和显著效益、做出重要贡献的气象科技工作者；科学研究与技术开发奖是授予在气象科研与技术开发工作中或在引进和推广应用先进科学技术方面，取得重要科技成果的课题组。科学技术创新奖和科学技术开发工作奖不分等级，科学研究与技术开发奖分设一等奖、二等奖、三等奖三个奖励等级。

河南省气象科学研究所为调动科技人员积极性，奖励在科学研究、业务服务、技术开发工作中成绩突出的集体和个人，于 2003 年 7 月制定了《河南省气象科学研究所奖励办法》（气科所发〔2003〕17 号），2005 年 5 月对该办法进行了修改（气科所发〔2005〕5 号）。奖励办法设目标考核奖、创收效益奖、科技开发奖、科技成果与业务奖和科技工作特别奖。其中：科技成果奖规定，科研成果获得厅局级、省部级和国家级奖励的，对课题组再分别给予不同的奖励；科研论文在公开刊物上发表或参加省级（含省级）以上学术会议交流的，对论文作者给予适当奖励。

三、科研事业费管理

1985 年 9 月 14 日国家气象局下发了《气象科学技术研究体制改革方案》（〔85〕国气科字第 047 号），决定改革科研机构的拨款制度，即“在全国气象部门实行科研事业经费包干和科研项目经费分类管理相结合的拨款制度。今后，在一定时期内，气象科研经费应以高于气象部门事业费增长的速度逐步增加。科研事业经费包干，是指对气象科研单位的人员工资、公务费、办公费等，以及图书、情报、标准、计量等科学技术服务和技术基础工作所需要的经费。这类经费拨至科研单位掌握，其来源由国家拨给气象部门的科研事业费支付”。1986 年根据国家气象局《气象科学技术研究体制改革方案》制定的《河南省气象科学研究所体制改革方案》也明确指出，要改革本所拨款制度，实行科研事业经费包干和科研项目经费分类管理相结合，科研事业经费由国家气象局主管部门直接拨款。

为加强气象科技经费的管理，有效合理地使用科技拨款，推动科学技术工作面向经济建设和社会发展，搞好科学研究的纵深配置，保证国家科学技术规划的实施，根据财政部、国家科学技术委员会等部门〔86〕财豫字第 58 号、国家气象局〔86〕国气计字第 118 号文件，以及国家气象局科技教育司、计划财务司《关于办理气象科研事业费指标划转工作的通知》，河南省气象局于 1986 年 6 月 26 日下发《关于划转气象科研事业费有关问题的通知》。通知要求：(1)气象科研事业费的拨款方式从 1986 年 7 月 1 日起，一律采用划拨资金拨款方式。在银行开立“机关团体预算存款账户”，实行气象科研事业费单独核算。(2)河南省气象局科技教育处负责全省气象科研事业费的计划管理工作，包括气象科研事业费计划的制定、上报、分配、下达等。(3)河南省气象局计财处负责全省气象科研事业费的财务管理工作，包括气象科研事业费的预算、决算、季度、月份会计报表以及财务管理等。

科研机构实行科研事业经费单独核算的管理方式，由 1986 年延续到 2001 年。2002 年科学事业费转为气象事业费。2003 年 1 月 13 日河南省气象局根据国家科学技术部、财政部、中央编办《关于对水利部等四部门所属 98 个科研机构分类改革总体方案的批复》(国科发政字〔2001〕428 号)及中国气象局《关于划转科学事业费预算指标的通知》(气发〔2002〕415 号)精神，以气计函〔2003〕2 号函的形式通知河南省气象科学研究所由科学事业单位划转为气象事业单位，并要求将 2002 年已拨款的科学事业费(即社会公益和农业研究经费)视同为气象事业费(即气象机构经费)和农业等事业单位离退休经费，同时相应调整本单位 2002 年部门预算和决算。

四、科研课题经费管理

关于科研课题经费管理，1980 年 8 月中央气象局下发了《中央气象局关于科技三项费用管理的暂行办法》(〔80〕中气科字第 036 号)。气象部门的科学技术三项费用，是指气象方面新产品试制、中间试验和重要科学研究项目的补助费。科技三项费用由国家科学技术委员会、地方科学技术委员会划拨。科技三项费用只能用于计划内项目，购置必需的原材料、仪器、设备，以及资料费、计算机费、试验费等。两万元以上的大型设备由科研基建费中开支。科技三项费用的使用，须于每年 7 月底前对下年度所承担的科研任务提出经费预算，报中央气象局科教部，中央气象局会审后报国家科学技术委员会审批。科技三项费用由专人兼管，在财务部门单列户头(或单独建账)，单独核算。

为了做好和加强气象科学技术研究项目经费的管理，充分发挥其作用，促进气象科学技术的发展，1986 年 9 月 1 日河南省气象局科技教育处、计划财务处联合下发了《河南省气象局气象科学技术研究项目经费管理试行办法》(〔86〕气计字第 23 号、气科字第 19 号)。气象科学技术研究项目经费，主要是指重大专项科研经费、科技三项经费、“短、平、快”项目经费、河南省气象局科研项目经费。河南省气象局科教处负责对河南省气象局科研项目经费的计划管理工作，包括项目经费计划的制定、上报、分配、下达等；河南省气象局计财处负责对河南省气象局科研项目的财务管理工作，包括项目经费的预算、决算和季度、月份会计报表以及其他财务管理工作；重大专项科研经费、科技三项经费和“短、平、快”项目经费，由科教处、计财处共同协助拨款单位做好财务管理工作。项目经费只能用于与科研项目直接有关的各项开支，不准作为福利费、基建费、大型仪器设备购置费。每个项目经费单独建账、单独核算、专款专用。项目经费开支必须有项目负责人审批才能报销。项目经费结余上缴河南省气象局，上交经费优先用于结余经费的项目负责人承担的新课题和改善科研条件。在结余上交之前，可从总节余中按一定的比例提成，用于奖励课题组成员和其他有关人员。与 1980 年 8 月中央气象局下发的暂行办法比较，该办法扩大了项目经费的使用范围，如与项目有关的临时工工资、劳务费、加班费、夜餐费、会议费、印刷费、调研费等均可由项目经费开支。

1990 年河南省气象局科教处、计财处对 1986 年 9 月 1 日下发的项目经费管理办法进行了修改，并于 8 月 29 日联合下发了《河南省气象局气象科学技术研究项目经费管理暂行规定》(〔90〕气计字第 36 号、气科字第 06 号)。新办法进一步细化了项目经费的使用范围和管理原则。在经费使用范围中，新办法规定课题组成员原则上不能领取各种形式的加班费和劳务费。经费管理原则是：(1)各项目经费必须单独建账、单独核算、专款专用。(2)课题负责人应按计划指标填写年度预算表，报科教处审批，然后才能按指标拨款。(3)财务人员应根据年度指标认真进行财务监督。(4)课题负责人每年 6 月和 11 月向科教处书面汇报课题进展和经费使用情况。(5)课题结余经费 80％归课题承担单位作为科研发展基金，20％作为课题组成员奖励基金。(6)课题负责人调离课题承担单位，一般不准将课题带走，应另选课题负责人，并报科教处批准。(7)经批准在经费允许范围内购置的专用仪器、设备和图书资料，须由承担单位验收、登记造册，并经领导签字后才能报销。课题结题后，这些物资作为固定资产移交给承担单位。(8)凡经费开支都必须具有正式发票并有项目负责人审批、承担单位领导签字才能报销。

1997 年 3 月 11 日河南省气象局下发了《河南省气象科学技术研究课题管理补充规定》(豫气科字〔1997〕1 号)，规定对课题完成后结余经费，由课题组按获奖规程、等级提取奖励基金用于对课题完成人员的奖励。

2002 年为进一步强化课题承担单位和课题主持人严格执行课题经费管理办法的各项规定，河南省气象局对原办法适当修改后于 6 月 20 日下发了《河南省气象科学技术研究项目经费管理办法》(豫气发〔2002〕47 号)。新办法内容包括总则、科研项目经费的支出范围、科研项目经费的使用管理、科研项目经费决算及资产管理、科研项目经费使用的监督与检查、附则等共 6 章 26 条。新办法在经费支出范围中增加了项目管理费、咨询费、科研人员津贴。津贴额每月不超过 50 元/人，总津贴累计额不超过年度经费的 10％。对课题决算结余资金的使用规定得更为明确具体，规定 40％留课题主持单位，30％由课题组用于课题结题后的善后事宜或申报新课题的活动支出，30％用于奖励课题组贡献较大的人员。

河南省气象科学研究所按照河南省气象局制定的课题经费管理办法严格管理本所各项课题经费，合理使用。同时，根据河南省气象局有关规定，还结合本所实际情况制定了更为具体、明确的管理办法。在 2006 年 9 月 12 日下发的《河南省气象科学研究所科研课题管理办法》中(气科所发〔2006〕5 号)，对课题经费使用明确规定：

1. 凡经本所同意上报、并获得批准立项的科研课题，均纳入本所管理，其课题经费必须入河南省气象科学研究所的账户。

2. 课题经费报销时，由课题主持人签字，经主管财务所长批准方可报销。

3. 科研管理人员会同财务人员，每半年向课题主持人通报一次课题经费使用情况。

4. 在研课题购置大型仪器、设备等固定资产（1000 元以上），课题主持人需要写出书面报告，经批准后方可购买。

5. 课题经费严禁出现超支，一旦出现超支现象，财务人员有权停止该课题报账。

6. 需要向外单位转拨课题协作经费时，需提供双方签订的课题研究合作协议书。

7. 课题结题后应及时进行课题经费结算，逾期一年以上未完成结算的，停止该课题报账，剩余经费划入河南省气象科学研究所科技发展基金。

第二节 行政管理

一、管理体制

1986 年 3 月，根据《中共中央关于科学技术体制改革的决定》和国家气象局《气象科学技术研究体制改革方案》的精神，所内管理实行所长负责制。所长由上级主管部门任命或聘任，所长根据实际需要可提名报请上级主管部门任命或聘任 1～2 名副所长。所长对全所的行政、科研管理负全面责任，有权决定全所计划、人事、财务、物资等事项。正、副所长每届任期三年，可以连任，但最多连任不超过三届，对不称职者上级主管部门可予以免职。所长、副所长的职责，早在 1982 年 2 月 4 日中央气象局下发的《气象部门研究所条例》（〔82〕中气科字第 008 号）中就已明确。主要职责是：(1)全所科研规划、计划和事业发展规划的制定，并组织实施；(2)经费的预算和分配；(3)研究室的建立、裁撤及其工作方向的确定和变动；(4)科技人员培养计划的制定和组织实施；(5)监督和检查各室主任的工作，指导他们做好本职工作，处理好科室间的协作工作；(6)处理好与外单位的科研协作；(7)负责全所的工作总结；(8)对科学创造和科研成果进行奖励；(9)组织好后勤和生活保证；(10)负责全所的政治思想工作；(11)执行上级交办的任务。

所长、副所长实行集体领导与分工负责相结合，中心任务是充分调动全体科技人员的积极性和创造性，发挥学术委员会的学术领导和咨询作用，办好研究所。所长、副所长每年年终向全所职工大会报告工作，听取群众的意见和建议。

1984 年 9 月，根据国家气象局〔84〕国气科字第 029 号文及国家科学技术委员会〔84〕国科发管字第 437 号文件精神，河南省气象科学研究所实行河南省气象局和河南省科学技术委员会双重领导、以河南省气象局领导为主的管理体制。

二、财务管理

（一）财务管理体制

全省气象部门实行“统一领导、分级管理”的财务管理体制。各单位的财务活动在本单位负责人的领导下，由单位的财务部门统一管理。河南省气象局计划财务处是全省气象系统财务管理的职能部门，河南省气象局直属单位及市、地气象局为二级会计单位。对财务管理任务较重的二级单位，单独设置财务机构；不单独设置财务机构的，配备专职财务人员。

1978 年前河南省气象科学研究所财务工作由河南省气象局财务管理机构负责。1978 年

9月1日，河南省气象局计财供应处根据河南省气象局核心小组关于建立局办公室、观象台、河南省气象科学研究所会计单位的指示下发通知，明确局办公室、观象台、河南省气象科学研究所为二级会计单位，实行预算管理，按规定向局计划财务处报送年度预算、季度用款计划、会计报表，并根据批准的用款计划按月向计划财务处领取经费。河南省气象科学研究所负责全所人员经费、公用经费、人工降雨经费的开支管理及河南省科学技术委员会拨付给的科技三项费用(科研费)的开支管理。按照河南省气象局要求，本所1978年财务独立，配备2名专职财务人员，属所办公室编制，这种管理形式延续至2001年12月底。2001年12月，河南省气象局为进一步加强对河南省气象局直属单位财务工作的管理和监督，根据中国气象局有关精神，成立了河南省气象局财务核算中心，挂靠河南省气象局计划财务处。2008年5月财务核算中心独立，为河南省气象局直属二级事业单位。河南省气象科学研究所的财务工作，从2002年1月1日起由河南省气象局财务核算中心负责管理。

(二)财务管理制度

为加强全省气象部门财务管理，根据国家有关规定及中国气象局《气象事业单位财务管理暂行办法》有关精神，结合本省气象部门的实际，河南省气象局1999年4月26日制定下发了《河南省气象局财务管理暂行办法》(豫气计发字〔1999〕7号)。暂行办法共13章、50条，从财务管理体制、预算管理、收入管理、支出管理、成本管理、结余及分配、专用基金管理、资产管理、负债管理、财务管理、财务清算、财务报告和财务分析、财务监督等方面，全面细致地规范了气象事业单位财务管理的各项活动。

河南省气象科学研究所针对本所经常遇到的一些实际问题，根据暂行办法有关条款规定的精神，2000，2006和2008年先后制定(或修订)了更适合于本单位实际的财务管理制度。2008年7月修订的《河南省气象科学研究所财务管理制度(试行)》(豫气科所发〔2008〕12号)的主要内容是：

1. 财务管理第一责任人

根据行政首长负责制和党风廉政建设责任制的要求，主要领导是全面工作和党风廉政建设工作的第一责任人，对各项工作负总责，对本单位的财务管理、会计工作及会计资料的真实性、完整性负责。

2. 财务审批制度

工程项目招投标、工程结算、批量政府采购等重大事项由所领导班子集体研究确定；一次性开支1000元以上，要填写《财务支出审核表》，由分管财务领导审核后报主管领导审定，开支5000元以上的由集体研究决定。

3. 现金管理制度

凡需转账的一律不得使用现金，一次性开支在1000元以上的原则上必须用转账结算。因公借款3000元以下的由分管财务领导审批，3000元以上的由分管财务领导审批后报主要领导审定。

4. 报销制度

需从课题、项目经费中列支的一切支出，事先未经分管领导或课题(项目)主持人批准的，一律不予报销；凡不符合财务规定的发票不予报销。报销发票必须由经办人、验收人、室主任(或课题、项目主持人)、财务人员、所领导签字。

5. 办公费管理制度

购买办公用品、用具等由办公室统一负责，各科室不得擅自购买；购买的所有物品，均须办理验收入库，并报有关领导批准后方能报销；一次性购置图书、物品、设备等价值在 100 元以上的须有验收人签字，否则财务人员不予受理；一次性购置物品、设置或修缮费用在 1000 元以上的，须先做书面预算，经批准后由办公室办理。

三、科技人员管理

（一）实行聘任制

1985 年 6 月，国家气象局下发了“气象科学技术研究体制改革方案”，提出要“改革科技人员管理制度，形成人才辈出、人尽其才的良好环境。在定编定员范围内，科研单位的人员将逐步试行聘任制。科研单位有权聘任和解聘，受聘人员有权应聘和辞聘。聘约双方应严格信守聘约”。根据国家气象局体制改革方案精神，1986 年 3 月河南省气象科学研究所相应制定了本所科研体制改革方案，其中把对科技人员试行聘任制作为体制改革的一个重要内容。1993 年 1 月，为进一步落实党的十四大精神，深化改革，调动科技人员积极性，本着大胆试验的思想，以改革人事制度为突破口，逐步建立一个人尽其才的人事管理机制，以适应市场经济发展和气象现代化建设的需要，河南省气象科学研究所制定了《科研所人事制度改革实施意见》（〔1993〕豫气科所发第 2 号）。实施意见在河南省气象部门首次提出对科技人员实行聘任制，即：对所内各类人员实行全员聘任、分级聘任、分年聘任、择优上岗。各科室主任、副主任由所长聘任，各科室其他人员由室主任聘任，每年聘任一次；课题主持人根据科研工作需要，在不动用事业费的情况下，可自行聘用人员，并报告所长；对技术人员实行评聘分开，根据工作需要和个人实际表现可低职高聘或解聘。初级人员由科室主任聘任，中、高级人员由科室或课题组申报，所里统一评聘。低职高聘技术人员须具备一定的条件，根据其具备的基本条件可聘任为助理研究员或副研究员、研究员。

1995 年 3 月，对《科研所人事制度改革实施意见》进行了修改，重新制定了《科研所人事管理暂行办法》（〔1995〕豫气科所字第 3 号）。新办法删除了“低职高聘”规定，增加了离岗休息制度。

（二）试行试用制、待聘制和离岗休息制度

在实行择优上岗时达不到上岗条件，但仍有岗位需要的，或新调入、又属初次上岗的，试行试用期制，试用期限为 3 个月。试用期满，胜任工作的，从试用之日起正式聘任；试用期满，仍不能上岗的，或科研、科技服务、综合经营合理组合时组合不上的，实行待聘。根据河南省气象局豫气人字〔1994〕12 号文件规定，待聘人员待聘期间自行联系工作岗位，每月发给一定的待聘费或生活费。满一年后仍不能上岗，参照国家人事部人调发〔1992〕18 号文件的有关精神，予以辞退。

对于年满 55 岁的男职工和年满 50 岁的女职工，或工作 30 年以上的人员，根据河南省气象局规定，本人申请，经组织批准，可以离岗休息，达到退休年龄时正式办理退休手续。在离岗休息期间，工资、福利待遇与在岗人员同样对待。

根据人事部人调发〔1922〕18 号文件《全民所有制事业单位辞退专业技术人员和管理人员暂行规定》的第三条规定，对于符合辞退条件、又经教育无效的专业技术人员和管理人员，予以辞退。

(三)实行考核制

从1990年以来,对全所各类人员实行目标管理分级考核制度,考核结果作为晋升、续聘、解聘的依据,逐步建立了重在素质、重在实绩、不拘一格、能上能下的用人制度。年初签订目标责任书,年终考核。对科室主任的考核,由所长负责在本人所在的科室进行;对科室其他人员的考核,由科室主任负责在本科室进行,考核结果报所长审定。对各类人员每年考核一次,凡年度考核不合格或不称职者,予以解聘。

1990年3月22日河南省气象局成立了目标管理工作领导小组,对河南省气象局各直属单位实行责任目标管理,各单位也相应开始实行目标责任制。河南省气象科学研究所1990年制定了《科研人员业务目标管理办法(试行)》。1990年12月28日,为考察科研、业务技术和其他各类人员工作任务完成情况,调动和鼓励广大科技人员的积极性和创造性,根据河南省气象局有关文件精神,从本所实际出发,制定了《科研所目标管理考核与奖惩办法(试行草案)》。科研人员的考核以课题组为单元,个人奖惩与课题挂钩,考核内容包括课题经费收入、课题计划完成情况、科研论文、科研成果奖和创收纯收入。对考核内容实行评分(5分)制,以分数多者为优。地面观测、农业气象观测及农业气象服务人员的考核内容主要包括观测场及仪器维护情况、错情率、规章制度建设和农业气象服务情况等。对考核内容实行评分,考核结果分为A,B,C三级。情报、行政管理服务人员因工作性质差异较大,量化考核困难,根据豫气办发〔90〕14号文件精神,采取定性考核办法,考核标准分为好、较好、一般和差四个等级。

1995年依照原思路对目标管理考核办法进行了修改,于12月15日重新制定了《科研所目标管理考核办法》(〔1995〕豫气科所字第10号)。新办法将考核分为集体责任目标考核和个人责任目标考核两种,增加了对科室集体考核内容。集体目标考核由所组织,个人目标考核由科室组织。考核程序分为自查自评、组织考评和确定考核等级三个环节。集体目标考核,分定量目标考核和定性目标考核,工作完成情况均按5分制评价,综合评定结果分超额完成、完成、基本完成和未完成四个等级;个人目标考核,针对科研、基本业务、咨询服务、专职创收和行政管理、后勤服务人员的不同情况,分别制定了不同的考核内容和评价标准。各类人员工作完成情况均按5分制评价,综合评定结果分超额完成、完成、基本完成和未完成四个等级。与河南省气象局规定的技术职务考核优秀、称职、基本称职、不称职四个等级和行政综合考核优秀、合格、不合格三个等级对应,个人考核结果若为“未完成”,说明不称职、不合格;“基本完成”为基本称职、合格;“完成”和“超额完成”为称职、合格或者是优秀。

参照中国气象局和河南省气象局考核办法,2000年调整了思路,对目标管理考核办法进行了第二次修改,于5月24日下发了《河南省气象科学研究所年度目标考核办法》(〔2000〕豫气科所字第10号)。该办法确定了2000年及以后每年目标考核的基本原则和办法,明确了各科室每年年度目标任务应包括的基本内容。新办法主要是:(1)考核评价采取百分制,集体任务目标制定时,将100分分解到各项工作中,任务完成得满分,否则扣分;(2)集体目标考核等级分为达标和未达标两级,个人目标考核等级分为优秀、合格、不合格三级;(3)集体目标考核采用自评计分与考核小组评议计分相结合的百分制办法,其中自评占70%,目标考核小组评议占30%;(4)个人目标任务制定全所不统一规定。

2003年依照2000年考核办法思路,对目标管理考核办法进行了第三次修改,于7月25日下发了《河南省气象科学研究所考核办法》(气科所发〔2003〕16号)。新办法将考核分年度考核(集体与个人)和聘期考核(个人)两种,增加了个人聘期考核内容。聘期考核每三年进行一次。对集体目标考核新办法虽然仍采取定性计分(考核小组评议)与定量计分(自评)相结合的考核体系,但加大了定性计分的比例(占60%)。新办法恢复了个人考核内容,对科研、业务、管理三类人员年度工作定性、定量考核内容及计分办法做了具体规定。

从2005年开始,年度目标任务考核进行了简化,一是本所与各科室不再书面签订年度目标责任书,而是直接下达任务;二是集体目标考核不再分定性计分与定量计分,取消了考核小组民主评议计分。每年年初根据河南省气象局下达本所的任务和各科室的具体情况,直接向各科室下达年度目标任务(书),下达任务时,标明各项、各款任务圆满完成时应取得的最高分值。年终各科室自查自评,任务完成得满分,否则扣分或者不得分。自评结果由所长审核并经考核小组认可。个人目标任务制定及考核,全所不统一要求,但个人考核等级须由考核小组确认。

自2009年中国气象局将河南作为现代农业气象业务服务试点省份以来,河南省气象科学研究所承担的农业气象业务建设和科研支撑的压力越来越大。为了更好地做好各项工作,实现农业气象业务、科研的协调发展,在农业气象"科研—业务—服务"一体化运行体制前提下,逐步对本所农业气象人员实行岗位相对分离的管理与考核措施,并于2010年10月下发了《科研所业务与科研相对分离的实施意见》(气科所发〔2010〕10号),以保证依托本所建设的中国气象局农业气象保障与应用技术重点开放实验室,真正成为组织高水平农业气象应用基础和应用研究、技术开发的实验室。

(四)实行奖惩制

1985年,国家气象局下发的《气象科学技术研究体制改革方案》明确指出:"除国家和部门的有关科研奖励之外。科研单位可以利用本单位的奖励基金建立奖励制度,以鼓励气象科技人员的积极性和创造性。"1986年,《河南省气象科学研究所体制改革方案》确定设立奖励基金和所长基金,在年终考核评定的基础上对有贡献的人员进行奖励。1990年12月制定的《科研所目标管理考核与奖惩办法(试行草案)》,对各类人员年终考核结果,按一等奖、二等奖、惩罚三个等级进行奖惩。1992年还制定了河南省气象科学研究所《奖金和劳务分配意见》。

为建立更符合本所特点的奖金分配机制,充分发挥奖金的作用,鼓励科研、业务、服务成绩突出的集体和个人,1995年12月制定了《科研所奖金分配暂行办法》(〔1995〕豫气科所字第10号),奖金分配与岗位目标任务完成情况和服务取得的经济效益挂钩。奖励办法设年度责任目标奖、效益奖和专项奖三项。责任目标奖,按年终考核结果由所务会讨论确定,其中集体目标超额完成的给予奖励;效益奖(创收提成奖),按当年创收纯收入和课题经费收入的一定比例提成;专项奖,由所长办公会讨论确定,主要是对科研成果获奖者、业务与服务成绩突出者及在各项评比中获得全省气象系统先进荣誉称号等个人的奖励。

2003年7月根据本所各方面变化的新情况,在1995年制定的奖金分配办法基础上,重新制定了《河南省气象科学研究所奖励办法》(气科所发〔2003〕17号)。新办法扩大了奖励范围,规定更明确、具体,共设工作目标奖、创收效益奖、科技开发奖、优秀科技奖和创新奖五项。工作目标奖,按科室和个人年度工作任务完成情况,由本所工作目标考核小组考评确定;创收效益奖,按创收指标的超额部分提成奖励,以鼓励超额完成创收任务;科技开发奖,奖励在科技服务和项目开发工作中做出重要贡献的集体和个人,其奖金按不同的项目收入,以不同的比例提成;优秀科技奖,主要用于奖励科研成果获奖或发表(交流)论文者和业务考核名列全国前5名或业务服务获中国气象局表彰的集体、个人;创新奖,对获得中国气象局或河南省气象局创新奖和科技工作奖的给予二次奖励。

2005年对奖励办法又进行了修改,并于5月11日下发了《河南省气象科学研究所奖励办法》(气科所发〔2005〕5号)。该办法设目标考核奖(即原办法"工作目标奖")、创收效益奖、科技开发奖、科技成果与业务奖(即原办法"优秀科技奖")和科技工作奖(即原办法"创新奖")五项,与原办法奖励项目设置基本一样,但各奖励项目的具体规定有所变化。

四、规章制度建设

1985年国家气象局下发了《气象科学技术研究体制改革方案》,要求科研单位"通过深入细致的调查研究,逐步建立健全气象科研和管理的各项规章制度,使科研及管理工作的各个环节有章可循"。根据国家气象局逐步建立健全规章制度的精神,河南省气象科学研究所先后建立了科研管理、人事管理、财务管理、后勤保障服务等各项规章制度,并不断修改和完善。

自1990年以来,逐步建立健全的规章制度有:

(一)1990年

1.《气科所办公用品发放暂行办法》(1990年5月10日)

2.《气科所关于职工考核的若干规定(试行)》(1990年7月1日)

3.《气科所劳保用品发放办法》(1990年7月4日)

4.《财务报销有关规定(试行)》(1990年8月2日)

5.《关于有偿技术服务财务管理问题几项实施办法(试行)》(1990年9月6日)

6.《科研人员业务目标管理办法》(1990年)

7.《科研所目标管理考核与奖惩办法(试行草案)》(1990年12月28日)

(二)1992年

《气科所专业有偿服务财务管理细则》(1992年5月25日)

(三)1993年

1.《科研所人事制度改革实施意见》(1993年1月29日)

2.《科研所汽车管理办法》(1993年2月19日)

3.《气科所关于职工考勤的暂行规定》(1993年10月4日)

4.《科研所电话费管理办法》(1993年10月5日)

(四)1995年

1.《科研所人事管理暂行办法》(1995年3月30日)

2.《科研所目标管理考核办法》(1995年12月15日)

3.《科研所奖金分配暂行办法》(1995年12月15日)

(五)1997年

1.《河南省气象科学研究所课题经费管理办法》(1997年7月16日)

2.《河南省气象科学研究所工作制度(含考勤、请假、会议、工作督查和请示报告制度)》(1997年10月1日)

3.《科研所电话费管理办法》(1997年9月1日)

4.《科研所汽车管理办法》(1997年9月1日)

5.《河南省气象科学研究所企业管理办法(暂行)》(1997 年 9 月 1 日)

(六)1998 年

1.《科研所公费医疗管理办法》(1998 年 2 月 8 日)

2.《科研所办公用品发放办法》(1998 年 2 月 28 日)

3.《科研所电话费管理办法》(1998 年 7 月 1 日)

(七)2000 年

1."科研所财务管理制度、接待制度、考勤制度、请假制度和电话费补助规定"(2000 年 1 月 8 日)

2.《河南省气象科学研究所年度目标考核办法》(2000 年 5 月 24 日)

3.《河南省气象科学研究所奖励暂行办法》(2000 年 9 月 6 日)

(八)2001 年

《河南省气象科学研究所汽车管理办法》(2001 年 3 月 1 日)

(九)2003 年

1.《河南省气象科学研究所考核办法》(2003 年 7 月 25 日)

2.《河南省气象科学研究所奖励办法》(2003 年 7 月 27 日)

3.《河南省气象科学研究所设备管理办法》(2003 年 7 月 30 日)

(十)2005 年

1.《河南省气象科学研究所奖励办法》(2005 年 5 月 11 日)

2.《河南省气象科学研究所固定资产管理办法》(2005 年 7 月 8 日)

3.《河南省气象科学研究所安全生产规章制度》(2005 年 7 月 14 日)

(十一)2006 年

1.《河南省气象科学研究所科研课题管理办法》(2006 年 9 月 12 日)

2.《河南省气象科学研究所财务管理制度》(2006 年 9 月 12 日)

3.《河南省气象科学研究所接待管理办法》(2006 年 9 月 12 日)

(十二)2008 年

《河南省气象科学研究所财务管理制度(试行)》(2008 年 7 月 31 日)

(十三)2010 年

1.《河南省气象科学研究所气象宣传工作考核办法》(2010 年 1 月)

2.《科研所计算机信息系统安全管理制度》(2010 年 5 月)

3.《科研所业务与科研岗位相对分离的实施意见》(2010 年 10 月)

综上所述,河南省气象科学研究所自建所以来,随着事业的发展和科研任务的不断加重,科研、行政、财务、科技人员等方面的管理办法及规章制度均不断修改完善,使得各项工作都有章可循、有条不紊,极大地调动了全所同志的积极性,为创建一个实力雄厚和创新人才不断涌现的气象科技基地,奠定了良好的基础。

第十章　人物简介

本章人物简介按姓氏笔画排序。主要收录现任正副所长、前任所长(正)、研究员、正研级高级工程师、全国和省人民代表大会代表、全国和省政协委员、国家和省级劳动模范,以及曾在本所工作过、现在气象部门任职的正副厅局(司)级领导和在国外从事研究的科技人员等。

1. 王万田　男,汉族,1950年12月出生,河南省沁阳市人,中共党员,工程师。1970年12月参军,在新疆军区警卫营四连服役,1972年4月部队选送到南京大学大气物理专业学习,1975年8月大学毕业后回原部队工作。1978年10月转业,分配到河南省气象科学研究所,1983年12月调河南省气象局人事处工作。1985年12月任河南省气象局人事处干部调配科科长,1988年5月取得工程师资格,1990年3月任河南省气象局人事处副处长,1993年10月任河南省气象局人事处处长,1998年1月任河南省气象局纪检组组长、党组成员,2010年7月任河南省气象局巡视员。

王万田长期从事行政管理工作,为河南省气象事业快速发展做出了积极贡献。1985,1986,1987和1989年均被中共河南省直属机关委员会评为省直机关优秀党员,2003年被中国气象局评为精神文明建设先进工作者,2008年中国气象局给予公务员记三等功奖励。在其任河南省气象局纪检组组长、党组成员,协助主要领导分管纪检、监察审计和精神文明建设工作期间,河南省气象局先后被中共河南省纪律检查委员会、中共河南省委宣传部、河南省文化厅、河南省监察厅命名为全省首批省级“廉政文化先进机关示范点”,被中国气象局命名为“全国气象部门廉政文化示范点”,被中央精神文明建设指导委员会命名为“全国文明单位”,2005—2007年度连续三年被中共河南省委、省政府党风廉政建设领导小组评为优秀单位。

2. 王信理　男,汉族,河南省太康县人,1982年毕业于南京气象学院农业气象系,1984年获得理学硕士学位。1984—1987年,在河南省气象科学研究所工作,参与了“黄淮海平原大豆气候生态适应性”研究及农田小气候观测研究,研究成果1986年获得河南省科学技术进步奖三等奖。1987年9月—1991年1月,在南京林业大学学习,获得森林生态专业理学博士学位,主要从事生态边界层理论与应用研究,研究成果获得江苏省科学技术进步奖二等奖。1991年2月—1998年3月,在中国气象科学研究院工作,主要从事作物生长模拟模式的开发与研究。1998年4月—1999年12月,在美国密歇根理工大学林学院(School of Forestry and Wood Products,Michigan Technological University)做博士后。2000年1月—2005年8月,在美国密歇根理工大学计算机科学系(Department of Computer Science,Michigan Technological University)学习,并于2004和2005年先后获得计算机科学专业的理学硕士和理学博士学位。2005年10月—2008年7月,在美国科罗拉多州立大学(Colorado State University)工作。2008年8月至今,在美国密歇根理工大学任助理教授(Assistant Professor)。在国内和国际学术刊物以及国际学术会议论文集上发表学术论文40余篇。

3. 王银民　男,汉族,1957年9月出生,河南省西峡县人,中共党员,大学本科学历,高级工程师，现任重庆市气象局局长、党组书记。1978年3月—1982年1月在南京气象学院气象系天气动力专业学习，获理学学士学位；1982年1月—1986年12月在河南省气象科学研究所工作，任助理工程师，1985年任天气研究室副主任；1986年12月—1987年6月任河南省濮阳市气象台办公室主任，负责濮阳市气象台的筹建工作；1987年6月—1989年7月任河南省濮阳市气象台副台长，1989年5月取得天气预报工程师资格；1989年7月—1992年7月任河南省濮阳市气象局副局长、党组成员；1992年7月—1993年6月任河南省南阳地区气象局副局长、党组副书记，主持工作；1993年6月—1996年3月任河南省南阳地区气象局局长、党组书记，1995年11月取得气象高级工程师任职资格；1996年3月—2005年1月任河南省气象局副局长、党组成员；2005年1月—2006年1月任重庆市气象局副局长、党组副书记，主持工作；2006年1月至今，任重庆市气象局局长、党组书记。

在河南省气象科学研究所工作期间曾参加多项课题研究，其中参加完成的"华中区域性暴雨落区短期预报方法应用研究"获1987年国家气象局科学技术进步奖四等奖，作为主要完成人完成的"用MOS方法做中期降水预报"获1988年河南省气象科学技术进步奖二等奖。在河南省濮阳市工作期间，牵头筹建了濮阳市气象台，分管过业务、服务和财务工作，曾主持过课题"濮阳市沿黄河中小尺度地区冬小麦气象卫星遥感监测预测应用技术研究"的研究（后因工作调动中断），参加过"华北地区小麦优化灌溉技术推广"工作。在河南省南阳工作期间，组织了南阳气象现代化建设，狠抓了科技服务与专业气象服务，也曾参加过"日光温室蔬菜增施CO_2气肥试验"课题研究。任河南省气象局副局长期间，先后分管过业务、科技、政策法规、科技服务与产业、人工影响天气、计划财务、行政后勤等工作，也曾组织过一些业务科研项目建设，如：组织建设的河南省地市级专业气象预报服务系统被中国气象局评为1998年气象部门创新项目，组织建设的河南省人工影响天气业务技术系统被中国气象局评为2000年气象部门创新项目。

4. 牛现增 男，汉族，1962年出生，河南省林州市人，1984年毕业于南京气象学院农业气象系；自1984年到1994年期间，在河南省气象科学研究所农业气象试验站工作，历任助理工程师和工程师；1994年在美国农业部农业研究局保持和生产研究实验室（USDA-ARS Conservation and Production Research Laboratory）做访问学者。1997年获美国西德克萨斯农工大学（West Texas A & M University）农学硕士学位；2004年获美国宾夕法尼亚州立大学（Pennsylvania State University）土壤学（主修）和地理学（副修）博士学位；2005年在宾夕法尼亚州立大学作物土壤系做博士后一年。自2005年起，在宾夕法尼亚州立大学的地球和环境系统研究所（Earth and Environmental Systems Institute）从事研究工作。在河南省气象科学研究所工作期间，曾多次获得省级（河南省）和国家级科技进步奖，并获得河南省科学技术协会颁发的优秀青年科技奖，以及中国气象局颁发的全国优秀气象工作者称号。在美国的研究内容包括卫星遥感、地理信息系统和计算机模型在气候变化及其对作物产量的影响和对策方面的应用，生物和土壤固碳评估与决策系统研究，生物再生能源和气候变化，以及全球地球关键带的化学风化系统的数据库和信息系统的建立。共有30余篇文章在国内、国际学术研讨会上交流并在相关刊物上发表。

5. 毛留喜 男，汉族，1962年10月出生，河南商水县人，正研级高级工程师，博士。1983年南京气象学院农业气象系本科毕业；1983年8月—1985年10月，在河南省新乡地区气象局工作；1985年10月—1989年12月在河南省气候中心工作；1989年12月—1997年9月在河南省气象科学研究所工作；1997 年 9 月—2000 年 6 月在中国农业大学作物学院学习，研究生毕业获博士学位；2000 年 7 月—2004 年 4 月在中国气象局总体规划研究设计室工作；2004 年 4—7 月在中国气象局培训中心工作；2004 年 7 月至今，在国家气象中心工作。现任国家气象中心农业气象中心主任，农业部防灾减灾专家指导组成员，国家林业局有害生物监测预报专家咨询组专家，中国农学会农业气象分会副理事长，中国气象学会农业气象与生态气象学委员会副主任委员。

毛留喜先后从事基层作物田间试验、农业气象情报、产量预报和冬小麦遥感监测业务服务，全国气象事业总体规划设计与信息研究，国家级生态气象监测评估、农业气象防灾减灾与信息服务，农业可持续发展与气候资源开发利用等工作。主持国家和部门研发项目 10 余项，在国内一级核心期刊上发表研究论文数十篇，独著或合著出版著作近 10 部。先后获得科技进步奖国家级二、三等集体奖（二级证书）各一项，省部级二、三、四等奖各一项，厅局级奖多项。

毛留喜先后任河南省气象科学研究所农业遥感中心副主任、主任及农业遥感与情报中心主任。在此期间，为河南省农业气象业务的现代化，特别是全省作物产量气象预报、冬小麦遥感估产与苗情长势监测技术的发展与推广应用，做出了重要贡献。

到国家气象中心工作后，为国家级生态和农业气象业务的负责人，主持改革了国家级农业气象情报业务，研制了新的农业气象服务产品；开展农业气候资源评价与高效利用技术研究，研发了全国精细化农业气候区划产品制作系统，为开展千米网格的农业气候区划奠定了基础。近年来他研究工作的主要领域包括：农业气候区划与农业气候资源开发利用、生态气象监测评估、农业气象情报服务、农业气象指标体系等。

6. 朱自玺 男，汉族，1934 年 10 月出生，江苏省沛县人，中共党员，1988 年 4 月晋升为研究员，1994 年 4 月被授予河南省劳动模范，1992 年 10 月起享受国务院颁发的政府特殊津贴。1961 年毕业于北京农业大学农业气象专业。1961 年 9 月—1976 年 6 月在河南农学院*气象学教研室任教。1976 年 7 月，调入河南省气象局工作，历任河南省气象局农业气象试验站副站长、站长，河南省气象科学研究所农业气象研究室主任。1990 年 2 月—1999 年 12 月，任河南省气象学会第三、四届理事会理事长，中国农学会农业气象分会理事，河南省生态学会第一、二届理事会常务理事等职。1986 年 5 月—1994 年 9 月，任国家气象局中南大区高级技术职称评审委员会委员，1996 年被聘任为第四届河南省青年科技奖评审委员会委员。1989—1993 年，任世界气象组织（WMO）亚洲区协（RA-Ⅱ）农业气象工作组成员及棉花气候报告员。1990 年 1 月，通过国家 V. S. T 考试，于 1991 年 9 月—1993 年 8 月，由国家教育委员会派遣，在美国 USDA-ARS Conservation&Production Research Laboratory（Bushland，TX）实验室从事合作研究，完成了“高粱蒸散模式”和“冬小麦根吸水模式”的研究。1993 年 7 月 16 日，该实验室向其颁发荣誉证书：“授予朱自玺教授为 USDA-ARS Bushland 实验室荣誉成员称号。”1996 年 12 月退休。

朱自玺先后主持和承担国家、中国气象局和省重点科研项目 20 余项，国际合作项目 3 项。先后获得国家、省部级和厅局级科技成果奖 17 项，其中：作为主要完成人完成的“华北平原作物水分胁迫和干旱”，获国家科学技术进步奖二等奖；作为主要参加人完成的“中国农业气候资源和农业气候区划研究”，获国家科学技术进步奖一等奖；作为主持人、主要完成人完成的“河

* 现“河南农业大学”，下同

南省冬小麦优化灌溉模型及其推广应用”、“华北地区小麦优化灌溉技术推广”、“黄淮平原农田节水灌溉决策服务系统研究”、“黄淮平原农业干旱与综合防御技术研究”等4项，获省部级科学技术进步奖二等奖；另有4项获省部级科学技术进步奖三等奖；其他7项分别获河南省气象科学技术进步奖一、二、三等奖。他设计完成了中国气象系统第一个现代化的农田水分试验基地，以规范的设计、先进的设施，被《河南之最》一书收录。“华北平原作物水分胁迫和旱度评价”试验研究项目，被选送参加在北京举办的建国40周年全国科技博览会展览。

朱自玺主持的农田水分研究，先后接待了来自美国、澳大利亚、埃及、阿尔及利亚、突尼斯、埃塞俄比亚等10多个国家的专家和世界气象组织（WMO）官员的参观访问。他提出了作物最佳耗水量的概念，并研制了小麦、玉米优化灌溉模型，把农田土壤水分监测、预报和灌溉决策有机地结合起来，为农田节水灌溉开辟了一条新的途径。“冬小麦优化灌溉技术”被国家科学技术委员会列为全国重点推广项目，并誉为“科学技术转化为生产力的优秀范例”。作为主要编著人和撰稿人编著出版专著7部，其中《作物水分胁迫与干旱研究》和《中国的气候和农业》，除以中文版发行外，还以英文版和英文摘要的形式发行。《作物水分胁迫与干旱研究》一书，被北方10省（直辖市、自治区）优秀科技图书评选委员会评为1991年度北方10省（直辖市、自治区）优秀图书二等奖。在核心期刊、国外期刊和国际会议上共发表研究论文76篇，其中在国外期刊上发表3篇，国际会议论文集收录15篇，国内核心期刊上发表58篇，被EI收录7篇。另外，还发表译文9篇。1989年被国家气象局授予全国气象部门双文明建设先进个人。

7. 刘荣花 女，汉族，1962年10月出生，河南省遂平县人，博士，中共党员，现任副所长，2008年6月晋升为生态与农业气象正研级高级工程师。1983年毕业于南京气象学院农业气象系，获理学学士学位；1997年获南京气象学院应用气象学硕士学位；2008年获南京信息工程大学气象学博士学位。2005年11月任河南省气象科学研究所副所长。2007年获“河南省三八红旗手”、“河南省气象部门科技领军人才”荣誉称号，2008年被中共河南省委、河南省人民政府授予“第七批河南省优秀专家”荣誉称号。

刘荣花长期从事作物气象、农业干旱、土壤水分及干旱风险评估、农用CO_2开发利用及温棚蔬菜CO_2施肥技术、气候变化对华北地区冬小麦生长影响评估和预测等农业气象研究工作。主持和参加各类科研项目10多项，其中国家级项目3项、中国气象局项目3项、河南省科学技术委员会项目4项、河南省气象局项目多项。作为主要完成人完成的“河南省小麦气候生态研究”、“黄淮平原农业干旱与综合防御技术研究”、“黄淮平原农田节水灌溉决策服务系统研究”均获河南省科学技术进步奖二等奖，“农业气象灾害综合应变防御技术成果转化”、“在农业上大规模开发利用CO_2的试验研究”、“小麦气候生态研究成果推广应用”分别获中国气象局科学技术进步奖（或成果应用奖）二、三、四等奖，获厅局级科研成果奖4项；作为参加人完成的“我国短期气候预测系统的研究”获国家科学技术进步奖一等奖，“河南省小麦不同生态类型区划分及其生产技术规程的研究”获河南省科技成果特等奖，“河南省小麦高产、优质、高效益五大技术系列研究与应用”、“河南省黄淮海平原中低产地区夏大豆丰产栽培技术研究”分别获河南省科学技术进步奖二、三等奖。在国内核心期刊和国际会议上发表论文30余篇，其中被EI收录9篇。

目前主持的科研项目主要有：国家自然科学基金项目“冬小麦干旱风险动态评估模型研究”，国家公益性行业（气象）科研专项“夏玉米高产稳产气象保障关键技术研究”，中国气象局新技术推广项目“华北地区主要农作物农业气象指标体系的建立与完善”，中国气象局气候变化专项“气候变化对武汉区域主要粮食作物影响评估研究”(第二主持);参加的科研项目主要有:国家公益性行业(气象)科研专项“气候变化对中国粮食生产影响评价系统研究”、“农用天气预报关键技术研究”。

8. 闫秀璋 男,汉族,1932年1月出生,河南省夏邑县人,中共党员,离休干部。1959年7月首任河南省气象科学研究所所长(兼)。1948年6月加入中国共产党。1945年2月—1947年9月在冀鲁豫军区十一分区政治部、司令部工作,任缮写员;1948年6月—1954年9月先后任冀鲁豫军区三分区司令部见习参谋、华北军区独立二旅司令部作战参谋、平原省军区司令部作战参谋、华北军区司令部气象处参谋;1954年9月—1979年5月,曾任河南省气象局业务科副科长、办公室副主任(党分组成员),鄢陵县张桥公社党委副书记,河南省气象局办公室主任(党分组成员);1979年5月—1983年3月,任河南省气象局副局长、党组成员;1983年3月—1990年3月任河南省气象局局长、党组书记;1993年4月离休;2007年11月因病逝世。

闫秀璋早年投身革命,在抗日战争和解放战争艰苦岁月中勤恳工作,为新中国的建立做出了积极的贡献。新中国成立后,在从事气象工作近40年期间,长期担任领导职务,尽职尽责发展气象事业,为河南气象事业、经济发展做出了积极贡献。

9. 关文雅 女,汉族,1938年11月生,河北省香河县人,高级工程师。1959年毕业于北京气象学校农业气象专业,同年分配到河南省气象局郑州农业气象试验站工作。1980年晋升为农业气象工程师,1988年晋升为农业气象高级工程师。1989年被河南省人民政府聘为“河南省农业高产开发领导小组、小麦专业组”成员;1994年9月被河南省人民政府聘为国家“九五”重中之重科技攻关项目“河南省小麦高产综合配套技术研究开发与示范专家组”成员;1995年12月被河南省人民政府聘为“河南省小麦高产开发专家指导组”成员。1993年当选第8届全国人民代表大会代表,在任期间,为河南省气象部门电视天气预报业务服务发展,做出了重要贡献。1998年12月退休。

关文雅长期从事农业气象试验研究和服务工作。1980年后,在河南省干热风发生规律及区划、小麦干热风伤害机理、小麦干热风防御措施推广、河南省小麦农业气候生态区划、粮食作物产量农业气象预报方法、小麦遥感估产等研究项目中,共获得科研成果奖13项,其中国家级奖3项,省部级奖6项。参加编写《小麦干热风防御技术》、《河南小麦栽培学》、《小麦干热风》、《河南玉米》、《河南旱地小麦高产理论与技术》等著作。小麦干热风伤害机理研究、冬小麦产量动态模拟模式研究、河南防御小麦干热风经济效益估算等科研论文均为执笔人之一,在中高级刊物上发表论文20余篇。同时撰写科技服务材料百余篇,河南省人民政府批转发放各种服务材料6篇。

10. 吴忠祥 男,汉族,1945年7月出生,江苏省无锡市人,中共党员,1968年南京大学毕业。1983年9月任河南省气象科学研究所副所长。1988年4月晋升为副研究员资格。1987年6月,通过V.S.T考试,经国家教育委员会出国人员北京集训部批准,赴美国密苏里大学气象系进修,后取得美国麻省理工学院海洋气象学博士学位。

在河南省气象科学研究所工作期间,主要从事河南旱涝历史规律分析等气候研究,其中“河南省各区旱涝分析及未来趋势探讨”研究项目,1980年获河南省气象局优秀科技成果奖三等奖,发表论文多篇。

11. 冶林茂 男,汉族,1956年11月出生,河南省开封市人,中共党员,现任副所长。2001年9月晋升为高级工程师。1982年7月毕业于广州中山大学气象系,获理学学士学位。1982年7月分配到开封市气象局工作,1987年12月调入河南省气象科学研究所工作至今。2005

年11月任河南省气象科学研究所副所长。

冶林茂长期从事天气预报、气象服务与应用气象技术研发工作。先后主持和参加科研项目20余项，多项获奖。其中：主持的“Gstar-Ⅰ紫外线监测仪研制”和作为主要完成人完成的“河南省县级气象业务服务系统”及“郑州城市大气污染与工业合理布局研究”，获河南省气象局科学研究与技术开发奖二等奖和河南省气象局科学技术进步奖二等奖；主持设计和研发的具有自主知识产权的自动土壤水分观测仪，2008年获国家专利，2009年获中国仪器仪表协会“优秀新产品奖”，该产品目前正在12个省(自治区)推广应用，并出口古巴；创建的“自动土壤水分监测网和全程质量监控体系”，获中国气象局2009年创新工作奖；主持研发的“宽波段Gstar-Ⅰ太阳紫外线强度监测仪/网”，利用紫外线辐射实时监测资料进行紫外线强度预报，已在全省18个市业务中应用；主持开发的“121气象语音咨询系统”，在全省大部分市、县推广应用。在国内期刊和国际会议论文集上发表论文10余篇，出版专著1部，编写完成1份紫外线监测仪定型技术报告、3部培训教材和1套多媒体教材光盘。

目前正在开展“河南省土壤水分自动监测仪研制及标定技术研究”和国家科学技术部公益性行业(气象)专项“冻土和干土层自动观测仪研究”。

12. 汪永钦 男，汉族，1935年10月出生，上海市人，中共党员，1990年7月晋升为研究员。1951年7月参加气象工作。1963年毕业于北京农业大学农业气象系(调干)。历任河南军区卢氏气象站观测员，河南省气象台观测组长，河南省气象局农业气象试验站副站长、站长，河南省气象科学研究所副所长、所长等职。1979年8月—1981年底，应世界气象组织(WMO)的要求，由中央气象局选派作为农业气象专家赴马达加斯加民主共和国讲学和技术援助。1984—1988年担任世界气象组织(WMO)亚洲区协(RA-Ⅱ)农业气象工作组成员兼花生气候报告员。1989年9月，应莫桑比克国家气象局的要求，由国家气象局选派赴莫桑比克讲学和技术援助。曾先后兼任中国气象学会第21、22、23届理事、农业气象学委员会委员。曾任河南省气象学会副理事长、中国农学会农业气象分会常务理事、中国气象局总体规划研究室特邀研究员、南京气象学院兼职教授、河南省农业发展研究中心特邀研究员等职。自1992年10月起，享受国务院颁发的政府特殊津贴。1997年11月退休。

1952年，从中国人民解放军西南军区气象干部训练班(第二期)毕业后，承担河南省第一批6个气象台站之一的卢氏气象站的建设任务。1958年，到北京农业大学农业气象系学习，毕业后一直从事农业气象科学研究工作。曾先后主持、承担10多项国家或省部级重大科研任务，作为课题主持人或主要完成者，荣获国家和省部级科技成果奖8项(其中二等奖以上5项)，厅局级科技成果奖多项。作为参加人之一完成的“我国短期气候预测系统的研究”，2003年获国家科学技术进步奖一等奖。多项研究成果在生产上大面积应用推广。主持的“小麦干热风发生规律及防御措施的研究”、“河南省小麦气候生态研究”、“农用CO_2开发利用及温室CO_2施肥技术的研究”等课题，均在气象科技兴农和科技扶贫方面做出了积极贡献。“河南省小麦气候生态研究”成果，被国家气象局列为推广项目，1991年被选送到北京参加“全国气象科技博览会”展览。

汪永钦曾先后8次分别赴美国、印度、莫桑比克、日本等国家出席国际学术会议，并在会上做报告。在国内外发表学术论文40余篇，有的由世界气象组织(WMO)作为技术报告印发。参与撰写《河南小麦栽培学》、《小麦生态与栽培技术》等专著和论文集5部。此外，还编撰(合著)科普书籍3部，完成多篇国外农业、作物生理生态、气候变化和环境保护等科技文献的翻译。1997年获河南省人事厅和河南省气象局联合授予的“河南省气象系统先进工作者”称号。

13. 陈怀亮 男，汉族，1967年6月出生，河南省辉县人，博士，中共党员，现任所长。2005年11月晋升为生态与农业气象正研级高级工程师。1985年毕业于南昌气象学校农业气象专业；1997年毕业于南京气象学院，获应用气象学硕士学位；1999年10月任河南省气象科学研究所副所长，2006年6月任河南省气象科学研究所所长；2007年毕业于南京信息工程大学，获气象学博士学位。参加工作以来，一直从事农业气象和卫星遥感业务、服务及科研工作。2010年3—7月在加拿大气象局工作、学习。2002—2010年任世界气象组织(WMO)农业气象委员会(CAgM)第13、14届大会专家组成员；现任中国遥感应用协会常务理事，中国气象学会农业气象与生态学委员会、卫星气象与空间天气学委员会委员，河南省遥感技术应用协会副理事长，河南省气象学会常务理事，兼任河南农业大学硕士生导师、南京信息工程大学硕士生合作导师。2005年获得第八届河南省青年科技奖，并被授予“河南省优秀青年科技专家”称号；2006年被评为第六届全国优秀青年气象科技工作者；2006年被中共河南省委、河南省人民政府授予“第六批河南省优秀专家”称号；2008年被评为“河南省科技系统先进工作者”。

主持和参加国家级、省部级科研项目近20个，获得省部级科技进步和星火奖二等奖3项、三等奖4项。主要有：参加中国气象局项目“全国第三次农业气候区划试点研究及应用”，2004年获中国气象局科技开发成果奖二等奖；2005年参加中国气象局新技术推广重点项目“主要病虫害发生发展气象条件预报与影响评价”，获江西省科学技术进步奖三等奖；主持2006年度中国气象局气候变化专项项目“黄淮海地区土地覆盖变化及对气候变化的影响研究”；主持2000年度国家科学技术部公益项目“黄淮平原农业干旱与综合防御技术研究”，获2005年河南省科学技术进步奖二等奖；参加国家科学技术部2001年度公益项目“黄淮平原农田节水灌溉决策服务系统研究”，获2006年河南省科学技术进步奖二等奖；作为第二主持人主持国家科学技术部2002年度公益项目“小浪底水库暴雨致洪预警系统研究”，2007年获河南省科学技术进步奖三等奖；主持2005年度国家科学技术部农业科技成果转化项目“黄淮平原农业干旱与综合防御技术推广应用”，2007年通过中国气象局验收。共完成第一作者学术论文50余篇，其中有9篇被EI收录；编著并出版专著3部。

目前主持或参加的课题主要有：主持中国气象局风云气象卫星遥感开发与应用项目“黄淮平原农业干旱遥感监测与引黄灌溉需水量估算系统”；参加国家“十一五”科技支撑计划项目“农业气象灾害监测预警与调控技术研究”，主持专题“北方农业干旱遥感监测技术研究”；参加公益性行业(气象)科研专项“精细化农业气候区划及其应用系统研究”；参加国家自然科学基金面上项目“冬小麦干旱风险动态评估模型研究”；参加国家科学技术部农业科技成果转化项目“黄淮平原农田节水灌溉决策服务系统推广应用”；主持国家公益性行业(气象)专项“主要农作物生长动态监测与定量评价技术研究”等。

14. 苗长明 男，汉族，1965年1月出生，河南省方城县人，中共党员。1986年毕业于南京大学大气科学系，获理学学士学位。1999年获中国人民大学行政管理系硕士学位。现任浙江省气象局副局长。先后担任开封市气象局副局长、河南省气象科学研究所副所长、郑州市气象局局长、河南省防雷中心主任、浙江省防雷中心主任、浙江省气候中心主任、浙江省气象局政策法规处处长、浙江省气象局科技与预报处处长等职务。出版专著2部，发表论文40多篇，主持完成的科研成果获得中国气象局科学技术进步奖1项、浙江省科学技术进步奖2项，曾被河南省政府授予“抗洪模范”称号。

1986年7月—1992年12月，在河南省气象科学研究所从事天气气候和污染气象研究工作，先后任气候研究室副主任、天气气候研究室主任、所长助理。1994年9月—1995年12月，任河南省气象科学研究所副所长。其间：主持完成的“河南省气候史料中文信息化处理”研究项目，1992年获国家气象局气象科学技术进步奖四等奖；主持完成的“河南省主要气候灾害规律、监测预报方法及其减灾对策研究”项目，1999年获河南省气象科学技术进步奖二等奖；参加完成科研项目4项，其中1项获1992年河南省气象科学技术进步奖四等奖，1项获1995年河南省气象科学技术进步奖二等奖。

15. 周毓荃 女，汉族，1962年10月出生，河南省郾城人，中共党员，博士，正研级高级工程师，中国气象局人工影响天气中心副主任，中国气象学会人工影响天气专业委员会副主任，全国人工影响天气科技咨询委员会成员。1980年7月毕业于南京气象学院大气物理专业，2002年取得正研级高级工程师资格，2004年6月获得南京气象学院大气科学专业博士学位。1984—1988年在河南省气象科学研究所工作；1989—2005年在河南省人工影响天气中心工作，先后任技术科科长、中心副主任；2005—2009年在国家气象中心工作，先后任人工影响天气室、预报系统开放试验室和强天气预报中心首席专家；2009年8月至今在中国气象局人工影响天气中心工作。

周毓荃长期从事云物理、人工影响天气相关科研和业务工作，主要在卫星遥感反演、云降水精细结构综合分析、中小尺度天气和人工影响天气业务系统等方面开展相关研究及业务技术开发工作等。在核心期刊和国内外重要学术会议上发表论文50多篇；主持和参加国家、省等各类科研和业务项目近30项，获得省部级三等奖以上成果6项。主持完成的省级新一代人工影响天气业务系统曾获中国气象局创新项目；主持完成的基于卫星等综合观测反演的云结构特征参数产品，已准业务发布全国；开发建立了基于卫星、探空和雷达等观测的云分析技术，并初步研发建成基于综合观测的云降水精细分析系统(平台)，已在国家和部分省天气和人工影响天气业务单位应用，并将推广至全国各级人工影响天气业务部门。目前正在主持全国现代人工影响天气业务体系规划设计和建设。

16. 赵国强 男，汉族，1963年9月出生，河南省汝州市人，中共党员，博士，2001年11月晋升为正研级高级工程师。1986年7月毕业于南京气象学院农业气象系，获学士学位；2001年6月通过河南农业大学农学院耕作栽培专业研究生课程；2002年9月—2008年6月在南京信息工程大学攻读博士学位，获应用气象系博士学位。1986年7月在河南省气象科学研究所工作，1992年10月任农业气象试验站副站长；1996年9月任河南省气象科学研究所副所长；1999年任郑州市气象局局长、党组书记；2003年5月任河南省气象局局长助理兼业务处处长；2007年1月任河南省气象局党组成员、副局长。

赵国强大学毕业后，一直从事农业气象科学研究与试验工作。先后主持、承担和参加的科研项目有20余项，其中有2项国家“九五”科技攻关项目的3个子专题，5项中国气象局重点项目，6项河南省科学技术委员会攻关项目。获得国家科学技术进步奖二等奖1项，省部级科学技术进步奖二等奖2项、三等奖1项，地厅级科学技术进步奖一等奖4项。在中级以上技术刊物上发表论文40多篇，其中在国家级核心期刊上发表论文20多篇，包括学报级刊物上发表论文8篇、EI收录5篇；合著专著1部。受到上级表彰10多次，其中1998年被中共河南省省委组织部、省人事厅、省科学技术协会命名为“河南省优秀青年科技专家”，获“第五届河南省青年科技奖”，2007年获“河南省学术技术带头人”称号。

目前正在协作主持1项国家农转资金项目，主要参加1项国家自然基金面上项目。

17. 胡鹏 男，汉族，中共党员，1961年8月生，湖北省武汉市人，博士，高级工程师。1982年7月南京气象学院天气动力学专业毕业，获学士学位；1997年9月—2000年7月在职攻读南京气象学院气象专业硕士学位课程，2001年获气象学硕士学位；2001年9月—2006年6月在南京信息工程大学学习，获大气科学博士学位。1994年获得高级工程师任职资格。1996年2月任河南省气象科学研究所副所长；1999年11月任河南省气象局业务处处长；2003年5月任河南省气象局副局长；2004年8月任河南省气象局局长、党组书记；2008年5月至今，任中国气象局人事司司长。1996年1—3月，赴日本JICA培训环境管理；1998年4—6月赴美国艾奥瓦州立大学做访问学者，进行合作研究；2002年9月—2003年3月在加拿大气象局总部工作、学习。

在业务科研方面主要从事河南暴雨灾害性天气和污染气象研究，在数值天气预报产品的动力统计释用方法、降水分型、预报指标及中小尺度数值模式的引进和开发等方面，取得多项研究成果。其中，“人工影响天气优化技术研究”项目，2001年获河南省科学技术进步奖二等奖；参加完成的“黄河中游防汛重点地域暴雨现场科学业务试验”项目，1997年获河南省科学技术进步奖三等奖；“淮河、黄河流域暴雨洪水监测预报系统”研究，2004年获中国气象局科学研究与技术开发二等奖；1996—1999年，获厅、局级科技成果奖4项。国内外刊物上发表论文10余篇。

在任河南省气象局业务处处长、副局长和局长期间，一直致力于提高业务服务能力，组织完成了多年的汛期和农事关键季节的气象服务工作。在从监测网布局到业务服务系统的开发和推广，以及服务方式的创新等方面都发挥了关键作用。

18. 贺发根 男，汉族，中共党员，1937年9月出生，河南省济源市人，1987年12月获高级工程师任职资格。1964年7月北京农业大学农业气象专业毕业。1964年8月—1970年1月在河南省气象局农业气象试验站工作。1975年7月—1980年3月任河南省气象局业务处副科长，1980年3月—1983年7月任河南省气象局科教处副处长，1983年8月—1987年2月任河南省气象局科教处处长，1987年2月—1989年5月任河南省气象局业务处处长，1989年6月—1994年9月任河南省气象科学研究所所长，1994年10月任河南省气象局副总工程师。大学毕业后主要从事农业气象研究、管理工作。1997年10月退休。

19. 唐钧干 男，1927年7月出生，湖南长沙市人，中共党员，1963年3月任工程师。1950年3—9月，在清华大学、中央军事委员会气象局气象训练班学习；1950年11月—1953年3月，在江西省遂川气象站任观测员；1953年3月—1954年9月，在武汉中南军区气象处任科员；1954年10月—1956年9月，在河南省气象局任业务科员；1956年9月—1958年12月，在河南省气象局任业务科副科长；1959年1月—1977年12月，先后任河南省气象局台站科副科长、观象台副台长、观象台工程师等；1978年1月—1979年7月，在河南省气象局负责科教处和科研所工作；1979年8月—1983年8月，任河南省气象科学研究所副所长，主持工作；1983年9月—1985年8月，任河南省气象科学研究所副所长；1985年9月—1988年7月，任河南省气象科学研究所调研员；1988年7月退休。在职期间，曾任河南省人民代表大会代表。1995年去世。

唐钧干长期从事气象业务和科研管理工作，为河南省气象事业和河南省气象科学研究所的建立和发展，做出了重要贡献。

20. 符长锋 男,汉族,1934 年 12 月出生,河南省南阳市人,1994 年 5 月晋升为正研级高级工程师。1955 年由中国人民解放军 2549 部队(现解放军理工大学气象学院)气象专科毕业。曾担任河南省第七、八届人民代表大会代表;1981—1999 年任河南省气象学会理事、常务理事、天气专业委员会主任;1991—2002 年任中国气象学会和中国水利学会第二、三、四届水文气象学委员会委员;1987—1995 年国家气象局任命为中南大区高级职务评审委员会委员。1982 年被河南省人民政府授予"河南省农业劳动模范"称号,1983 年被河南省人民政府授予"河南省科技先进工作者"称号,1992 年享受国务院颁发的政府特殊津贴。1997 年 2 月退休。

长期以来一直从事气象天气预报研究工作,主持完成了国家和省的多项攻关研究课题。在中高级刊物及中外学术交流会上发表学术论文 70 余篇。获科技成果奖 15 项,其中获国家科学技术推广奖 1 项、省部级二等奖 3 项、省部级三等奖 3 项、省部级四等奖 3 项、厅局级二等奖 4 项、厅局级三等奖 1 项。其中主持的"河南省气象数据库和定量降水预报研究",获 1993 年河南省科学技术进步奖二等奖。"八五"期间主持完成了国家攻关 85-906-06 致洪暴雨预报研究专题,这项专题研究的第一子专题"长江中游致洪暴雨预报方法研究"和第二子专题"长江上游致洪暴雨预报方法研究"分别在湖北和四川省获省科学技术进步奖三等奖;第三子专题"黄河三花间致洪暴雨预报方法研究"获河南省气象科学技术进步奖特等奖,河南省科学技术进步奖三等奖;第四子专题"淮河上中游致洪暴雨预报方法研究"获安徽省科学技术进步奖二等奖。

21. 董官臣 男,汉族,1946 年 10 月出生,河南省清丰县人,中共党员,高级工程师。1968 年 7 月北京气象专科学校天气预报专业毕业,1974 年 5 月—1975 年 8 月北京大学进修数值天气预报。1970 年 4 月分配到新疆维吾尔自治区气象局工作,1982 年 12 月调河南省气象局工作至今。1990 年 7 月任河南省气象局专业气象服务管理处副处长(主持工作),1992 年 7 月任河南省气象台副台长,1993 年 10 月取得高级工程师资格,1993 年 12 月任河南省气象科学研究所第一副所长,1994 年 12 月任河南省气象科学研究所所长,2005 年 11 月任河南省气象科学研究所调研员,2006 年 11 月退休。

董官臣长期从事天气预报业务、管理和科研工作,在暴雨、寒潮、业务服务系统建设及软科学研究方面取得成果 9 项。其中,作为课题主持人完成的"夏季暴雨中期预报方法试验研究",1992 年获河南省气象科学技术进步奖三等奖;"气象服务效益评估方法探讨",1994 年获河南省气象科学技术进步奖三等奖;"河南省县级气象业务服务系统",2002 年获河南省气象科学技术开发二等奖;"黄淮平原农田节水灌溉决策服务系统研究",2006 年获河南省科学技术进步奖二等奖;"小浪底水库暴雨致洪预警系统研究",2007 年获河南省气象科学技术进步奖三等奖。作为主要完成人完成的"寒潮中期预报理论与方法研究",1985 年获国家科学技术进步奖三等奖;"省级气象业务系统标准化管理",1996 年获河南省气象科学技术进步奖二等奖;"黄淮平原农业干旱与综合防御技术研究",2005 年获河南省科学技术进步奖二等奖。作为参加人完成的"华北春季暴雨转折及暴雨中期预报",1991 年获内蒙古自治区科学技术进步奖二等奖。发表论文 17 篇,其中在《气象》及省级气象刊物上发表 11 篇(第一作者 9 篇),全国学术交流并被收入论文集 6 篇(第一作者 4 篇)。作为第一作者,2006 年 11 月完成了《气象水文耦合暴雨洪水预警技术研究》论著编写,2007 年 4 月由气象出版社正式出版发行。

22. 谭令娴 女，汉族，1927年3月出生，湖南省涟源县*人，中共党员，高级工程师，副总工程师。1950年5月毕业于国立湖南大学，毕业后志愿参军。1950年5月—1953年5月任东北军区政治部见习干事、助理编辑，1953年5月转业。1953年5月—1956年11月任东北农业科学院气象室技术员，1956年11月调河南省气象局工作。1956年12月—1960年12月任河南省气象局业务科副科长(1959年7月兼任观象台副台长)。1960年河南省气象局任命为工程师。1961年12月—1964年12月任郑州农业气象试验站工程师，1981年5月任河南省气象局副总工程师，1984年10月任河南省气象局气候区划办公室主任(兼)，曾任河南省气象学会副理事长(第一届)、理事长(第二届)，1993年6月取得农业气象高级工程师资格。1982年被增补为中国人民政治协商会议第四届河南省委员会委员，1983年4月、1988年1月和1993年3月分别当选为中国人民政治协商会议第五、六、七届河南省委员会常委。1998年3月退休。

谭令娴长期从事农业气象研究，研究方向主要侧重于农业气候区划、小麦干热风发生规律和棉花生育期气候特征等，取得多项研究成果。其中：主持完成的"小麦干热风发生规律、预报和防御措施的研究"，1978年获全国科学大会科技成果奖；"北方小麦干热风气候分析和区划"，1980年获中央气象局科学技术研究成果三等奖；"河南省农业气候资源区域特征及其合理开发利用的研究"，1996年获中华人民共和国农业部农业资源区划科学技术成果三等奖。作为主要完成人完成的"小麦干热风研究及其推广应用研究"，1987年获国家科学技术进步奖三等奖；"河南省棉花主要生育期气候特点的分析研究"，1978年获河南省科学大会重大科学技术成果奖。主持完成了《农村气象工作手册》(合著)和《农业气象基础知识》(主编)两部科普著作。

* 现"涟源市"，下同

第十一章 气象刊物

第一节 刊物复刊与变更

为加强对全省气象台站的政治思想教育和业务技术指导，1959 年经中共河南省委宣传部〔59〕29 号文批准，创刊《河南气象》。首期始于 1959 年 5 月 25 日，刊有〔59〕29 号文、主管副省长彭笑千题词“继续解放思想破除迷信，提高政治技术水平，为工农业生产更大跃进服务”及征稿启事等。“文化大革命”中《河南气象》停刊。

1977 年 10 月 8 日，河南省气象局决定“自 1978 年元月起恢复《河南气象》内部刊物”（〔77〕豫气字第 72 号），旨在“推动全省气象工作蓬勃发展，激励广大气象人员更好地为社会主义革命和建设服务”。《河南气象》暂定为不定期的综合性刊物。为了做好《河南气象》复刊工作，决定成立编辑部，隶属河南省气象局办公室领导；并要求各地区气象台指定兼职通讯员 2 名，局直各单位要有兼职通讯员 1 名，负责组织稿件和撰写稿件。1992 年，经国家科委〔92〕国科发情字 074 号文批准，《河南气象》改为国内外公开发行刊物。2006 年 1 月，经河南省新闻出版局批准，期刊页码由原来的 48 页增至 96 页。

《河南气象》以学术性和技术性为主，兼具科普性和综合性，辟有工作论坛、天气和气候、应用气象、微机开发和应用、大气探测、争鸣园地、台站天地、科普之页、气象文苑等栏目（栏目有时有所调整变动）。《河南气象》的办刊宗旨是坚持气象工作方针和政策，坚持党的四项基本原则和“双百”方针，繁荣河南气象学术，促进气象科技交流，普及气象科学知识，推动河南省气象业务工作和台站精神文明建设。

2006 年 4 月，经中华人民共和国新闻出版总署新出报刊〔2006〕292 号和河南省新闻出版局豫新出报〔2006〕117 号文批准，《河南气象》更名为《气象与环境科学》，主管单位由中国气象局变更为河南省气象局。自 2007 年 1 月起，《河南气象》正式更名为《气象与环境科学》。

《气象与环境科学》定位于学术类科技期刊，通过研究论文、综合评述、应用技术、学术争鸣等栏目，兼容并蓄，及时刊载有关大气科学、应用气象、生态与环境科学等领域的具有创新性和应用性的研究成果及有独到见解的综述性论文，为气象、农业、环保、水利、林业、民航等部门及相关高校搭建一个高层次、权威性、具有影响力的科技资源交流平台，推动相互间的交流与合作，谋求共同发展。丑纪范、李泽椿、陈联寿、丁一汇四位院士和张培昌教授欣然出任刊物顾问，美国马里兰大学的李占清教授和美国科罗拉多州立大学的高炜、王信理任本刊海外编委，国内 40 多位著名专家、学者任本刊编委，并增加了郑州大学、河南大学、河南农业大学三所高校作为本刊的协办单位。《气象与环境科学》的办刊宗旨是及时反映气象科学、应用气象科学、环境科学等领域的最新科研成果，促进气象科技和应用气象科技的繁荣及科研成果在业务中的推广应用，推动气象科技和应用气象科技向生产力的转化。

第二节　发展经过

1978年—1984年上半年，谭令娴任主编，邢本清和张福耕任编辑。1978年编辑出版2期，1979—1984年为季刊，6年间共编辑出版25期(含1期耗散结构增刊)，页码不定。

1984年下半年—1985年上半年，谭令娴任主编，吴富山和张海峰任编辑。1984年起，页码固定为48页，内文5号字，期容量7.2万字。

1985年下半年—1991年，张存智任主编，王魁山任副主编并主持日常编辑业务，张海峰任编辑。1986年起，内文为小5号字，期容量增为9.2万字。1985—1988年为双月刊，4年间编辑出版31期(含7期增刊)。1989年又改为季刊。1989—1991年共编辑出版13期(含1期增刊)。

1992年公开发行后，席国耀任主编，王魁山任副主编并主持编辑业务，张海峰和李秀莲(1993年下半年)任编辑。1998年后由王魁山任主编和编辑部主任。1993年起改为大16开本，期容量12万字。1992—2004年共编辑出版53期(含1期增刊)。

2005年下半年，王魁山任主编和编辑部主任，王君任编辑部副主任，张海峰和曹淑超(2006年下半年)任编辑。2006年起，期刊页码由原来的48页增加为96页，期容量24万字。2005—2006年共编辑出版8期。

2007年—2008年上半年，改为《气象与环境科学》后，胡鹏任主编，彭广、赵国强、吴泽宁、马建华、杨秋生任副主编，陈怀亮任常务副主编，王君任编辑部主任并主持《气象与环境科学》编辑业务及编辑部行政管理工作，王魁山、张海峰和曹淑超任编辑。

自2008年下半年起，主编变更为王建国；2009年5月，彭广不再担任副主编；2009年8月，编辑部成员调整为：王君任编辑部主任，曹淑超和李彤霄任编辑。2007年起，内文又改为5号字，期容量22万字，且每年固定出1期增刊。2007—2010年共编辑出版20期(4期增刊的容量依次为48万、66万、83万、45万字)。

1978—2010年总计编辑出版151期，1984年出版的1期耗散结构增刊没算在总期数内。

自2007年1月《河南气象》更名为《气象与环境科学》以来，河南省气象局领导对刊物发展给予了高度重视，先后召开了两次专门会议研讨期刊发展大计。

2007年12月24日，《气象与环境科学》2007年度编委会扩大会议在郑州召开，13位编委和23位审稿专家参加了会议。与会人员就如何办好《气象与环境科学》、加强审稿工作、提高期刊质量、加速期刊发展等进行了深入讨论。

2009年4月20日，河南省气象局在北京召开《气象与环境科学》第一届编委会2009年度会议，来自中国气象局、中国科学院、中国农业科学院、南京信息工程大学、北京师范大学、河南农业大学、江苏省农业科学院以及部分河南省气象局的编委和顾问近50人参加了会议。会议听取了《气象与环境科学》改刊两年多来的运行情况汇报及今后工作计划，并就如何办好《气象与环境科学》、提高期刊质量、加速期刊创新发展等进行了深入讨论。会议讨论通过了编辑委员会工作简则，并评选出2007—2008年度优秀论文，河南省气象局局长王建国还为《气象与环境科学》新一届顾问和编委颁发了聘书。图11-1至图11-3为会议有关照片。

图 11-1　2009 年 4 月河南省气象局局长、《气象与环境科学》主编王建国(右一)在第一届编委会会议上致辞

图 11-2　2009 年 4 月中国科学院院士丑纪范(中)在《气象与环境科学》第一届编委会会议上讲话

图 11-3　2009 年 4 月中国工程院院士李泽椿(中)在《气象与环境科学》第一届编委会会议上讲话

第三节　刊物质量与获得荣誉

《河南气象》(后更名为《气象与环境科学》)从创刊以来，经广大气象工作者、气象相关技术人员和编委、审稿专家及编辑部的共同努力，无论是学术水平、编校质量、印刷质量，还是发表时效均逐年提高，深受省内外广大科技人员青睐，特别是自1992年以来，成绩更为显著。

《河南气象》1992年获首届全国优秀气象期刊二等奖，1996和1998年分别获河南省第二和第三届优秀科技期刊三等奖。

2008年底，为促进期刊质量的提高，推出河南省名牌期刊，河南省新闻出版局组织权威专家对全省自然科学期刊进行第一次综合质量检测(含政治质量、依法出版质量、技术质量、编辑质量等)，经过小组初评、大会复议、评审委员投票，评选出"河南省第一届自然科学期刊综合质量检测一级期刊"54家，《气象与环境科学》名列其中(豫新出报〔2008〕369号)。获得一级期刊的多为核心期刊。

2010年3月12日，河南省新闻出版局通报了2008—2009年度全省报刊编校质量评比情况(豫新出〔2010〕28号)。在这次评比中，《气象与环境科学》的编校质量在全省104家自然科学期刊中位列第13名，比改刊前2005—2006年度的第50名提前了37名。

由于论文质量的提高，《气象与环境科学》2006—2010年的总被引频次、影响因子及基金论文比逐年提高显著。2010年《气象与环境科学》总被引频次、影响因子、基金论文比分别是2006年的11.3,43.3和46.8倍(见表11-1)。目前刊物已被清华同方的《CNKI(清华同方—中国学术期刊全文数据库)》、万方数据期刊上网组的《万方数据—数字化期刊群》及重庆维普资讯有限公司的《中文科技期刊数据库》等三家数字化出版刊物收录。

为了进一步提高《气象与环境科学》的文献引用率，方便作者引用，编辑部建成《气象与环境科学》期刊查询系统，经2008年底在河南省气象科学研究所网站上试运行后，自2009年6月4日起在河南省气象局网站正式开通。2009年12月，编辑部建立了稿件网上采编系统，软硬件设施得到显著改进，进一步方便并加快了期刊的网站发行。

表11-1　《气象与环境科学》质量变化表

年份	总被引频次	影响因子	基金论文比
2006	70	0.047	0.010
2007	107	0.140	0.410
2008	253	0.497	0.464
2009	519	1.320	0.480
2010	792	2.036	0.468

第十二章　大　事　记

1955 年

1955 年 3 月，筹建郑州气候站，站址设在河南省农业试验场（现河南省农业科学院）。

1955 年 8 月，郑州气候站开始大气候观测。

1957 年

1957 年 4 月 15 日，任命王梅五为郑州气候站站长。

1957 年 6 月 24 日，河南省农业厅、河南省气象局联合发文，决定将郑州气候站扩建为郑州农业气象试验站，属厅局双重领导。

1957 年 10 月，苏联农业气象专家维·瓦·西聂里希柯夫来河南考察、指导农业气象工作，郑州农业气象试验站向苏联专家介绍了本站基本情况和主要业务工作。

1959 年

1959 年 3 月 21 日，经河南省人民委员会人事局批准（人三字第 11 号）成立河南省气象科学研究所，与河南省气象台一个机构两块牌子，下设办公室、资料组、长期组、中短期组、填图组、通信组和人工控制天气组。

1959 年 4 月，经中共河南省委宣传部〔59〕29 号文批准，创刊《河南气象》，即《气象工作跃进简报》的改版。

1959 年 7 月 28 日，任命闫秀璋兼任河南省气象科学研究所所长，袁义德任河南省气象科学研究所副所长，苗永炎任河南省气象科学研究所预报室主任。

1960 年

1960 年 8 月，任命张振为郑州农业气象试验站站长。

1962 年

1962 年 10 月 10 日，根据河南省编制委员会〔62〕编办字第 114 号文的通知，河南省气象科学研究所改称为河南省气象台。另外，郑州农业气象试验站改称为河南省气象局农业气象试验站。

1963 年

1963 年 12 月 18 日，河南省气象局党分组请示（〔63〕豫气党字第 11 号），建议“恢复 1962 年被撤销的气象科学研究所和气象仪器鉴定所的机构”。

1964 年

1964 年 6 月 18 日，任命汪永钦为河南省气象局农业气象试验站副站长。

1967 年

1967 年由于“文化大革命”河南省气象局农业气象试验站观测业务和科研工作停止。

1972 年

1972 年 8 月，河南省气象局任命王明中为河南省气象局农业气象试验站负责人，筹备恢复河南省气象局农业气象试验站工作。

1973 年

1973 年 2 月 8 日，中共河南省气象局核心小组请求报告，要求组建河南省气象科学研究所。

1973 年，河南省气象局农业气象试验站正式恢复运行。

1974 年

1974 年 1 月 1 日，河南省气象局重新组建河南省气象科学研究所。

1974 年 1 月，庞锡英任河南省气象科学研究所负责人。

1975 年

1975 年 12 月，王德欣、王德领任河南省气象科学研究所负责人。

1976 年

1976 年 7 月 9—11 日，由阿斯兰·米奇(气象专家)和约尔果·瑟那蒂(农艺师)两人组成的阿尔巴尼亚气象考察组对河南省气象局农业气象试验站和河南省新乡七里营农业气象试验站进行考察，谭令娴、汪永钦、韩慧君向考察组介绍了本省农业气象工作情况。

1976 年 11 月 12—13 日，联合国开发计划署、世界气象组织气象为农业服务考察团一行 11 人(马来西亚、斯里兰卡、缅甸、尼泊尔、巴基斯坦各 2 人，世界气象组织技术合作部 1 人)，对河南省气象为农业服务情况进行考察，谭令娴、汪永钦向来宾介绍了河南省气象为农服务和科研情况，并进行了技术交流。

1977 年

1977 年 10 月 8 日，河南省气象局决定自 1978 年元月起恢复《河南气象》内部刊物(“文化大革命”中《河南气象》停刊)。

1978 年

1978 年 7 月 11—16 日，埃及气象局埃马拉和农业航空灭蝗总局埃勒穆吉两人组成的农业气象考察组在河南考察。河南省气象局农业气象试验站的谭令娴、汪永钦分别向考察组介绍了棉花和小麦气象问题研究情况。

1978 年 9 月 10 日，河南省气象局决定河南省气象科学研究所财务独立，为局属二级会计单位。

1978 年 10 月 9—11 日，非洲九国“气象为农业服务”考察团来河南考察。河南省气象局农业气象试验站谭令娴、汪永钦分别向考察团介绍了小麦干热风和棉花主要生育时期的气候特点。

1979 年

1979 年 3 月 12 日，汪永钦任河南省气象局农业气象试验站站长、工程师。

1979 年 7 月 14 日，张振任河南省气象局农业气象试验站站长、正科级。

1979 年 8 月 8 日，汪永钦受中央气象局选派，赴马达加斯加讲学和技术援助。

1979 年 8 月 18 日，唐均干任河南省气象科学研究所副所长。

1979 年 9 月 20 日，张季梅任河南省气象科学研究所天气研究室副主任（副科级）。

1979 年 9 月 20 日，朱自玺、周琦任河南省气象局农业气象试验站副站长（副科级）。

1980 年

1980 年 2 月 20 日，庞锡英任河南省气象科学研究所情报室主任。

1981 年

1981 年 5 月 29 日，经中共河南省委组织部同意（豫组干〔1981〕352 号），任命周志勋、汪永钦为河南省气象科学研究所副所长。

1982 年

1982 年 12 月，国家气象局外事司韩琪陪同美国地理杂志社记者，来河南考察寒潮对农业的影响及防御措施。河南省气象局农业气象试验站朱自玺和河南省气象台季书庚负责接待，并介绍了寒潮发生规律、对农业的危害及防御措施等。

1982 年，符长锋被河南省人民政府授予“河南省农业劳动模范”称号。

1982 年，谭令娴被增补为中国人民政治协商会议第四届河南省委员会委员。

1983 年

1983 年 1 月，符长锋当选河南省第七届人民代表大会代表。

1983 年 4 月，谭令娴当选为中国人民政治协商会议第五届河南省委员会常委。

1983 年 5 月 18—20 日，美国、加拿大农业气象代表团一行 10 人，来河南省参观访问。这次来华是根据中美大气科技合作议定书项目“中国华北平原和北美大平原气候和农业比较研究”的协调会议精神安排的。参观了河南省气象局农业气象试验站实验室、人工气候箱、自动化温室及其他仪器设备，并参观了全国农业生产力定位试验田。双方就农业气象学术和科研成果方面的情况进行了座谈和交流。

1983 年 5 月，河南省气象局农业气象试验站承担中美合作项目“华北平原和北美大平原气候和农业对比分析研究”项目之第 12 分课题“华北平原作物水分胁迫和干旱研究”，9 月底在巩县建成农田水分试验基地，10月份正式安排试验。试验基地建设经费由中美合作项目支持。

1983年8月27日，河南省编制委员会批复(豫编〔1983〕167号)河南省气象局设置气象台、科研所、资料室和气象学校4个事业单位。

1983年9月13日，经中共河南省委组织部同意(豫组干改〔1983〕87号)，任命汪永钦为河南省气象科学研究所所长，唐均干、吴忠祥为副所长。

1983年，符长锋被河南省人民政府授予“河南省科技先进工作者”称号。

1984年

1984年2月10日，河南省气象局党组发文(〔84〕豫气党组字第12号)，河南省气象局农业气象试验站由河南省气象局直接管理，转为河南省气象科学研究所内设机构，对内为农业气象研究室，对外仍为河南省气象局农业气象试验站；并决定河南省气象科学研究所内设天气研究室(符长锋任主任)、气候研究室(张季梅任主任)、情报研究室和秘书科(李同和任副科长)。

1984年5月5日，河南省气象局下发《河南省冬小麦产量预测预报业务试验方案》，参加业务试验的有包括河南省气象局农业气象试验站在内的11个气象台站。

1984年6月20日，朱自玺任农业气象研究室主任(站长)，王隆德(正科级)、葛仲甫任农业气象研究室副主任(副站长)。

1984年10月17日，谭令娴(兼)任河南省气象局气候区划办公室主任，马效平(正科级)、周天增(副科级)任副主任。

1984年，世界气象组织(WMO)任命汪永钦为世界气象组织(WMO)亚洲区协(RA-Ⅱ)农业气象工作组成员兼花生气候报告员，至1988年9月。

1985年

1985年3月15日，河南省气象局下发《关于开展冬小麦遥感估产业务服务工作的通知》，要求从1985年起全省开展冬小麦遥感估产工作，河南省气象局农业气象试验站为开展此项业务工作的台站之一。

1985年8月31日—9月12日，朱自玺参加以国家气象局副局长骆继宾为团长的中国农业气象代表团，赴德国和保加利亚进行农业气象考察。

1985年9月12—16日，埃及、肯尼亚、埃塞俄比亚、赞比亚、刚果、象牙海岸、多哥、卢旺达等8个国家的高级气象专家代表团和联合国世界气象组织(WMO)官员一行14人到河南参观访问，重点参观了河南省气象局农业气象试验站和巩县农田水分试验基地。

1985年10月7日，河南省农村经济工作委员会和河南省农村发展研究中心聘请汪永钦为特邀研究员。

1985年12月10日，河南省气象局决定(〔85〕豫业字第17号)成立河南省气象科技咨询服务中心环境评价室，由刘长秀任室主任、楚国运任副主任。

1985年，河南省气象学会增选汪永钦为第二届理事会副理事长。

1985年，王银民任天气研究室副主任。

1986年

1986年2月5日，河南省气象局下文(〔86〕豫气人字第18号)，河南省气象局农业气候区划办公室及人员归属河南省气象科学研究所，对内为农业气候区划研究室，对外仍为河南省气象局农业气候区划办公室，原领导成员不变。

1986年3月，根据国家气象局《气象科学技术研究体制改革方案》，制定了《河南省气象科学研究所体制改革方案》。

1986年6月4日，国家气象局批复，原则同意"郑州农业气象试验站现北郊站址不动，并在南郊郑州气象管理处（现郑州市气象局）院内建立试验基地"的方案。

1986年10月16—18日，由阿尔及利亚国家气象局副总局长 Alhmane Zehar、国家气象局副局长 Ferhat Qunnar，突尼斯国家气象局局长 Hamadi Trabesi，以及世界气象组织（WMO）官员 Hassen Saidi 一行4人组成的非洲国家气象代表团，来河南进行农业气象考察，重点参观了河南省气象局农业气象试验站和巩县农田水分试验基地。

1986年11月，日本EKO公司和英弘精机株式会社一行3人，应邀来河南省气象局农业气象试验站，安装农业气象综合测定装置和蒸发测定装置。朱自玺和赵国强接待并组织安装工作。

1986年11月15日，河南省气象局科教处图书室合并到河南省气象科学研究所情报研究室。

1986年12月18日，经河南省气象局同意，撤销秘书科，成立办公室。郑国祥任办公室主任，李同和任办公室副主任。

1987年

1987年1月，符长锋当选河南省第八届人民代表大会代表。

1987年6月2日，吴忠祥通过V.S.T考试，经国家教育委员会出国人员北京集训部批准，赴美国密苏里大学气象系进修。

1987年9月，根据河南省气象局下达的1987年基建调整计划，在郑州市气象局院内，筹建河南省气象局农业气象试验站农业气象实验楼。

1987年12月，侯建新任河南省气象局农业气象试验站副站长，李念童任天气研究室副主任，李志刚任情报研究室副主任。

1988年

1988年1月，谭令娴当选为中国人民政治协商会议第六届河南省委员会常委。

1988年4月21日，经国家气象局高级技术职务评审委员会评审，朱自玺取得研究员任职资格。

1988年6月29日，成立桐柏农牧渔综合气象试验站，人员编制和业务管理归属河南省气象科学研究所，机构不纳入国家气象台站系列。

1988年7月4日，聘任穆晓涛为农业气候区划办公室副主任兼桐柏农牧渔综合气象试验站站长（正科级）。

1989年

1989年1月27日，人工影响局部天气办公室从本所独立出去。

1989年4月21日，河南省气象局决定（〔1989〕豫气人发字第13号）成立河南省气象技术咨询服务中心(处级机构),楚国运任副主任。

1989年4月,朱自玺被国家气象局授予“全国气象部门双文明建设先进个人”称号。

1989年5月,任命贺发根为河南省气象科学研究所所长,郑国祥为副所长。

1989年5月,世界气象组织(WMO)任命朱自玺为世界气象组织亚洲区协(WMO-RA-Ⅱ)农业气象工作组成员及棉花气候报告员,至1993年4月。

1989年10月7日,任命郑子龙为气象科技咨询服务中心评价室主任(正科级)。

1989年12月5日,经河南省气象局同意,成立农业遥感服务中心(科级单位),纳入全省业务服务序列,毛留喜任副主任(主持工作)。

1989年12月15日,河南省气象局下文要求,自1990年起将冬小麦遥感综合测产正式投入业务。

1989年12月,苗长明任气候研究室副主任(主持工作)。

1989年,关文雅被河南省人民政府聘为“河南省农业高产开发领导小组、小麦专业组”成员。

1989年,马效平被河南省科学技术协会授予“河南省优秀科技工作者”称号。

1990年

1990年1月,朱自玺通过国家V.S.T英语考试,取得国家公派高级访问学者资格。

1990年1—2月,汪永钦受国家气象局选派,作为中国农业气象专家赴莫桑比克进行技术培训,帮助建立农业气象试验站。

1990年2月23日,朱自玺当选河南省气象学会第三届理事会理事长,任期至1994年12月。

1990年4月7日,聘任马效平为农业气候区划研究室主任,郭建喜为办公室副主任。

1990年7月,任命楚国运为河南省气象科学研究所副所长。

1990年7月13日,经国家气象局高级技术职务评审委员会评审,汪永钦取得研究员任职资格。

1990年8月,河南省气象科技咨询服务中心合并到河南省气象科学研究所。

1990年9月6日,制定《关于有偿技术服务财务管理问题几项实施办法(试行)》。

1990年9月28日,聘任郑子龙为技术开发服务部主任(河南省气象科技咨询服务中心评价室主任),张金彬为情报研究室副主任。

1990年12月28日,制定《科研所目标管理考核与奖惩办法(试行草案)》。

1991年

1991年9月25日,决定撤销技术开发服务部,成立污染气象研究室。聘任郑子龙为污染气象研究室主任,侯建新为副主任。

1991年9月,朱自玺受国家教育委员会派遣,以高级访问学者的身份,赴美国USDA-ARS Conservation & Production Research Laboratory(Bushland,TX)实验室从事合作研究,直至1993年8月。

1991年10月14日,聘任王而立为农业气象试验站副站长。

1991年12月—1992年1月,朱自玺在美国参加由USDA-ARS Bushland实验室和West

Texas College 大学共同组织的 Quattro Pro 计算机软件学习班，并取得结业证书。

1992 年

1992 年 1 月 13 日，经河南省气象局党组研究，遥感服务中心与农业气候区划办公室合并成立河南省农业气象服务中心（科级单位），保留区划办公室牌子，纳入全省气象业务系统。

1992 年 2 月 15 日，成立科雨技术公司，郑国祥任公司经理。

1992 年 4 月 15 日，气候研究室与天气研究室合并成立天气气候研究室，苗长明任主任。

1992 年 4 月 15 日，聘任郑子龙为咨询服务中心副主任（正科级）。

1992 年 5 月 11 日，苗长明任河南省气象科学研究所所长助理。

1992 年 5 月 25 日，制定《气科所专业有偿服务财务管理细则》。

1992 年 8 月 1 日，农业气象旬、月报业务由河南省气象台调整为河南省气象科学研究所承担。

1992 年 10 月 1 日，朱自玺、汪永钦、符长锋享受国务院颁发的政府特殊津贴。

1992 年 10 月 26 日，成立经营办公室。

1992 年 10 月 27 日，聘任侯建新为情报研究室主任、胡鹏为污染气象研究室副主任、赵国强为农业气象试验站副站长。

1993 年

1993 年 1 月 29 日，制定《科研所人事制度改革实施意见》，对所内各类人员实行全员聘任、分级聘任、分年聘任、择优上岗，实行动态合理组合。对符合条件的技术人员，可低职高聘。

1993 年 2 月 8 日，聘任熊杰伟、卢莹为天气气候研究室副主任；聘任郑子龙为污染气象研究室主任、胡鹏为副主任；聘任毛留喜为农业气象服务中心主任、范玉兰为副主任；聘任王隆德为农业气象试验站站长、赵国强和王而立为副站长；聘任郝瑞普为情报研究室主任；聘任侯建新为经营办公室主任；聘任郭建喜为办公室主任。

1993 年 2 月 20 日，成立“河南省气象科学研究所期货贸易研究咨询中心”，汪永钦兼任主任，开展期货贸易研究咨询和服务工作。

1993 年 3 月 3 日，河南省气象局任命王守忠为河南省气象科学研究所副所长。

1993 年 3 月，关文雅当选第八届全国人民代表大会代表。

1993 年 3 月，谭令娴当选中国人民政治协商会议第七届河南省委员会常委。

1993 年 4 月 25 日—5 月 3 日，美国 USDA_ARS Conservation & Production Research Laboratory 主任 B. A. Stewart 博士、J. L. Steiner 博士和 Jane Ann Stewart 一行应河南省气象科学研究所邀请来河南进行农业气象考察和学术交流。

1993 年 5 月，朱自玺参加 USDA-ARS Conservation&Production Research Bushland 实验室组织的“中子仪使用资格”培训班，并取得资格证书。

1993 年 12 月 23 日，任命董官臣为河南省气象科学研究所第一副所长。

1993 年 4 月，南京气象学院聘任汪永钦为该院硕士研究生导师。

1994 年

1994 年 4 月 11 日，聘任孙志坚为经营办公室副主任。

1994年4月27日，朱自玺被河南省人民政府授予“河南省劳动模范”称号。

1994年5月28日，成立郑州巨星科技开发公司，聘任郑子龙为总经理。

1994年5月，经国家气象局高级技术职务评审委员会评审，符长锋取得正研级高级工程师任职资格。

1994年6月1日，河南省气象局郑州农业气象试验站业务工作由河南省气象科学研究所移交郑州市气象局负责组织实施。

1994年6月，牛现增作为访问学者赴美国访问学习。

1994年9月1日，聘任赵国强、付祥军为农业气象试验研究室副主任，赵国强主持工作。

1994年9月17日，河南省气象局决定由董官臣主持河南省气象科学研究所工作，苗长明任河南省气象科学研究所副所长。

1994年9月，关文雅被河南省人民政府聘为国家“九五”重中之重科技攻关项目“河南省小麦高产综合配套技术研究开发与示范专家组”成员。

1994年12月，朱自玺再次当选河南省气象学会第四届理事会理事长，任期至1999年12月22日。

1994年12月31日，河南省气象局决定由董官臣任河南省气象科学研究所所长。

1995年

1995年3月30日，为进一步理顺关系，河南省气象科学研究所对内设机构进行调整。将天气气候研究室和农业气象服务中心分别承担的气候研究和农业气候区划研究合并成立气候与农业资源研究室，天气气候研究室改称天气研究室，恢复农业遥感情报服务中心（对外仍称农业气象服务中心）；撤销农业气象试验站，原称农业气象研究室改为农业气象试验研究室。

1995年3月30日，聘任毛留喜为农业遥感情报服务中心主任，范玉兰、熊杰伟为气候与农业资源研究室副主任，卢莹为天气研究室副主任，赵国强、付祥军为农业气象试验研究室副主任，王而立、黄敏南为办公室副主任。聘任郭建喜为科雨技术服务中心总经理（正科级），郝瑞普为科雨技术服务中心轻印刷部经理（正科级）。

1995年3月30日，制定《科研所人事管理暂行办法》。

1995年5月30日，中国气象局“八五”重点气象业务现代化建设项目“河南省农业气象情报预报服务系统”完成。

1995年9月1日，土壤墒情卫星遥感资料处理业务由河南省气象台移交河南省气象科学研究所。

1995年12月15日，制定《科研所目标管理考核办法》、《科研所奖金分配暂行办法》。

1995年12月25日，汪永钦被中国气象局总体规划研究设计室聘为“兼职研究员”。

1995年12月，关文雅被河南省人民政府聘为“河南省小麦高产开发专家指导组”成员。

1996年

1996年1—3月，胡鹏赴日本JICA培训环境管理。

1996年2月29日，决定由胡鹏任河南省气象科学研究所副所长。

1996年3月29日，聘任黄敏南为办公室主任，卢莹为天气研究室主任，熊杰伟为污染气象研究室副主任，郭建喜为气候与农业资源研究室主任，赵国强为农业气象试验研究室主任，郝瑞普为经营办公室副主任(正科级)。

1996 年 5 月,朱自玺被河南省科学技术协会聘为河南省第四届青年科技奖评审委员会委员。

1996 年 9 月 16 日,根据《河南省气象部门机构编制方案实施意见》,编制完成了《河南省气象科学研究所机构编制方案》,11 月 20 日河南省气象局批复,1997 年元月 1 日起执行。这次机构改革,撤销了经营办公室,农业气象试验研究室改称农业气象研究室,气候与农业资源研究室改称农业气候研究室,污染气象研究室改称环境气象研究室,农业遥感情报服务中心改称农业遥感中心。

1996 年 9 月 25 日,决定由赵国强任河南省气象科学研究所副所长。

1996 年 12 月 5 日,聘任侯建新为办公室副主任(正科级),付祥军为农业气象研究室副主任,范玉兰为农业气候研究室副主任,李朝兴为天气研究室副主任,郑子龙为环境气象研究室主任、熊杰伟为副主任,毛留喜为农业遥感中心主任、张雪芬为副主任。

1997 年

1997 年 7 月 16 日,制定《河南省气象科学研究所课题经费管理办法》。

1997 年 10 月 1 日,制定《河南省气象科学研究所工作制度(含考勤、请假、会议、工作督查和请示报告制度)》。

1998 年

1998 年 1 月 5 日,聘任付祥军为农业气象研究室主任、邓天宏为副主任,徐爱东为农业气候研究室副主任,陈怀亮为农业遥感中心副主任。

1998 年 4—6 月,胡鹏以访问学者身份赴美国艾奥瓦州立大学进行科研合作。

1998 年 7 月 29 日,美国爱荷华州立大学杨炳麟教授等 5 人来河南省气象科学研究所进行友好访问。

1998 年,赵国强获得"第五届河南省青年科技奖",并被中共河南省委组织部、省人事厅、省科学技术协会授予"河南省优秀青年科技专家"称号。

1999 年

1999 年 6 月 9—22 日,朱自玺在美国 West Texas A&M University 参加"国际持续农业生态系统和环境问题继续教育"学习班,并取得结业证书。

1999 年 10 月,陈怀亮任河南省气象科学研究所副所长。

1999 年 11 月,根据河南省气象局"事企分开、政企分开、双向选择、分流人员"统一部署,完成了本所结构调整工作,按照河南省气象局结构框架重新定岗、定编、定人员。原承担的天气、气候研究和科技情报、图书管理分别转移到河南省气象台和河南省气候中心。原由河南省气象台承担的卫星遥感接收处理工作移交本所。撤销了天气和农业气候研究室,成立了应用气象技术开发研究室。在编人员由 47 人减为 31 人。

1999 年 12 月,根据中国与荷兰合作项目"建立中国荒漠化和粮食保障的能量与水平衡监测系统"要求,完成了河南郑州"大口径闪烁仪(LAS)"站的选址,荷兰瓦赫宁根大学专家来郑州完成仪器安装调试工作。

2000 年

2000 年 1 月 6 日，聘任熊杰伟为环境气象研究室主任，陈东为主任助理；聘任冶林茂、范玉兰为应用气象技术开发研究室副主任；聘任张雪芬为农业气象遥感中心（原称农业遥感中心）主任，徐爱东为副主任，邹春辉为主任助理。

2000 年 1 月 8 日，制定《财务管理制度》、《科研所考勤制度》等。

2000 年 1 月，陈怀亮、张雪芬、杨光仙等参加中国与荷兰政府合作项目“建立用于中国荒漠化和粮食保障的能量与水分平衡监测系统”部分工作，2002 年底结束。

2000 年 5 月 17—22 日，应河南省气象科学研究所邀请，美国农业部 Paul W. Unger 博士和 R. N. Clark 博士及美国德克萨斯 A & M 大学 B. A. Stewart 博士和 W. A. Colette 博士来河南参观访问，双方就节水农业、干旱防御技术等进行了座谈交流，并就节水农业做了两场学术报告。代表团还参观了本所农田水分试验基地和新郑万亩节水农业示范田。

2000 年 5 月 24 日，制定《河南省气象科学研究所年度目标考核办法》。

2000 年 8 月 31 日，聘任邹春辉为农业气象遥感中心副主任。

2000 年 9 月 6 日，制定《河南省气象科学研究所奖励暂行办法》。

2000 年 10 月，徐爱东被中国气象局授予“全国气象科技扶贫先进个人”称号。

2001 年

2001 年 2 月 5 日，陈东任环境气象研究室副主任。

2001 年 8 月，张雪芬被河南省科学技术协会和河南省妇女联合会授予“河南省百名巾帼科技英才”称号，被河南省妇女联合会授予“河南省三八红旗手”称号。

2001 年 12 月 29 日，河南省气象局财务核算中心成立，局直事业单位财务工作从 2002 年 1 月 1 日起由财务核算中心负责。

2001 年 12 月 29 日，聘任冶林茂为应用气象技术开发研究室主任，刘荣花、方文松为农业气象研究室副主任，侯建新为气象科技创新开放研究室主任。

2001 年 12 月，根据《河南省国家气象系统机构改革实施意见》制定了《河南省气象科学研究所改革方案》，12 月 26 日河南省气象局予以批准。这次改革，河南省气象科学研究所与河南省气象科技创新基地一个机构两块牌子，并成立了气象科技创新开放研究室。

2002 年

2002 年 4 月 29 日，制定《河南省气象科学研究所工作规则》。

2002 年 10 月，陈怀亮当选为世界气象组织（WMO）农业气象委员会（CAgM）第 13 届大会专家组成员，任期至 2006 年 3 月。

2002 年 11 月 15 日，制定《河南省气象科学研究所改革实施方案》。

2002 年 11 月 25 日，制定《河南省气象科学研究所发展规划》。

2003 年

2003 年 1 月 27 日—2 月 20 日，陈怀亮赴以色列，参加世界气象组织（WMO）组织的“气象和水文数据库管理课程”培训班。

2003年7月14日，经请示中国气象局，河南省气象局批准建立郑州城市气候生态环境监测站，与农业气象研究室一个机构两块牌子，常规地面观测业务从2004年1月1日起纳入省级业务管理，暂不纳入国家一般站序列。

2003年7月25日，制定《河南省气象科学研究所考核办法》。

2003年7月27日，制定《河南省气象科学研究所奖励办法》。

2003年12月22日，郑州城市气候生态环境监测站挂牌运行，河南省气象局党组书记、局长张绍本亲自揭牌。

2004年

2004年2月10日，聘任刘荣花为农业气象研究室主任、郑州城市气候生态环境监测站站长。

2004年3月5日，河南省气象局豫气发〔2004〕27号文通知，调整《河南气象》编辑部隶属关系，编辑部及人员由河南省气象学会整建制划归河南省气象科学研究所。

2004年7月21日，侯建新兼任环境气象研究室副主任。

2005年

2005年1月，徐爱东被中国气象局授予“全国气象科技扶贫先进个人”称号。

2005年5月11日，制定《河南省气象科学研究所奖励办法》。

2005年7月8日，制定《河南省气象科学研究所固定资产管理办法》。

2005年7月14日，制定《河南省气象科学研究所安全生产规章制度》。

2005年9月28日，任命王君为《河南气象》编辑部副主任。

2005年11月12—25日，陈怀亮作为世界气象组织（WMO）农业气象委员会（CAgM）第13届大会专家组（ET）成员，赴非洲的博茨瓦纳共和国参加WMO、联合国粮食及农业组织（FAO）等组织为南部非洲发展联盟（SADC）成员国举办的“GIS和遥感在农业气象中的应用专题研讨会”和WMO CAgM举办的“关于模式的数据库管理、有效性、应用及研究方法专家组会议”。

2005年11月，河南省气象局任命陈怀亮为河南省气象科学研究所副所长（主持工作），王生、冶林茂、刘荣花任副所长；王生兼任河南省气象培训中心主任，相对独立开展工作。

2005年12月，陈怀亮获得第八届河南省青年科技奖，并被中共河南省委组织部、河南省人事厅、河南省科学技术协会授予“河南省优秀青年科技专家”称号。

2005年11月，经中国气象局高级技术职务评审委员会评审，陈怀亮取得正研级高级工程师任职资格。

2006年

2006年1月1日，郑州大气成分观测站建成并开始试运行。

2006年1月11日，聘任方文松为农业气象研究室副主任、郑州城市气候生态环境监测站副站长（主持工作）；聘任刘忠阳为农业气象遥感中心主任助理。

2006年1月，河南省新闻出版局正式批准《河南气象》由原来的48页增至96页。

2006年4月28日，河南省新闻出版局经请示中华人民共和国新闻出版总署，同意《河南气象》更名为《气象与环境科学》。

2006 年 5 月，熊杰伟、陈东通过人事部、国家环保总局组织的环境影响评价工程师职业资格考试。

2006 年 5 月，杨海鹰被中国气象局授予“2005 年度优秀值班预报员”称号。

2006 年 6 月 19 日，根据河南省气象局业务技术体制改革有关精神，编制完成《河南省气象科学研究所机构编制调整方案》。调整后的内设机构为综合办公室、河南省农业气象服务中心、生态气象与卫星遥感中心、大气成分观测与服务中心（郑州大气成分观测站、气象环境评价室）、河南省气象局开放研究室、郑州城市气候生态环境监测站（生态与农业气象试验研究室）、气象科技应用技术开发研究室和《气象与环境科学》编辑部。

2006 年 6 月，河南省气象局任命陈怀亮任河南省气象科学研究所所长。

2006 年 7 月，陈怀亮被中共河南省委、河南省人民政府授予“第六批河南省优秀专家”称号。

2006 年 9 月 12 日，制定《河南省气象科学研究所科研课题管理办法》、《河南省气象科学研究所财务管理制度》。

2006 年 11 月 3 日，世界气象组织（WMO）农业气象委员会（CAgM）第 14 届大会在印度首都新德里闭幕。在此届会上陈怀亮当选为 ICT 2.1 农业气象服务支持系统专家组成员，任期至 2010 年 7 月。

2006 年 12 月 18 日，任命邹春辉为生态气象与卫星遥感中心主任，方文松为郑州城市气候生态环境监测站（生态与农业气象试验研究室）主任，范玉兰为气象科技应用技术开发研究室主任，王君为《气象与环境科学》编辑部主任，试用期均为一年。

2006 年 12 月 29 日，任命邓伟为大气成分观测与服务中心副主任，厉玉昇为气象科技应用技术开发研究室副主任，薛龙琴为生态气象与卫星遥感中心副主任，试用期均为一年。

2007 年

2007 年 1 月，经中华人民共和国新闻出版总署批准，《河南气象》正式更名为《气象与环境科学》，为季刊，每期 96 页，河南省气象局局长胡鹏任主编，河南省气象科学研究所所长陈怀亮任常务副主编。

2007 年 3 月，河南省农业气象服务中心被河南省“巾帼建功”活动协调小组评为“巾帼文明岗”，刘荣花被河南省妇女联合会授予“河南省三八红旗手”称号。

2007 年 4 月 1 日，郑州大气成分观测站正式投入业务运行。

2007 年 5 月，刘伟昌被中国气象局授予“2006 年度优秀值班预报员”称号。

2007 年 6 月 14 日，陈怀亮取得南京信息工程大学气象学博士学位，成为河南省气象科学研究所在职培养的首位博士。

2007 年 6 月 28 日，陈怀亮被河南省人民政府聘为应急管理专家。

2007 年 7 月，李军玲博士从北京师范大学毕业分配来本所工作，成为河南省气象科学研究所引进的首位博士。

2007 年 9 月 21 日，任命余卫东为农业气象服务中心主任（正科级）。

2008 年

2008 年 1 月 10 日，任命徐爱东为综合办公室副主任。

2008年2月22日，任命徐爱东为综合办公室主任。

2008年2月25日，正式任命邹春辉为生态气象与卫星遥感中心主任，方文松为郑州城市气候生态环境监测站主任，范玉兰为应用气象技术开发研究室主任，王君为《气象与环境科学》编辑部主任，邓伟为大气成分观测与服务中心副主任，厉玉昇为气象科技应用技术开发研究室副主任，薛龙琴为生态气象与卫星遥感中心副主任。

2008年6月11日，方文松被中国气象局授予“2007年度优秀值班预报员”称号。

2008年6月，经中国气象局正研级专业技术职务任职资格评审委员会评审，刘荣花取得正研级高级工程师任职资格。

2008年7月31日，制定《河南省气象科学研究所财务管理制度(试行)》。

2008年7月，刘荣花被中共河南省委、河南省人民政府授予“第七批河南省优秀专家”称号。

2008年11月，《气象与环境科学》主编更换为河南省气象局局长王建国。

2008年11月，张海峰被中国气象局、中国气象学会评为“全国气象系统科普工作先进个人”。

2008年11月，黄敏南被河南省妇女联合会授予“河南省三八红旗手”称号。

2008年11月，陈怀亮被河南省科学技术厅、人事厅评为“河南省科技系统先进工作者”。

2009年

2009年2月26—28日，陈怀亮出席在印度新德里国家农业研究中心举行的世界气象组织(WMO)农业气象委员会(CAgM)第14届大会第2.1执行协调组(ICT)“农业气象服务支持系统”专家组会议。WMO农业气象处处长、秘书，意大利、菲律宾、乌克兰、埃及、中国专家组成员，以及印度的代表，共12人参加了会议。陈怀亮在会上做了“中国的农业气象服务系统发展状况”报告，介绍了中国国家级、省级农业气象业务系统、数据应用、分析工具等，重点介绍了中国气象局正在大力发展现代化农业气象情况。

2009年4月8日，决定薛龙琴任气象科技应用技术开发研究室副主任，刘忠阳任生态气象与卫星遥感中心副主任，刘伟昌任农业气象服务中心主任助理，李树岩任郑州城市气候生态环境监测站主任助理。

2009年5月11日，余卫东被中国气象局授予“2008年度优秀值班预报员”称号。

2009年6月15日，中国气象局批复(气发〔2009〕259号)，同意建设“中国气象局农业气象保障与应用技术重点开放实验室”，同意陈怀亮为实验室主任，由依托单位聘任。

2009年6月29日，薛昌颖任农业气象服务中心副主任，李树岩任生态与农业气象试验研究室副主任。

2009年7月10日，河南省气象局决定(豫气发〔2009〕103号)郑州农业气象试验站建制由郑州市气象局转为河南省气象科学研究所管理。

2009年8月1日，经河南省气象局同意(豫气发〔2009〕109号)，郑州城市生态环境监测站因无观测场而停止地面观测业务。

2009年8月26日，任命厉玉昇为生态与农业气象试验研究室副主任。

2009年12月31日，河南省科学技术厅批准(豫科政〔2009〕14号)将河南省农业气象保障与应用技术重点开放实验室确定为省级重点实验室，纳入省级重点实验室管理序列。

2010 年

2010 年 3 月 28 日—8 月 1 日，受中国气象局选派，陈怀亮作为气象科技与管理高级培训班成员之一赴加拿大气象局(MSC)培训，主要学习管理知识、专业知识和英语。

2010 年 4 月，邹春辉获得全国绿化奖章。

2010 年 9 月 15 日，中国气象局农业气象保障与应用技术重点开放实验室通过中国气象局科技与气候变化司组织的专家验收。至此，中国气象局与河南省人民政府合作共建的重点实验室正式建成并开放运行。

2010 年 11 月，河南省气象局任命李冰为河南省气象科学研究所副所长，兼任河南气象培训中心主任，相对独立开展工作。

2010 年 12 月，薛昌颖获得首届谢义炳青年气象科技奖三等奖。

附录一 河南省气象科学研究所科技成果目录

附录 1-1 河南省气象科学研究所科技成果目录(国家级奖)

序号	成果名称	获奖情况		备注
		奖励等级	获奖时间	
1	小麦干热风发生规律、预报和防御措施的研究	全国科学大会科技成果奖	1978 年	主持
2	北方暴雨研究	国家科学技术进步奖二等奖	1984 年	参加
3	小麦干热风研究及其推广应用研究	国家科学技术进步奖三等奖	1987 年	主要完成
4	我国粮食(总产、水稻和小麦)产量气象预测预报研究	国家科学技术进步奖三等奖	1987 年	主要完成
5	中国农业气候资源和农业气候区划研究	国家科学技术进步奖一等奖	1988 年	参加
6	华北平原作物水分胁迫和干旱	国家科学技术进步奖二等奖	1990 年	主要完成
7	北方冬小麦气象卫星动态监测及估产系统	国家科学技术进步奖二等奖	1991 年	主要完成
8	中国亚热带东部丘陵山区农业气候资源及其合理利用	国家科学技术进步奖二等奖	1992 年	主要完成
9	我国短期气候预测系统的研究	国家科学技术进步奖一等奖	2003 年	参加

附录 1-2 河南省气象科学研究所科技成果目录(省部级奖)

序号	成果名称	获奖情况		备注
		奖励等级	获奖时间	
1	河南省棉花主要生育时期气候特点的分析研究	河南省科学大会“河南省重大科学技术成果奖”	1978 年	主持
2	近 500 年旱涝研究及超长期天气预报的试验	河南省科学大会“河南省重大科学技术成果奖”	1978 年	主持
3	实现小麦高稳低的生产模式	河南省重大科技成果奖一等奖	1980 年	主要完成
4	北方小麦干热风气候分析和区划	中央气象局科学技术研究成果奖三等奖	1980 年	主要完成
5	估算可能最大暴雨的综合指标法	河南省重大科技成果奖三等奖	1981 年	主持
6	东北地区主要作物冷害研究	中央气象局科学技术研究成果奖三等奖	1981 年	主要完成
7	能量天气学方法的推广和应用研究	农业科学技术推广奖	1982 年	主要完成
8	河南省可能最大暴雨图集	河南省科技成果奖二等奖	1982 年	参加
9	小麦水稻喷施磷酸二氢钾的增产技术	农牧渔业技术改进二等奖	1982 年	主要完成
10	河南省专题农业气候分析和区划	国家气象局农业气候资源调查和农业气候区划三等奖	1982 年	主持
11	河南省单项农业气候分析和区划成果汇编	河南省人民政府三等奖	1983 年	主要完成
12	河南省小麦不同生态类型区划分及其生产技术规程的研究	河南省科技成果奖特等奖	1984 年	主要完成

续表

序号	成果名称	获奖情况		备注
		奖励等级	获奖时间	
13	水稻麦后旱种技术	河南省科学技术进步奖二等奖	1984 年	主要完成
14	河南省黄淮海平原中低产地区夏大豆丰产栽培技术研究	河南省科学技术进步奖三等奖	1985 年	主要完成
15	华中区域性暴雨落区超短期预报方法应用研究	国家气象局科学技术进步奖四等奖	1987 年	主要完成
16	黄河三花间可能最大暴雨(暴雨移置法)专题研究	国家水利电力部科学技术进步奖四等奖	1988 年	主要完成
17	河南省小麦气候生态研究	河南省科学技术进步奖二等奖	1990 年	主持
18	河南省小麦高产、优质、高效益五大技术系列研究与应用	河南省科学技术进步奖二等奖	1990 年	主要完成
19	永城县百万亩低产田小麦综合增产技术开发研究与应用	河南省科学技术进步奖三等奖	1990 年	主要完成
20	河南省气候史料中文信息化处理	国家气象局科学技术进步奖四等奖	1992 年	主持
21	冬小麦-水分-气候模式和土壤水分预报	河南省科学技术进步奖三等奖	1992 年	主持
22	河南省气象数据库和定量降水预报研究	河南省科学技术进步奖二等奖	1993 年	主持
23	华北地区小麦优化灌溉技术推广	中国气象局科学技术进步奖二等奖	1994 年	主要完成
24	河南省冬小麦优化灌溉模型及其推广应用	河南省科学技术进步奖二等奖	1995 年	主持
25	小麦气候生态研究成果推广应用	中国气象局科学技术进步奖四等奖	1995 年	主持
26	淮河中上游致洪暴雨预报方法研究	安徽省科学技术进步奖二等奖	1996 年	主要完成
27	黄河三花区间河南地域暴雨天气监测通信系统的研究	河南省科学技术进步奖三等奖	1996 年	主要完成
28	黄河三花间致洪暴雨预报方法研究	河南省科学技术进步奖三等奖	1996 年	主持
29	河南省农业气候资源区域特征及其合理开发利用的研究	中华人民共和国农业部农业资源区划科学技术成果三等奖	1996 年	主要完成
30	黄河中游防汛重点地域暴雨现场科学业务试验	河南省科学技术进步奖三等奖	1997 年	主要完成
31	在农业上大规模开发利用二氧化碳的试验研究	中国气象局科学技术进步奖三等奖	1998 年	主持
32	河南省小麦灌溉期气象灾害及防御措施研究	河南省科学技术进步奖三等奖	1998 年	主持
33	河南省不同土壤类型卫星遥感墒情监测研究	河南省科学技术进步奖三等奖	1999 年	主持
34	气象卫星遥感监测技术在丘陵区小麦生产上的研究及应用	河南省星火三等奖	1999 年	主要完成
35	人工影响天气优化技术研究	河南省科学技术进步奖二等奖	2001 年	主要完成
36	河南省决策气象服务系统研究	河南省科学技术进步奖二等奖	2001 年	主要完成
37	极轨气象卫星遥感信息分析处理与应用系统	河南省科学技术进步奖三等奖	2002 年	主持
38	淇、卫河流域暴雨预报及其防御措施研究	河南省科学技术进步奖三等奖	2003 年	主要完成
39	全国第三次农业气候区划试点研究及应用	中国气象局科学研究与技术开发奖二等奖	2004 年	主要完成
40	黄淮平原农业干旱与综合防御技术研究	河南省科学技术进步奖二等奖	2005 年	主持
41	黄淮平原农田节水灌溉决策服务系统研究	河南省科学技术进步奖二等奖	2006 年	主持
42	农业气象灾害综合应变防御技术成果转化	中国气象局气象科学和技术工作奖成果应用奖二等奖	2006 年	主要完成
43	小浪底水库暴雨致洪预警系统研究	河南省科学技术进步奖三等奖	2007 年	主持

附录 1-3 河南省气象科学研究所科技成果目录(厅局级奖)

序号	成果名称	获奖情况		备注
		奖励等级	获奖时间	
1	单站能量在寒潮预报中的使用	三等奖	1980 年	主持
2	小麦、玉米、大豆三茬套种的光能利用和分析	三等奖	1980 年	主持
3	河南省各区旱涝分析及未来趋势探讨	三等奖	1980 年	主持
4	用 MOS 方法做中期降水预报	二等奖	1988 年	主持
5	合理利用农业气候资源,提高我省旱地农业生产潜力的研究	三等奖*	1988 年	主持
6	河南水稻旱种气象条件分析及推广应用	二等奖	1990 年	主持
7	河南省草山坡农业气候资源特征及其合理利用的探讨	三等奖**	1990 年	主持
8	夏玉米水分指标和最佳耗水量研究	一等奖	1991 年	主持
9	庭院经济高产气候技术模式及应用	二等奖	1992 年	主持
10	河南省长期天气预报业务现代化系统	三等奖	1992 年	主持
11	农时关键期长期天气预报方法研究	四等奖	1992 年	主持
12	我省主要水稻品种光温特性鉴定	四等奖	1992 年	主持
13	河南棉花气候动态监测及其系列化服务	一等奖	1993 年	主持
14	大气污染输送扩散规律软件包的研究	二等奖	1993 年	主持
15	濮阳市沿黄河中小尺度地区冬小麦气象卫星遥感监测预测应用技术研究	三等奖	1993 年	主持
16	小麦拌种药肥对小麦生长发育的影响	三等奖	1994 年	主持
17	河南省大别山粮食优质高产气候试验研究	三等奖	1994 年	主持
18	河南省郑、汴、洛旅游气候资源的开发研究及评价	二等奖	1995 年	主持
19	河南省夏玉米农业气象系列化服务技术研究	一等奖	1995 年	主持
20	农业气象情报服务及实时和非实时资料数据库	三等奖	1995 年	主持
21	黄河中游地区暴雨气候特征分析	一等奖	1996 年	主要完成
22	河南省干旱预测监测及抗旱对策技术系统研究	一等奖	1996 年	主持
23	蛋鸡高产气候模式研究	二等奖	1996 年	主持
24	河南省小麦卫星遥感监测区域化应用研究	二等奖	1996 年	主持
25	省级气象业务系统标准化管理	二等奖	1996 年	主要完成
26	气象对烟草栽培影响的研究	一等奖	1997 年	主持
27	棉花灌溉随机控制研究	一等奖	1998 年	主持
28	河南气候资源评价及开发服务系统研究	二等奖	1998 年	主要完成
29	淮南“423”小麦区域试验研究	二等奖	1998 年	主持
30	河南省冬小麦节水灌溉技术及推广应用	一等奖	1999 年	主持
31	河南省主要气候灾害规律、监测预报及减灾对策研究	二等奖	1999 年	主持
32	大别山区稻麦高产技术开发	二等奖	1999 年	主持
33	郑州城市大气污染与工业合理布局研究	二等奖	1999 年	主持
34	河南省高效农业耕作制气候资源利用研究	三等奖	1999 年	主持
35	丘陵坡地条件下火电厂烟囱优化设计研究	三等奖***	1999 年	主持
36	信阳毛尖茶采用塑料大棚增温和增施 CO_2 气肥高产优质试验研究	二等奖	2000 年	主要完成
37	残茬覆盖夏玉米增产开发应用研究	二等奖	2002 年	主持

续表

序号	成果名称	获奖情况		备注
		奖励等级	获奖时间	
38	河南省农业气象预报服务系统	二等奖	2002年	主持
39	河南省县级气象业务服务系统	二等奖	2002年	主持
40	河南省第三次农业气候区划及应用	一等奖	2004年	主持
41	河南省农业气象情报业务服务系统	二等奖	2004年	主持
42	豫东地区旱稻气候适应性研究	二等奖	2004年	主持
43	河南省墒情预报业务服务系统	二等奖	2004年	主持
44	越冬花椰菜气候适应性研究	二等奖	2005年	主持
45	Gstar-I紫外线监测仪研制	二等奖	2005年	主持
46	冬小麦干旱评估业务服务系统	一等奖	2007年	主持
47	冬小麦晚霜冻遥感监测与评估业务服务系统	一等奖	2008年	主持

注：*为河南省农村发展软科学研究成果奖，**为河南省农业区划委员会重大科技成果奖，***为河南省电力工业局科技进步奖，其他均为河南省气象科学技术进步奖(优秀成果奖)、河南省气象局科学研究与技术开发奖

附录二 河南省气象科学研究所先进集体、先进个人荣誉目录

附录 2-1 河南省气象科学研究所先进集体荣誉目录

（按时间排序）

序号	荣誉称号	授予单位	授予时间
1	全国气象科技扶贫成果特等奖(集体)	国家气象局	1992 年
2	全国气象科技扶贫先进集体三等奖	中国气象局	1999 年 10 月
3	全省森林防火先进集体 (河南省农业气象服务中心)	河南省人民政府护林防火指挥部 河南省人事厅 河南省林业厅	2001 年 9 月 21 日
4	全国气象科技扶贫先进集体三等奖	中国气象局	2002 年 12 月
5	全省森林防火工作先进集体 (河南省农业气象服务中心)	河南省人民政府	2004 年 10 月
6	河南省气象工作先进集体	河南省人力资源和社会保障厅 河南省气象局	2009 年

附录 2-2 河南省气象科学研究所先进个人荣誉目录

（按时间排序）

序号	姓名	荣誉称号	授予单位	授予时间
1	符长锋	河南省农业劳动模范	河南省人民政府	1982 年
2	符长锋	河南省科技先进工作者	河南省人民政府	1983 年
3	冶林茂	中国气象青年优秀科技工作者	中国气象学会	1986 年 4 月
4	马效平	河南省优秀科技工作者	河南省科学技术协会	1989 年
5	朱自玺	全国气象部门双文明建设先进个人	国家气象局	1989 年 4 月
6	马效平	全国农业区划先进工作者	全国农业区化委员会、农业部	1990 年
7	朱自玺	国务院政府特殊津贴	国务院	1992 年 10 月
8	汪永钦	国务院政府特殊津贴	国务院	1992 年 10 月
9	符长锋	国务院政府特殊津贴	国务院	1992 年 10 月
10	朱自玺	河南省劳动模范	河南省人民政府	1994 年 4 月
11	汪永钦	河南省科协学会工作先进个人	河南省科学技术协会	1991 年 12 月
12	汪永钦	河南省气象系统先进工作者	河南省人事厅、河南省气象局	1997 年
13	赵国强	第五届河南省青年科技奖，河南省优秀青年科技专家	中共河南省委组织部、河南省人事厅、河南省科学技术协会	1998 年
14	徐爱东	全国气象科技扶贫先进个人	中国气象局	2000 年 10 月

续表

序号	姓名	荣誉称号	授予单位	授予时间
15	邹春辉	河南省森林防火工作先进工作者	河南省人事厅、防火指挥部、林业厅	2001 年 10 月
16	张雪芬	河南省百名巾帼科技英才	河南省科学技术协会、河南省妇女联合会	2001 年 8 月
17	张雪芬	河南省三八红旗手	河南省妇女联合会	2001 年 8 月
18	张雪芬	河南省五一劳动奖章	河南省省直机关工会	2004 年
19	徐爱东	全国气象科技扶贫先进个人	中国气象局	2005 年 1 月
20	侯建新	河南省省直机关优秀工会干部	河南省省直机关工会	2005 年 4 月
21	陈怀亮	第八届河南省青年科技奖，河南省优秀青年科技专家	中共河南省委组织部、河南省人事厅、河南省科学技术协会	2005 年 12 月
22	杨海鹰	2005 年度优秀值班预报员	中国气象局	2006 年 5 月
23	陈怀亮	第六届全国优秀青年气象科技工作者	中国气象学会	2006 年 6 月
24	陈怀亮	第六批河南省优秀专家	中共河南省委、河南省人民政府	2006 年 7 月
25	刘伟昌	2006 年度优秀值班预报员	中国气象局	2007 年 5 月
26	赵国强	河南省学术技术带头人	中共河南省委组织部、省人事厅	2007 年
27	刘荣花	河南省三八红旗手	河南省妇女联合会	2007 年 3 月
28	方文松	2007 年度优秀值班预报员	中国气象局	2008 年 6 月
29	刘荣花	第七批河南省优秀专家	中共河南省委、河南省人民政府	2008 年 7 月
30	黄敏南	河南省三八红旗手	河南省妇女联合会	2008 年 11 月
31	陈怀亮	河南省科技系统先进工作者	河南省人事厅、河南省科学技术厅	2008 年 11 月
32	张海峰	全国气象系统科普工作先进个人	中国气象局	2008 年 11 月
33	薛龙琴	2007 年度省直青年岗位能手	共青团河南省直属机关	2008 年 8 月
34	侯建新	河南省省直机关优秀工会积极分子	河南省省直机关工会	2009 年 4 月
35	余卫东	2008 年度优秀值班预报员	中国气象局	2009 年 5 月
36	邹春辉	河南省气象工作先进工作者	河南省人力资源和社会保障厅、河南省气象局	2009 年 12 月
37	邹春辉	全国绿化奖章	全国绿化委员会	2010 年 4 月
38	薛昌颖	河南省气象系统杰出青年工作者	共青团河南省委、河南省气象局、河南省青年联合会	2010 年 4 月
39	余卫东	第七届全国优秀青年气象科技工作者	中国气象学会	2010 年 7 月
40	薛昌颖	首届谢义炳青年气象科技奖三等奖	谢义炳青年气象科技奖评委会	2010 年 12 月

收录范围：

1. 省部级(或以上)表彰的先进个人、集体。

2. 河南省气象局与地方政府部门联合表彰的先进个人、集体，或地方政府部门(厅局级)表彰的先进个人、集体。

3. 荣获省部级(或以上)授予的其他荣誉称号或综合奖，如：劳动模范、三八红旗手、五一劳动奖章、政府特殊津贴、青年科技奖、优秀值班员(预报员)等。